冶金工业出版社

普通高等教育"十四五"规划教材

工程材料学

（第2版）

王 浩　薛维华　高志玉　魏宝佳　编著

U0313825

扫码获取
本书资源

北 京

冶金工业出版社

2024

内 容 提 要

本书详细介绍了工程材料学的基本知识，主要包括工程材料的组织结构、性能效用、生产制备、加工处理、材料选择等方面的内容，以金属材料为主，同时在有关基础知识上考虑了不同种类材料的学习需求。全书共分 11 章：第 1~2 章介绍了工程材料的结构与性能；第 3~4 章分别介绍了金属材料的凝固与相图、塑性变形与再结晶方面的内容，是有关工程材料的理论基础；第 5 章介绍了钢铁中的合金元素及作用，既承接第 1~2 章的内容，又为后续内容作铺垫；第 6 章介绍了金属材料热处理的基本知识；第 7~8 章从材料学的角度，介绍了各类钢铁材料和非铁金属材料；第 9~11 章分别介绍了陶瓷材料、高分子材料和复合材料等内容。

本书可作为普通高等院校机械类与近机械类等相关专业的本科生教材，也可供材料专业的科研人员与工程技术人员学习和参考。

图书在版编目（CIP）数据

工程材料学 / 王浩等编著. --2 版 . --北京：冶金工业出版社，2024. 8. -- （普通高等教育"十四五"规划教材）. --ISBN 978-7-5024-9977-8

Ⅰ．TB3

中国国家版本馆 CIP 数据核字第 20246L5T14 号

工程材料学 （第 2 版）

出版发行	冶金工业出版社	**电　话**	（010）64027926
地　址	北京市东城区嵩祝院北巷 39 号	**邮　编**	100009
网　址	www.mip1953.com	**电子信箱**	service@ mip1953.com

责任编辑　高　娜　美术编辑　彭子赫　版式设计　郑小利
责任校对　郑　娟　责任印制　窦　唯
三河市双峰印刷装订有限公司印刷
2020 年 3 月第 1 版，2024 年 8 月第 2 版，2024 年 8 月第 1 次印刷
787mm×1092mm　1/16；17.25 印张；417 千字；261 页
定价 49.00 元

投稿电话　（010）64027932　投稿信箱　tougao@cnmip.com.cn
营销中心电话　（010）64044283
冶金工业出版社天猫旗舰店　yjgycbs.tmall.com
（本书如有印装质量问题，本社营销中心负责退换）

第 2 版前言

随着科学技术的进步及工程制造产业的快速发展，相应的新材料、新工艺、新装备大量涌现，而传统材料和生产技术也不断提高更新。尽管工程材料种类繁多，但是万变不离其宗，各种材料的研究开发和制备仍然是遵循"成分—组织结构—性能"之间的基本关系展开的。本书着重于讲解材料科学的基本概念和基础理论，使学生兼顾学习内容的深度和广度，引导学生应用理论知识解决工程材料的实际问题。经过第 1 版的教学实践和认真审定，师生们一致认为该教材的内容基本是适用的，是学习本学科必须掌握的。据此，在此次修订中作了一些必要的修改和补充，以保持其科学性、先进性和实用性。

为了更全面地介绍各种工程材料，阐述不同种类工程材料的特点和应用，根据师生们通过教学实践对本书提出的意见和建议，本次修订主要增加了三章内容，分别是陶瓷材料、高分子材料和复合材料。本次修订在内容组织上兼顾内容全面、概念清晰、重点突出，希望能够更好地引导学生学习各种工程材料研发和工程应用中积累的知识和经验，并在工作中不断发扬光大。

本书的出版得到了北京科技大学教材建设经费的资助，得到了北京科技大学教务处的全程支持，在此表示诚挚的谢意。

虽然我们在修订中作了努力，但书中难免存在不当之处，敬请读者提出宝贵意见。

作　者

2024 年 3 月

第1版前言

材料是用于制造有用物件或其他产品的物质，是人类赖以生存和发展的物质基础，其发展水平始终是时代进步和社会文明的标志。材料科学技术是国民经济发展的重要支撑，对于我国高等院校材料类、机械类以及其他相关本科专业的学生，大都需要具备足够的材料科学与工程的基础知识。为满足这些专业本科教学的需求，特编写《工程材料学》一书。

迄今为止，工程实际应用及研究开发中的材料，主要以具有优异性能的固体材料为主，另外加上液晶等少数液态的材料。工程材料常常主要是指用于机械、车辆、船舶、建筑、化工、能源、仪器仪表、航空航天等工程领域的材料，用来制造工程构件和机械零件，也包括一些用于制造工具的材料和具有特殊性能（耐腐蚀、耐高温等）的材料。

工程材料种类繁多，可以有不同的分类方法，根据材料的化学组成及其相关特征，大体可以分成金属材料、无机非金属材料和有机高分子材料三大类。有时也需要把金属材料、无机非金属材料或有机高分子材料混合在一起构成复合材料。其中，金属材料是最重要的工程材料，包括纯金属和合金。

本书主要阐述了材料的成分、组织、结构、性能及其影响因素等材料的基本理论和基本规律，以利于加强学生的材料科学基础知识，同时重点介绍了主要的金属材料，即钢铁材料（非合金钢、低合金钢、合金钢、铸铁）和非铁金属材料（铝合金、铜合金、镁合金、钛合金等）。本书的总体特点是阐明原理、总结规律、加强实用性，在内容上力求少而精。

本书由两部分内容组成。第一部分为基本理论部分，由第1~6章组成，阐述了工程材料的成分、组织结构、工艺和性能以及它们之间的关系，金属材料组织和性能的影响因素和规律。第二部分为金属材料知识部分，包括第7章和第8章，介绍了钢铁材料和非铁金属材料的成分、组织、性能及其应用知识。全书由王浩、薛维华和高志玉共同编写和统稿。

本书的编写参考了部分国内外有关教材、著作和论文，在此特向有关作者致以衷心的感谢。

本书可作为高等学校学生学习工程材料课程的教材，同时面向材料类和机械类本科生和研究生；作为参考书，可供从事材料和机械领域研发和技术工作的专业人员学习、阅读。由于编者水平有限，书中内容难免存在不妥之处，敬请读者给予批评、指正，尤其欢迎提出修改完善的具体建议。

作　者

2019 年 10 月于北京科技大学

目　　录

1 工程材料的结构

【本章学习要点】本章介绍了工程材料不同尺度层级的结构，主要包括工程材料的原子结构及原子之间的键合，材料的晶体结构及实际材料中的晶体缺陷等内容。要求了解工程材料各结构层次的主要内容，了解固体材料中的结合键，熟悉主要晶体结构类型及实际材料中的点缺陷、线缺陷与面缺陷等。

材料之所以为我们所使用，关键在于其能够被制作成有用的物件。"有用"一词体现出材料应具备某方面的性质（或性能），这些性质实质是材料在外界负荷作用下的表现，而其根本原因则源于其内部的结构。结构决定性能是工程材料的一个基本规律，结构与性能之间的关系也是工程材料研究与应用中的核心问题。

1.1 工程材料结构的层次

材料结构指的是材料系统内各组成单元之间的相互联系和相互作用方式。自然界中的万事万物，大到宇宙天体，小到基本粒子，甚至是具有生命特征的生物，人类活动所形成的社会组织等，在结构上无不存在着一定的层次，工程材料亦不例外。工程材料的结构层次大体是按观察工具（设备）的分辨率范围划分的，通常包括宏观结构、显微结构、原子（分子）的排列结构、原子的结合结构等。材料结构是人们能够用通常的技术手段（物理的或化学的）来改变的结构。至于尺度更小的原子内部结构，如原子核结构等，现在一般只认为其属于物质结构层次，而不是材料结构。

宏观结构是人眼（可借助放大镜）能分辨的材料聚集结构，尺度范围在 100 μm（人眼明视距离处的分辨极限）以上。结构组成单元是粗大的晶粒、多相集合体、颗粒等。材料的可视缺陷、夹杂物的分布情况及微裂纹等也属于宏观组织结构范畴。典型的实例如玻璃钢（GFRP，玻璃纤维增强塑料），其增强体（玻璃纤维或玻璃布）的编织结构及体系中增强体与连续相（树脂）之间的结合等都属于工程材料的宏观结构。金属液经浇铸和冷却，得到一个铸锭，然后将其剖开和磨平，再用一定的腐蚀液进行浸蚀，可显示出如图 1-1 所示的宏观结构。

显微结构（在工程材料中通常也称为显微组织）属于光学显微镜和电子显微镜分辨的结构范围，其尺度范围在 100 μm 以下、1 nm 以上。显微结构组成单元是相（材料体系中物理和化学性质均一的部分），内容包括相的种类、数量、形貌、相互关系、空间排布等。多个相共存时，相与相之间以相界分开。

例如，金属铸锭经压力加工或热处理后，晶粒（或相）变细，用肉眼和放大镜已观

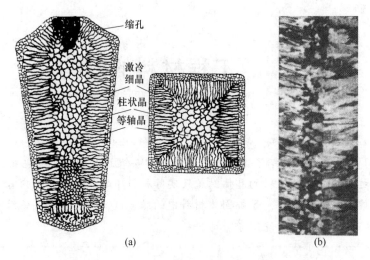

(a)   (b)

图 1-1   铸锭宏观组织

（a）纵截面和横截面的组织示意图；（b）工业纯铝铸坯

（外部柱状晶，中心等轴晶，铸坯高度 25.4 mm）

察不清楚，而需要用显微镜。由于金属不透明，故需先制备金相试样，包括样品的截取、磨光和抛光等步骤，把欲观察面制成平整而光滑如镜的表面，然后经过一定的浸蚀，在金相显微镜下观察其显微结构（组织）。

    工业纯铁的显微组织示意如图 1-2 所示。图中每一个多边形是一颗晶粒。晶粒之间的交界面称为晶界。由两颗以上晶粒所组成的材料称为多晶体材料，晶粒的典型尺寸为 50 μm，大的晶粒如铸态，达到肉眼可以看见的 0.1 mm 以上。实际上显微镜下所看到的晶粒只是其截面。

    光学显微镜以可见光作为光源，波长为 400~700 nm，分辨极限最小为 200 nm，有效放大倍数最大为 1600 倍左右，用这种显微镜可以观察到金属晶粒的形状和大小，较粗大的夹杂物和杂质粒子、晶界以及沿晶界分布的杂质薄

100μm

图 1-2   金属内部晶界示意图

膜等，但不能观察到许多更细节的东西（精细结构），此时需要提高显微镜的分辨能力。由于电子束波长比可见光波长短得多，所以用电子束作为光源的电子显微镜得到了很大发展。目前电子显微镜的分辨极限可小于 3 nm。除观察显微组织外，不同装备的电镜（扫描电镜、电子探针等）还能观察材料的破断面，即断口的形貌与细节，还能用来分析微小区域的化学成分及相结构等。需要用电子显微镜观察的材料显微结构通常也称为细观结构或亚显微结构。

    比显微组织结构更细的层次是原子（也可是分子或离子等）的排列结构，可以用 X 射线衍射的分析方法来判别。原子的排列结构有规则的，也有不规则的。大量原子按照一定规则有序排列的固体称为晶体，其原子排列结构（排列方式及空间配置）称为晶体结构或晶态结构，尺度约为 0.1 nm。原子无序或者近程有序而长程无序排列的固体物质称

为非晶体，其原子排列结构与液体类似，称为非晶体结构。非晶体也叫作"过冷液体"或"流动性很小的液体"。典型的非晶体是玻璃，因此，非晶态通常又称为玻璃态。晶体与非晶体都不具备流动性，而某些具备流动性的液体其内部结构单元（一般是分子）也具有各向异性的有序排列，这类物质称为液晶（liquid crystal）。液晶材料是为数不多的液体材料。

原子的结合结构指的是材料系统中原子之间的电子分布规律。目前并没有有效的测试方法能直接观测到原子之间的电子分布，但其仍可以通过材料的宏观性质等来反映。原子的结合结构通常也称为原子的键合结构。根据原子之间键合程度的强弱，可把结合键分为基本键合和派生键合两大类。基本键合又称化学键合，结合过程存在电子的交换，包括离子键、共价键和金属键，键合程度比较强，通常在 1000~5000 K 的温度范围内被破坏。派生键合又称物理键合，不存在电子之间的交换，包括范德华力和氢键，键合程度比较弱，一般在 200~500 K 的温度范围内被破坏。

实际材料中原子可以由单一的键结合，但更多的则是由两种以上的键力结合而成（混合键）。按照原子结合结构的不同，材料可以分为金属材料、无机非金属材料、有机高分子材料和复合材料四类。其中，金属材料中的原子结合以金属键为主；无机非金属材料以离子键和共价键为主，也含有部分范德华力和氢键；有机高分子材料在分子内部是共价键，分子之间以范德华力结合；复合材料是上述三类材料在宏观结构层次上的结合。

需要说明的是，人们对材料结构层次的划分、理解、认识并不统一，除上述的结构层次划分外，还有三层次论（宏观结构、微观结构、亚微观结构）和二层次论（宏观结构、显微结构）等。高分子材料在结构层次论述上有其专有名词：一级（次）结构、二级（次）结构、三级（次）结构、高级（次）结构，分别与上述的原子结合结构、原子排列结构、显微结构和宏观结构大致对应。表 1-1 对材料的各层级结构进行了大致的汇总。

表 1-1 材料的结构层级

物体尺寸	结构层次	观测设备	研究对象	举 例
100 μm 以上	宏观结构（大结构）	肉眼 放大镜 体视显微镜	大晶粒 颗粒集团	断面结构、外观缺陷、裂纹、空洞
100~10 μm	光学显微结构	偏光显微镜 反光显微镜 相衬显微镜 干涉显微镜	晶粒 多相集团	相分定性和定量、晶形、分布及物相的光学性质
10~0.2 μm			微晶基团	物相或颗粒形状、大小、取向、分布和结构； 物相的部分光学性质：消光、干涉色；延性、多色性等
0.2~0.01 μm	亚显微结构 （细观结构）	暗场显微镜 超视显微镜 干涉相衬显微镜 电子显微镜 扫描电子显微镜	微晶 胶团	液相分离体、沉积、凝胶结构； 界面形貌； 晶体构造的位错缺陷
<0.01 μm （<10 nm）	原子排列结构	场离子显微镜 高分辨电子显微镜 X 射线衍射	晶格点阵	钨晶格、高岭石点阵

工程材料各层级的结构对材料性质都有不同的影响。在材料的宏观结构不同时，即使组成与微观结构等相同，材料的性质与用途也不同，如玻璃与泡沫玻璃，它们的许多性质及用途有很大的不同。同批次的钢材，不同热处理工艺处理后，强度、韧性等力学性能存在明显的差异，这主要源于它们的显微组织结构的不同。有时，材料的宏观结构相同或相似，则即使材料的组成或微观结构等不同，材料也具有某些相同或相似的性质与用途，如泡沫玻璃、泡沫塑料、泡沫金属等。但是，泡沫金属能够导电、泡沫玻璃硬脆、泡沫塑料软韧，这些性质的不同就是由于它们的原子键合结构不同所造成的。

1.2　原子结构与键合

工程材料都是由大量的原子（或离子，统称为原子）组成的，原子是分析材料结构的一个起点。原子之间的键合从根本上决定了材料的许多力学、物理和化学性质，是工程材料分析的基本点之一。

1.2.1　孤立原子的结构

原子结构一般指的是原子中电子的运动状态。汤姆逊发现电子后，提出了"枣糕模型"来描绘原子结构，认为原子含有一个均匀的阳电球，若干阴性电子在这个球体内运行。1911 年卢瑟福根据 α 粒子轰击金箔的实验提出了原子的有核模型，认为核外电子围绕着原子核高速运转，类似于行星绕着太阳的运动。为了解释原子的稳定性和原子光谱，玻尔对此模型进行了部分量子化的修正，成功应用于氢原子光谱的解释上。量子力学的诞生，为微观世界的分析提供了基础。根据量子力学，电子运动没有确切的位置与速度，而是依照一定的概率出现于距离原子核某个距离之处，形成所谓的电子云。

孤立原子中电子的状态可以用主量子数 n、角量子数 l、磁量子数 m 和自旋量子数 m_s 组成的量子数组来给定。一个电子，只要给定了它的 4 个量子数，其许多力学量特征也随之确定，其中，电子能量是确定的，而且不同状态之间的能量是不连续的，这些能量值称为能级。在氢原子中，电子的能级能量值只取决于电子的主量子数。在多电子的原子中，核外电子的能量还与其他量子数有关，不同状态的电子的能级依照洪德定则排列。

根据量子力学，原子中核外电子态主要由带电粒子的静电作用决定。每种原子的核内正电荷都是独特的，使得它与核外电子间的静电作用能与其他原子不同。再考虑核外电子间的静电相互作用的差别，由此决定每一种原子中的电子能级结构都是独特的。

1.2.2　固体中的电子状态

固体材料可以看作是大量孤立原子相互接近并且最终稳定在平衡距离上形成的。原子之间相互接近，相邻原子的外层电子互相影响，电子云互相重叠，运动状态被改变，并且导致能量变化，从而形成所谓结合键。而内层电子受到的影响较弱，一般维持其在孤立原子中的状态不变。这样，固体中的电子就可以分为不参与成键的内层电子和参与成键的外层电子两类。前者与原子核一起，称为离子实，后者称为价电子。

按照玻尔的原子模型，在孤立原子中，原子核外的电子按照一定的壳层排列，每一壳层容纳一定数量的电子。每个壳层上的电子具有分立的能量值，也就是电子按能级分布。

为简明起见，在表示能量高低的图上，用一条条高低不同的水平线表示电子的能级，此图称为电子能级图。晶体中大量的原子集合在一起，而且原子之间距离很近，致使离原子核较远的壳层发生交叠，壳层交叠使电子不再局限于某个原子上，有可能转移到相邻原子的相似壳层上去，也可能从相邻原子运动到更远的原子壳层上去，这种现象称为电子的公有化，从而使本来处于同一能量状态的电子产生微小的能量差异，与此相对应的能级扩展为能带。

利用能带理论可以对固体材料的导电性质加以解释。固体能带结构可以分为几类，允许被电子占据的能带称为允许带，允许带之间的范围是不允许电子占据的，称为禁带，禁带的宽度叫作带隙（能隙）。原子壳层中的内层允许带总是被电子先占满，然后再占据能量更高的外面一层的允许带。被电子占满的允许带称为满带，每一个能级上都没有电子的能带称为空带。价电子占据的能带称为价带，价带以上能量最低的允许带称为导带。绝缘体的带隙很宽，电子很难跃迁到导带形成电流，因此绝缘体不导电。金属导体只是价带的下部能级被电子填满，上部可能未满，或者跟导带有一定的重叠区域，电子可以自由运动，因此很容易导电。而半导体的带隙宽度介于绝缘体和导体之间，其价带是填满的，导带是空的，如果受热或受到光线、电子射线的照射获得能量，就很容易跃迁到导带中，这就是半导体导电并且其导电性能可被改变的原理。

1.2.3 固体材料中的结合键

前已述及，固体材料中的结合键包括离子键、共价键、金属键三种化学键和范德华力、氢键两种非化学键。

1.2.3.1 离子键

离子键是正离子和负离子靠静电作用相互结合而形成的。原子失去外层价电子或获得其他原子的价电子而形成离子。原子的这一能力用电负性来表征，其数值越大，原子获得电子的能力越强。

当两种电负性相差大的原子（如碱金属元素与卤族元素的原子）相互靠近时，其中电负性小的原子失去电子成为正离子，电负性大的原子获得电子成为负离子，两种离子靠静电引力结合在一起，使系统能量降低，形成离子键。

离子的电荷分布没有方向性，因此它在各方向上都可以和相反电荷的离子相吸引，因此离子键也没有方向性。离子键的另一个特性是无饱和性，即一个离子可以同时和几个异号离子相结合。例如，在 NaCl 晶体中，每个 Cl^- 周围都有 6 个 Na^+，每个 Na^+ 也有 6 个 Cl^- 等距离排列着。

离子键中，价电子由正离子转移给负离子。成键的两种原子的电负性差别越大，价电子的转移越完全，键的离子性越强，反之，离子性越弱。价电子的转移一般都不彻底，因此，通常的离子键不一定是 100% 的离子性，而离子性又普遍存在于其他类型的结合键之中。

1.2.3.2 共价键

共价键是两个或多个原子之间通过形成共用电子对而形成的。形成共价键时，相邻两个原子各给出一个电子（最外层的价电子）形成共用电子对作为两者公有，依靠公有化电子对的作用将两个相邻的原子（严格说是两个正离子）相互结合起来。

　　一般情况下，两个相邻原子只能共用一对电子。一个原子的共价键数，即与它共价结合的原子数，最多只能等于8-N（N表示这个原子最外层的电子数），所以共价键具有明显的饱和性。共用电子对电子云处于最大程度重叠方向上时，结合能最大，由于电子云的分布并不一定球对称，因此，共价键具有方向性。例如，在金刚石中，碳原子之间完全以共价键结合，每个碳原子周围都有四个碳原子通过共价键和它相邻接，这四个共价键在空间中均布，任意两个键之间的夹角为109.5°。类似结构也出现在硅、锗中，甲烷、聚乙烯中的碳原子周围的共价键也是这样的结构。

　　与离子键相比，纯共价键中的价电子电子云与其原本所属的两个原子的核心等距。如果发生偏离，该共价键就具有一定的离子性。

1.2.3.3　金属键

　　金属键是大量离子实（正离子）和公有化的电子云之间相互作用形成的。金属原子的结构特点是外层电子少，容易失去。当金属原子相互靠近时，其外层的价电子脱离原子成为自由电子，为整个金属所公有，形成了电子云，或称电子气。电子云带负电，离子实带正电，依靠静电作用二者结合，形成金属键。金属键无方向性和饱和性。

　　金属键的经典模型有两种，一种认为金属原子全部离子化，另一种认为金属键包括中性原子间的共价键及正离子与自由电子间的静电引力的复杂结合。

　　利用金属键可解释金属所具有的各种特性。金属内原子面之间相对位移，金属键仍旧保持，故金属具有良好的延展性。在一定电位差下，自由电子可在金属中定向运动，形成电流，显示出良好的导电性。随温度升高，正离子（或原子）本身振幅增大，阻碍电子通过，使电阻升高，因此金属具有正的电阻温度系数。固态金属中，不仅正离子的振动可传递热能，而且电子的运动也能传递热能，故比非金属具有更好的导热性。金属中的自由电子可吸收可见光的能量，被激发、跃迁到较高能级，因此金属不透明。当它跳回到原来能级时，将所吸收的能量重新辐射出来，使金属具有特殊的光泽。

1.2.3.4　范德华力

　　范德华力是分子间作用力，是存在于中性分子或原子之间的一种弱的电性吸引力。它有三个来源：一是极性分子的永久偶极矩之间的相互作用，称为取向力；二是一个极性分子使另一个分子极化，产生诱导偶极矩并相互吸引，称为诱导力；三是分子中电子的运动产生瞬时偶极矩，它使邻近分子瞬时极化，后者又反过来增强原来分子的瞬时偶极矩，这种相互耦合产生净的吸引作用，称为色散力。这三种力的贡献不同，通常第三种作用的贡献最大。

　　范德华力大量存在于分子组成的固体材料中，如塑料等有机高分子材料。在依靠共价键结合的非金属固体中，多数情况下，也要依靠范德华力的结合。金刚石与石墨都是由碳元素组成的固体，完全共价键结合的金刚石是自然界中最硬的矿物，而石墨则非常软。石墨中一个面层中，一个碳原子与周围三个碳原子形成共价键，组成六边形排列的结构。这些共价键与金刚石并无本质区别，因此，其熔点、沸点都非常高。但是，在二维网络的垂直方向上，其依靠范德华力结合形成三维空间固体。这种层间的结合很容易被破坏，表现为石墨易于层状分离。

1.2.3.5　氢键

　　氢键是电负性原子和与另一个电负性原子共价结合的氢原子间形成的。氢键的产生主要是由于氢原子与某一原子形成共价键时,公有电子向这个原子强烈偏移,使氢原子几乎变成一半径很小的带正电荷的核,而这个氢原子还可以和另一个原子相吸引,形成附加的键。在这种结合中,氢原子在两个电负性原子间不等分配,与氢原子共价结合的原子为氢供体,另一个电负性原子为氢受体。

在含氢的物质中,分子内部之间通过极性共价键结合,而分子之间则主要通过氢键连接。氢键的键能比化学键(离子键、共价键和金属键)的键能要小得多,但比范德华力的键能大。

1.3 材料的晶体结构

绝大多数工程材料,如常见的钢铁、陶瓷等,以微观粒子三维长程有序排列的晶体结构形式存在,材料的性能与其内部排列的特征有关,研究晶体结构对于深入揭示工程材料性能变化的实质具有重要意义。

材料的晶体结构类型主要取决于结合键的类型及强弱。金属键具有无方向性特点,因此金属大多趋于紧密、高对称性的简单排列。共价键与离子键材料为适应键、离子尺寸差别和化合价引起的种种限制,往往具有较复杂的结构。

1.3.1 晶体学基础

1.3.1.1 晶体与非晶体

固态物质可以分为晶体和非晶体。实验表明,自然界中除了少数物质,如玻璃、松香、沥青等,包括金属在内的绝大多数固体都是晶体。晶体是指其原子(或离子)在三维空间有规则重复排列的物质。而在非晶体内部,其原子无规则散乱地分布。晶体之所以具有这种规则的原子排列,主要是由于各原子间的"相互"吸引力与排斥力相平衡的结果。

晶体具有一定的熔点,而非晶体则没有固定的熔点,它是在一个温度范围内熔化。晶体表现出各向异性,即晶体内各个方向上具有不同的物理、化学或力学性能;而非晶体则表现出各向同性。

1.3.1.2 空间点阵

为了描述晶体结构的特征,常常忽略构成晶体的实际质点(原子、离子或分子)的物质性,对其进行抽象。刚球堆垛模型(图 1-3(a))是比较直观的一种表示方法,一个刚球可以代表一个原子(分子或离子),也可以代表彼此等同的原子群或分子群。为进一步清楚地表明微观粒子空间排列的规律性,还可继续将其抽象为规则排列于空间的无数几何点。这种点的空间排列称为空间点阵,简称点阵,这些点称为阵点。将阵点用一系列平行直线连接起来,构成一空间格架称为晶格(图 1-3(b))。它的实质仍是空间点阵,通常不加以区别。

从点阵中取出一个仍能保持点阵特征的最基本单元称为晶胞(图 1-3(c))。整个晶格就是由许多大小和形状完全相同的晶胞在空间重复堆砌而形成的。因此,晶胞的原子排列规律可完全反映出晶格中原子的排列情况。晶胞的大小和形状常以晶胞的棱边长度(晶格常数)a、b、c 及棱边夹角 α、β、γ 表示,如图 1-3(c)所示。

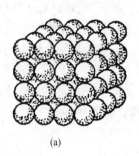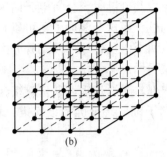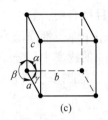

图 1-3　晶体的抽象描述

（a）刚球堆垛模型；（b）晶格；（c）晶胞

　　根据晶胞对称性，空间点阵只有 14 种类型，称作 14 种布拉菲点阵，分属三斜、单斜、正交、六方、菱方、四方和立方等 7 个晶系。其中，金属材料中常见的立方晶系的三个棱边相等，棱边夹角均为 90°。

1.3.1.3　晶向指数和晶面指数

　　在晶体中，由一系列原子所构成的平面称为晶面，任意两个原子之间连线所指的方向称为晶向。为了便于研究和表述不同晶面和晶向的原子排列情况及其在空间的位向，需要确定一种统一的表示方法，称为晶面指数和晶向指数。

　　确定晶向指数的步骤如下：

　　（1）以晶胞的某一结点为原点，过原点的晶胞棱边晶向为坐标轴，以晶胞的边长作为坐标轴的长度单位；

　　（2）过原点作一直线，平行于待定晶向；

　　（3）在直线上选取任意一点，确定该点的三个坐标值；

　　（4）将这三个坐标值化为最小整数 u、v、w，加上方括号，$[uvw]$ 即为待定晶向的晶向指数，如果 u、v、w 中某一数为负值，其负号记于该数的上方。

　　如图 1-4 所示为立方晶系中常见晶向。

　　确定晶面指数的步骤如下：

　　（1）以单位晶胞的某一结点为原点，过原点的晶轴为坐标轴，以单位晶胞的边长作为坐标轴的长度单位，注意不能将坐标原点选在待定晶面上；

　　（2）求出待定晶面在坐标轴上的截距，如果该晶面与某坐标轴平行，则其截距为无穷大；

　　（3）取三个截距的倒数；

　　（4）将这三个倒数化为最小整数 h、k、l，加上圆

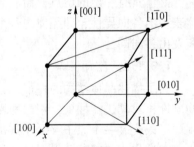

图 1-4　立方晶系中的常见晶向

括号，(hkl) 即为待定晶面的晶面指数，如果 h、k、l 中某一数为负值，则将负号记于该数的上方。

　　图 1-5 所示为立方晶系中常见晶面。立方晶系中，晶向与同其指数相同的晶面垂直。

　　在晶体中有些晶面原子排列情况相同，面的间距也相等，只是空间位向不同，属于同一晶面族则用 $\{hkl\}$ 表示。与此类似，晶向族用 $<uvw>$ 表示，代表原子排列相同，空间位向不同的所有晶向。

　　为方便起见，六方晶系一般都采用另一种专用于六方晶系的四轴指数标定方法。其表示方法和常见晶面与晶向如图 1-6 所示。

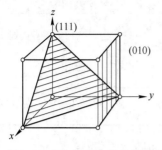

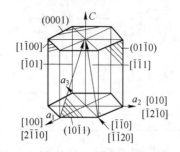

图 1-5　立方晶系中的常见晶面　　　　图 1-6　六方晶系中的常见晶向与晶面

1.3.2　典型的金属晶体结构

　　典型的金属晶格类型有体心立方、面心立方和密排六方等三种。

　　（1）体心立方晶格：体心立方晶格的晶胞是由 8 个原子构成的立方体，且在其体中心尚有一个原子，如图 1-7 所示。具有这类晶格的金属有 Na、K、Cr、Mo、W、V、Nb、α-Fe 等。

　　（2）面心立方晶格：面心立方晶格的晶胞也是一个立方体，在晶胞的六个面的中心各有一个原子，而在其体中心则没有原子，如图 1-8 所示。具有这类晶格的金属有 Au、Ag、Al、Cu、Ni、Pb、γ-Fe 等。

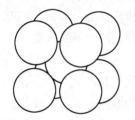

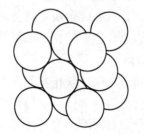
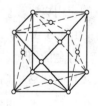

图 1-7　体心立方晶胞

图 1-8　面心立方晶胞

　　（3）密排六方晶格：密排六方晶格的晶胞是由 12 个原子构成的六方柱体，体中心还有三个原子，上下两个六方底面的中心各有一个原子，如图 1-9 所示。具有这类晶格的金属有 Mg、Zn、Be、Ca、α-Ti、α-Co 等。

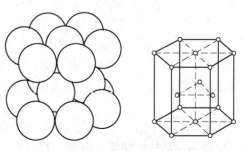

图 1-9　密排六方晶胞

　　晶体中原子排列的紧密程度与晶体结构类型有关，通常用配位数和致密度来表示。配位数是指晶格中与任一原子最邻近且等距离的原子数。晶格的致密度（k）指晶胞中所包含的原子的体积与该晶胞的体积之比。三种典型晶格的配位数及致密度见表 1-2。

表 1-2　三种典型金属晶格的配位数和致密度

晶格类型	配位数	致密度		
		计算方法 $k = Nv/V$	原子半径 r	k
体心立方	8	$k = 2 \times \frac{4}{3}\pi r^3/a^3$	$\frac{\sqrt{3}}{4}a$	0.68
面心立方	12	$k = 4 \times \frac{4}{3}\pi r^3/a^3$	$\frac{\sqrt{2}}{4}a$	0.74
密排六方	12	$k = 6 \times \frac{4}{3}\pi r^3/(3a^2 c \sin 60°)$	$\frac{a}{2}$	0.74

注：N 为晶胞中的原子数；v 为原子的体积；V 为晶胞的体积；a、c 为晶格常数，$c/a = \sqrt{\frac{8}{3}}$。

多数金属元素只有一种晶体结构，但也有一些具有两种或两种以上类型的晶体结构。当外界条件（主要指温度和压力）改变时，元素的晶体结构可以发生转变的性质称为多晶型性。这种转变称为多晶型转变或同素异构转变。例如铁在 912 ℃ 以下为体心立方结构，称为 α-Fe；在 912~1394 ℃ 之间为面心立方结构，称为 γ-Fe；当温度超过 1394 ℃ 时，又变为体心立方结构，称为 δ-Fe。当晶体结构改变时，金属的性能（如体积、强度、塑性、磁性、导电性等）往往要发生突变。钢铁材料之所以能通过热处理来改变性能，原因之一就是因其具有多晶型转变。

1.3.3　合金相的结构

合金是两种或两种以上的金属或金属与非金属组成的具有金属特性的物质。合金具有比较好的力学性能，且具有纯金属不具备的电、磁、耐热、耐蚀等特殊性能，因此比纯金属的应用更广泛。固态合金中的相可按其结构特点分为固溶体和化合物两种基本类型。

1.3.3.1　固溶体

合金的组元之间以不同比例相互混合，混合后形成的固相晶体结构与组成合金的某一组元相同，这种相就称为固溶体。这种组元称为溶剂，其他组元即为溶质。工业上使用的金属材料，绝大部分是以固溶体为基体相，有的完全是由固溶体所组成的。例如广泛应用的碳钢和合金钢，均以固溶体为基体相，其含量占组织中的绝大部分。按溶质原子在溶剂晶格中的分布情况，固溶体可分为置换固溶体和间隙固溶体。

当溶质原子取代溶剂晶格某些结点上原子，所形成的固溶体称为置换固溶体，如图 1-10(a)所示。合金中金属元素之间大多形成置换固溶体。溶质原子在溶剂中的溶解有一定限度，超过这个限度就会有其他相形成，这种固溶体称为有限固溶体；当溶质原子可以任意比例溶入溶剂晶格中时称为无限固溶体，如铁钒、铜镍等合金中均可形成无限固溶体。

溶质原子处于溶剂晶格的间隙中所形成的固溶体称为间隙固溶体，如图 1-10(b) 所示。由于溶剂晶格中间隙的位置是有限的，故间隙固溶体只能形成有限固溶体。

固溶体虽保持溶剂的晶格类型，但由于溶质与溶剂原子直径的不同，必将导致溶剂的晶格产生畸变，如图 1-11 所示。原子半径之差越大，溶质原子溶入的量越多，晶格畸变越严重。间隙固溶体与置换固溶体相比，其晶格畸变的程度更大。

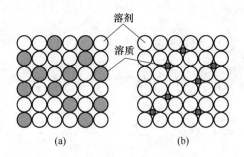

图 1-10 固溶体的两种类型图

（a）置换固溶体；（b）间隙固溶体

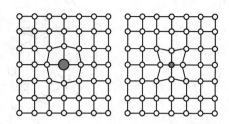

图 1-11 置换固溶体中的晶格畸变图

1.3.3.2 金属化合物

金属化合物是各种元素按一定比例形成的具有金属特性的新相，它的晶体类型不同于任一元素，因此又称为中间相。以金属化合物为基的固溶体也属于中间相的范畴，其成分可以在一定范围内变化。金属化合物主要有正常价化合物、电子化合物和间隙化合物三种。

正常价化合物符合化学上的原子价规律，一般是金属元素与周期表中的 ⅣA、ⅤA、ⅥA 族的一些元素形成的化合物，常具有 AB、AB_2、A_2B_3 等类型的分子式。正常价化合物的键性主要受原子电负性的控制，组成原子的电负性差越大，化合物越稳定，越趋于离子键结合；电负性差越小，化合物越不稳定，越趋于金属键结合。

电子化合物是由 ⅠB 族或过渡族金属与 ⅡB、ⅢA、ⅣA 族金属元素形成的金属化合物。它不遵守原子价规律，而是按照一定电子浓度的比值形成化合物。电子浓度不同，形成的化合物的晶体结构也不同。电子化合物的成分可以在一定的范围内变化，原子间的结合键以金属键为主。

间隙化合物的形成主要受组元原子尺寸的控制，通常是由原子直径较大的过渡族金属元素和直径很小的非金属元素形成的。铁碳合金中的 Fe_3C 和各种氮化物、硼化物等都是间隙化合物。

依照晶体结构和组成元素原子半径的比值，可将间隙化合物分为两类，当 $r_{非}/r_{金} < 0.59$ 时，形成具有简单晶格的间隙化合物，也称间隙相，如 WC、VC、TiC 等。它们都具有极高的熔点和硬度，且十分稳定，是高合金工具钢中的重要硬化相。当 $r_{非}/r_{金} > 0.59$ 时，形成具有复杂晶格的间隙化合物，如 Fe_3C、Mn_3C、$Cr_{23}C_6$ 等，其中 Fe_3C 是铁碳合金中的重要组成相。这一类间隙化合物也具有很高的熔点和硬度，但比间隙相稍低些，在钢中也起强化作用。金属化合物是许多重要工业合金的强化相，它的合理存在，对材料的强度、硬度、耐磨性、红硬性等具有极为重要的影响。

1.3.4 共价晶体的晶体结构

周期表中 ⅣA、ⅤA、ⅥA 族元素大多数为共价结合。ⅣA 族元素 Si、Ge、Sn 和 C 的晶体具有金刚石结构，依 $8-N$ 规则，配位数为 4。它们的原子通过 4 个共价键结合在一起，形成一个四面体，这些四面体群联合起来，构成一种大型的立方结构，属面心立方点阵，每阵点上有 2 个原子，每晶胞有 8 个原子，如图 1-12 所示。

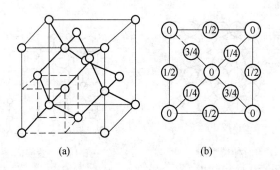

图 1-12   金刚石结构示意图
（a）晶胞；（b）原子位置投影

ⅤA 族元素 As、Sb、Bi 的配位数为 3，晶体具有菱形的层状结构，如图 1-13 所示。层内共价结合，层间带有金属键。因此这几种元素的晶体兼有金属与非金属的特性。

依 $8-N$ 规则，ⅥA 族元素 Se、Te 的配位数为 2，晶体结构内部呈螺旋分布的链状。链本身为共价结合，链与链间为范德华力，如图 1-14 所示。

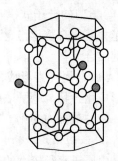

图 1-13   砷的层状晶体结构示意图

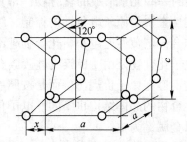

图 1-14   碲的链状晶体结构示意图

共价晶体的配位数很小，其致密度很低。对金刚石结构，致密度为 0.34，比典型金属晶体的面心立方结构的致密度低得多。

1.3.5   离子晶体的晶体结构

离子晶体是由正负离子通过离子键按一定方式堆积起来而形成的。也就是说，离子晶体的基元是离子而不是原子，这些离子化合物的晶体结构必须确保电中性，而又能使不同大小的离子有效地堆积在一起。

离子晶体通常可以看成是由负离子堆积成骨架（负离子配位多面体），正离子按其自身的大小居留于相应的空隙中，因此，配位多面体可认为是离子晶体的真正结构基元。负离子配位多面体指的是离子晶体结构中，与某一个正离子成配位关系而且相邻的各个负离子中心线所构成的多面体。在离子晶体中，配位数是指某一考查离子最近邻接的异号离子的数目。显然，由于配位数的不同，负离子多面体的形状不同，而正负离子的配位数则与正负离子的半径比有关，见表 1-3。在元素周期表上可以查到离子半径值。

表 1-3　配位数与最小半径比

配位数	3 重	4 重	6 重	8 重	12 重
半径比 r/R	≥0.155	≥0.225	≥0.414	0.732	1.0

1.4　实际材料的晶体缺陷

讨论材料的晶体结构一般分为晶体结构的完整性和晶体结构的非完整性（缺陷）两个部分。从晶体结构的角度看，晶体的规则完整排列是主要的，非完整性是次要的。但对于晶体材料的很多结构敏感性能来说，起主要作用的却是晶体的非完整性，其完整性居于次要地位。

通常，材料晶体缺陷按照几何形态特征划分，可将其分为点缺陷、线缺陷和面缺陷三类。点缺陷的特征是三个方向上的尺寸都很小，相当于原子的尺寸，例如空位、间隙原子、置换原子等；线缺陷的特征是在两个方向上的尺寸很小，另一个方向上的尺寸相对很大，属于这一类缺陷的主要是位错；面缺陷的特征是在一个方向上的尺寸很小，另两个方向上的尺寸相对很大，例如晶界、亚晶界等。按照这一特征，点缺陷、线缺陷和面缺陷又可分别称为零维缺陷、一维缺陷和二维缺陷。与之类比，实际材料中的三维缺陷可称为体缺陷，一般是夹杂物、空洞等宏观缺陷。

1.4.1　点缺陷

空位、间隙原子和置换原子等三种常见的点缺陷如图 1-15 所示。

（1）空位：在实际晶体的晶格中，并不是每个平衡位置都为原子所占据，总有极少数位置是空着的，这就是空位。由于空位的出现，使其周围的原子偏离平衡位置，发生晶格畸变，所以说空位是一种点缺陷。

（2）间隙原子：间隙原子就是处于晶格空隙中的原子。晶格中原子间的空隙是很小的，一个原子硬挤进去，必然使周围的原子偏离平衡位置，造成晶格畸变，因此间隙原子也是一种点缺陷。间隙原子有两种，一种是同类原子的间隙原子，另一种是异类原子的间隙原子。

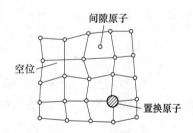

图 1-15　晶体结构中的
点缺陷示意图

（3）置换原子：许多异类原子溶入金属晶体时，如果占据在原来基体原子的平衡位置上，则称为置换原子。由于置换原子的大小与基体原子不可能完全相同，因此其周围邻近原子也将偏离其平衡位置，造成晶格畸变，因此置换原子也是一种点缺陷。

综上，不管是哪类点缺陷，都会造成晶格畸变，这将对金属的性能产生影响，如使屈服强度升高、电阻增大、体积膨胀等。此外，点缺陷的存在，还将加速金属中的扩散过程，从而影响与扩散有关的相变化、化学热处理、高温下的塑性变形和断裂等。

1.4.2　线缺陷

晶体中的线缺陷就是各种类型的位错。位错是一种极重要的晶体缺陷，它是在晶体中某处有一列或若干列原子发生了有规律的错位现象，使长度达几百至几万个原子间距、宽约几个原子间距范围内的原子离开其平衡位置，发生了有规律的错动。它的种类很多，其中最简单、也是最基本的有两种：刃型位错和螺型位错。

（1）刃型位错：如图 1-16 所示，当一个完整晶体某晶面（图中的 *ABCD*）以上的某处多出了一个垂直方向的半原子面 *EFGH*，它中断于 *ABCD* 面上 *EF* 处，该晶面像刀刃一样切入晶体，使 *ABCD* 面上下两部分晶体之间产生原子错动，沿着半原子面的"刃边"，晶格发生了很大的畸变，晶格畸变中心的连线就是刃型位错线（图中画"⊥"处）。位错线并不是一个原子列，而是一个晶格畸变的"管道"。刃型位错有正负之分，半原子面在滑移面（关于滑移面参见第 4 章有关内容）以上的称正位错，用"⊥"表示；半原子面在滑移面以下的称负位错，用"⊤"表示。

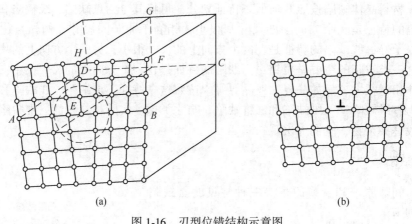

图 1-16　刃型位错结构示意图
（a）立体模型；（b）平面示意

（2）螺型位错：如图 1-17 所示，晶体的上半部分已经发生了局部滑移，左边是未滑移区，右边是已滑移区，原子相对移动了一个原子间距。在已滑移区和未滑移区之间，有一个很窄的过渡区。在过渡区中，原子都偏离了平衡位置，使原子面畸变成一串螺旋面。在这螺旋面的轴心处，晶格畸变最大，这就是一条螺型位错。螺型位错也不是一个原子列，而是一个螺旋状的晶格畸变管道。

根据位错线附近呈螺旋形排列原子旋转方向的不同，螺型位错可分为左螺型位错和右螺型位错两种。通常用拇指代表螺旋的前进方向，而以其余四指代表螺旋的旋转方向。凡符合左手法则的称为左螺型位错，符合右手法则的称为右螺型位错。

1.4.3　面缺陷

单相晶体中的面缺陷主要有晶界和亚晶界两种，多相晶体中的面缺陷还有相界。

当一个晶体的内部晶格位向完全一致时称为单晶体。实际金属就是由许多大小、位向不同，外形交错的晶粒所组成的，称为多晶体，如图 1-18 所示。单晶体金属很少作为结构材料，工程上使用的几乎都是多晶体金属材料。

（1）晶界：在多晶体中，由于各晶粒之间存在着位向差（相邻晶粒间的位向差通常为 30°~40°），故在不同位向的晶粒之间存在着原子无规则排列的过渡层，这个过渡层就

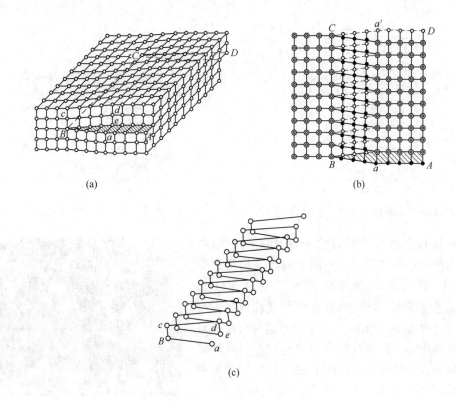

图 1-17　螺型位错结构示意图

（a）立体模型；（b）投影；（c）螺型位错周围的原子排列

是晶界。晶界处的原子排列极不规则，使晶格产生畸变，这就使晶界与晶粒内部有着许多不同的特性。例如，晶界在常温下的强度和硬度较高，在高温下则较低；晶界容易被腐蚀；晶界的熔点较低；晶界处原子扩散速度较快等。晶界对晶粒的塑性变形起阻碍作用，所以晶粒越细、晶界越多，塑性变形抗力越大，金属的硬度、强度就越高。

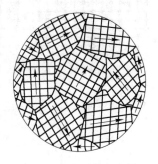

图 1-18　多晶体示意图

多晶体由许多晶粒构成，由于各晶粒的位向不同，晶粒之间存在晶界。当相邻两晶粒位向差小于 15°时，称为小角度晶界；位向差大于 15°时，称为大角度晶界。

小角度晶界可以认为是由一系列位错排列而成的，如图 1-19 所示。大角度晶界的原子排列处于紊乱过渡状态，如图 1-20 所示。

（2）亚晶界：在一个晶粒内部，原子排列的位向也不完全一致。如图 1-21 所示，在电镜下观察晶粒，可以看出除晶界外，每个晶粒也是由一些小晶块所组成的，这种小晶块称为亚晶粒，亚晶粒的边界称为亚晶界。亚晶界实际上是由一系列刃型位错所形成的小角度晶界，晶格排列的位向差小于 2°。

（3）相界：具有不同晶体结构的两相之间的分界面称为相界。相界的结构有三种，分别为共格界面、半共格界面和非共格界面。

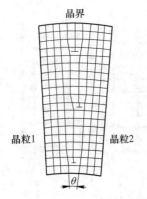

图 1-19　小角度晶界的位错结构

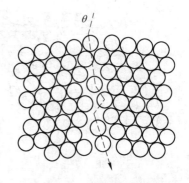

图 1-20　大角度晶界模型

共格界面上的原子同时位于两相晶格的结点上，为两种晶格所共有。当界面上两类晶格间距完全匹配时，形成的共格界面没有畸变（图 1-22(a)），存在差异时，将造成相界一侧受拉应力，一侧受压应力（图1-22(b)）。为了缓解这种由于晶格匹配造成的应力，界面处很容易产生位错，从而使得相界面变为半共格界面（图1-22(c)）。当界面两侧原子排列相差巨大，完全不能维持共格关系时，则形成非共格界面（图1-22(d)）。

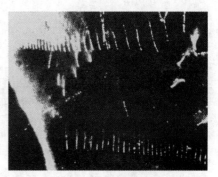

图 1-21　晶粒内部的亚晶界

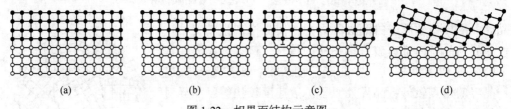

| (a) | (b) | (c) | (d) |

图 1-22　相界面结构示意图
（a）完全共格相界；（b）存在畸变的共格相界；（c）半共格相界；（d）非共格相界

本 章 小 结

按照尺度的不同，工程材料结构分为宏观结构、显微结构、原子（分子）的排列结构、原子的结合结构等不同层次。根据原子之间结合键的差异，区分了金属材料、无机非金属材料、有机高分子材料等；根据原子（分子）的排列，区分了晶体材料、非晶材料等。大多数工程材料是晶体材料，表征晶体结构的相关概念有空间点阵、晶胞、晶面、晶向等。由于材料的键性不同，不同种类材料的晶体结构也存在差异，金属晶体的结构简单，一般为体心立方、面心立方或密排六方晶体，而共价晶体和离子晶体的结构一般都很复杂。实际材料中存在大量的晶体缺陷，包括点缺陷（空位、间隙原子）、线缺陷（位错，包括刃型位错与螺型位错等）和面缺陷（晶界、亚晶界、相界），对材料性能起着重要影响。

复习思考题

1-1 讨论不同层级的结构属性对材料性能的影响。

1-2 金属材料、无机非金属材料、有机高分子材料的键性分别有何特点?

1-3 晶体与非晶体有何差别?

1-4 典型的金属晶体结构有哪些,合金相与纯金属在晶体结构上有何异同?

1-5 详述实际材料中的晶体缺陷。

2 工程材料的性能

【本章学习要点】本章介绍了工程材料的性能，主要包括工程材料的力学性能、物理性能、化学性能和工艺性能。要求掌握材料的力学性能——强度、塑性、硬度、韧性、疲劳强度及断裂，熟悉材料的物理性能、化学性能，了解材料的工艺性能。

在选用材料时，首先必须考虑的就是材料的有关性能，使之与零（部）件的使用要求相匹配。材料的性能有使用性能和工艺性能两类。使用性能包括力学性能（如强度、塑性及韧性等）、物理性能（如电性能、磁性能及热性能等）、化学性能（如耐腐蚀性、抗高温氧化性等）。工艺性能则随制造工艺不同，分为锻造、铸造、焊接、热处理及切削加工性等。

2.1 工程材料的力学性能

力学性能是工程材料进行结构设计、选材和制订工艺的重要依据。材料的力学性能是指材料在承受各种载荷时所表现出来的性能。通过不同类型的试验，可以测定材料各种性质的性能判据。常见的力学性能指标有强度、塑性、硬度、冲击韧性、疲劳强度、断裂韧度等。

2.1.1 强度

强度是指材料在外力作用下抵抗变形和断裂的能力。通过拉伸试验可以测定材料的强度和塑性。金属材料拉伸试验分为室温试验、高温试验和低温试验。金属材料室温拉伸试验方法依照国家标准 GB/T 228.1 执行（目前执行标准为 2021 年发布）。

从一个完整的拉伸试验记录中，可以得到许多有关该材料的重要指标，如材料的屈服强度、抗拉强度以及弹性、塑性变形的特点和程度等。以低碳钢为例，按照国标制作标准拉伸试样（图 2-1），在拉伸试验机上缓慢地从试样两端由零开始加载，使之承受轴向拉力 F，并引起试样沿轴向伸长 $\Delta L (= L_u - L_0)$，直至试样断裂。为消除试样尺寸大小的影响，将拉力 F 除以试样原始截面积 S_0，即得拉应力 R，单位为 MPa；将伸长量 ΔL 除以试样原始标距 L_0，即得伸长率，又称应变 ε。以 R 为纵坐标，ε 为横坐标，则可画出应力-应变图（R-ε 曲线），如图 2-2 所示。

2.1.1.1 规定非比例延伸强度

拉伸试验中，任一给定的非比例延伸（去除弹性延伸因素）与试样标距之比的百分率称为非比例延伸率。非比例延伸率等于规定的百分率时对应的应力称为规定非比例延伸强度，以 R_p 表示，规定的百分率在脚注中标示。例如 $R_{p0.2}$ 表示规定非比例延伸率为 0.2%时的应力。

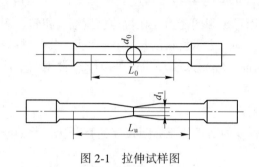

图 2-1 拉伸试样图

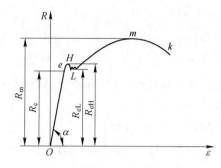

图 2-2 低碳钢的拉伸曲线图

2.1.1.2 屈服强度

如图 2-2 所示，当载荷增加到点 H 时曲线略下降而转为一近似水平段，即应力不增加而变形继续增加，这种现象称为"屈服"。此时若卸载，试样不能恢复原状而是保留一部分残余的变形，这种不能恢复的残余变形称为塑性变形。当金属材料呈现屈服，在试验期间发生塑性变形而力不增加时的应力称为屈服强度。屈服强度包括下屈服强度和上屈服强度。下屈服强度是指在屈服期间，不计初始瞬时效应时的最低应力值，以 R_{eL} 表示。上屈服强度是指试样发生屈服而力首次下降前的最高应力值，以 R_{eH} 表示。对大多数零件而言，发生塑性变形就意味着零件脱离了设计尺寸和公差的要求。

有许多金属材料没有明显的屈服现象（图 2-3），此时可以把规定非比例延伸强度 $R_{p0.2}$ 作为该材料的条件屈服强度。

机械零件或工具在工作状态一般不允许产生明显的塑性变形，因此屈服强度或 $R_{p0.2}$ 是机械零件设计和选材的主要依据，以此来确定材料的许用应力。

2.1.1.3 抗拉强度

应力超过屈服点时，整个试样发生均匀而显著的塑性变形。当应力达到图 2-2 中点 m 时，试样开始局部变细，出现"颈缩"现象。此后由于试样截面面积显著减小而不足以抵抗外力的作用，在点 k

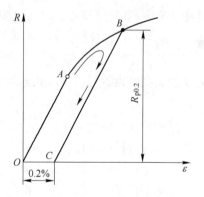

图 2-3 没有明显屈服点的拉伸曲线

发生断裂。断裂前的最大应力称为抗拉强度，以 R_m 表示。它反映了材料产生最大均匀变形的抗力。R_m 计算公式为：

$$R_m = \frac{F_m}{S_0}$$

(2-1)

式中　R_m——抗拉强度，MPa；

　　　F_m——试样在断裂前承受的最大载荷，N；

　　　S_0——试样标距内原始横截面面积，mm^2。

脆性金属材料作机械零件构件时，由于其没有明显的塑性变形阶段，因此常以 R_m 作为选材和设计的依据。

2.1.2　塑性

塑性是指材料在外力作用下产生永久变形而不破裂的能力。在拉伸、压缩、扭转、弯曲等外力作用下所产生的伸长、扭曲、弯曲等，均可表示材料的塑性。一般而言，材料的塑性皆通过拉伸试验所求得的断后伸长率和断面收缩率来表示，这是两个最常用的塑性指标。

2.1.2.1　断后伸长率

如图 2-1 所示，拉伸试样在拉断后，标距长度的增量与原标距长度的百分比，称为断后伸长率，用 A 表示。计算公式为：

$$A = \frac{L_u - L_0}{L_0} \times 100\% \tag{2-2}$$

式中　L_0——试样原始标距长度，mm；

　　　L_u——试样断后标距长度，mm。

2.1.2.2　断面收缩率

在试样拉断后，缩颈处横截面面积的最大缩减量与原横截面面积的百分比，称为断面收缩率，用 Z 表示。计算公式为：

$$Z = \frac{S_0 - S_u}{S_0} \times 100\% \tag{2-3}$$

式中　S_0——试样标距内原始横截面面积，mm^2；

　　　S_u——试样拉断后断口处的横截面面积，mm^2。

显然，材料的 A 和 Z 越大，则塑性越好。塑性良好的金属可进行各种塑性加工，同时使用安全性也较好。所以大多数机械零件除要求具有较高的强度外，还必须具有一定的塑性。

试样标距一般为 $L_0 = k\sqrt{S_0}$（k 为比例系数，通常取 5.65），且 $L_0 \geqslant 15$ mm，称为比例试样。当试样横截面面积太小时，可取 $k = 11.3$，此时断后伸长率用 $A_{11.3}$ 表示。自由选取 L_0 值的非比例试样，断后伸长率应加脚注说明标距，如 $A_{200\,mm}$。

有必要说明，随着国家标准的更新完善，一些力学性能指标名词和符号发生了变化，表 2-1 列出了关于金属材料强度与塑性的新标准（GB/T 228.1—2021）与旧标准（GB/T 228—1987）对照关系。

表 2-1　金属材料强度与塑性的新、旧标准名词和符号对照

GB/T 228.1—2021		GB/T 228—1987	
名　词	符　号	名　词	符　号
屈服强度	—	屈服点	σ_s
上屈服强度	R_{eH}	上屈服点	σ_{sU}
下屈服强度	R_{eL}	下屈服点	σ_{sL}

续表 2-1

GB/T 228.1—2021		GB/T 228—1987	
名　词	符号	名　词	符号
抗拉强度	R_m	抗拉强度	σ_b
断面收缩率	Z	断面收缩率	ψ
断后伸长率	A	断后伸长率	δ_5
	$A_{11.3}$		δ_{10}

2.1.3　硬度

硬度是材料抵抗较硬物体压入或刻划的能力，是一个综合反映材料弹性、强度、塑性和韧性的力学性能指标。

硬度试验设备简单，操作方便，不用特制试样，可直接在原材料、半成品或成品上进行测定。对于脆性较大的材料，如淬硬的钢材、硬质合金等，只能通过硬度测量来对其性能进行评价，而其他如拉伸、弯曲试验方法则不适用。对于塑性材料，可以通过简便的硬度测量，对其他强度性能指标做出大致定量的估计，所以硬度测量应用极为广泛，常把硬度标注于图纸上，作为零件检验、验收的主要依据。这里介绍几种常用的硬度测量方法。

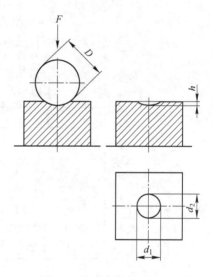

2.1.3.1　布氏硬度

根据国标《金属材料　布氏硬度试验　第1部分：试验方法》（GB/T 231.1—2018）规定，布氏硬度的测量是应用载荷 F 将直径为 D 的硬质合金球压入试样表面（如图 2-4 所示），

图 2-4　布氏硬度试验原理

保持一定时间后卸除载荷，根据被测表面出现的压痕直径（平均直径）使用式（2-4）计算硬度值。GB/T 231.1—2018 标准规定，布氏硬度用符号 HBW（硬质合金球压头）表示，取消了旧国标中的 HBS（钢球压头）。

$$HBW = 0.102 \frac{2F}{\pi D(D - \sqrt{D^2 - d^2})} \tag{2-4}$$

在实际应用中，对于一些新型布氏硬度计，可将实时测量的压痕直径输入硬度计控制面板，由系统直接给出硬度值计算结果；对于传统型布氏硬度计，需使用专门的刻度放大镜量出压痕直径，根据压痕直径的大小，再从专门的硬度表中查出相应的布氏硬度值。

测定的布氏硬度值应标注在硬度符号的前面，一般采用"硬度值+硬度符号（HBW）+数字/数字/数字"的形式来标记。硬度符号后的数字依次表示球形压头直径（mm）、载荷大小（kgf）及载荷保持时间（s）等试验条件，如 600 HBW 10/30/20 表示采用的硬质合金球直径为 10 mm，试验力为 30 kgf（300 N），保持时间为 20 s，试样的布氏硬度为 600。

布氏硬度的试验范围上限为 650 HBW。布氏硬度试验的优点是压痕面积较大，受试样不均匀度影响较小，能准确反映试样的真实硬度，适合于各种退火、正火状态下的钢材、铸铁、有色金属等，也用于调质处理的机械零件。对于晶粒粗大、偏析严重的金属材料的硬度测量也可选用这种方式，还可用此方法测定塑料材料的硬度。缺点是压痕面积较大，不适于检验小件、薄件或成品件。

2.1.3.2　洛氏硬度

目前，洛氏硬度试验的应用最为广泛。这种方法也是利用压痕来测定材料的硬度。与布氏硬度不同，它是以残余压痕深度的大小作为计量硬度的依据。

根据国标《金属材料　洛氏硬度试验　第 1 部分：试验方法》（GB/T 230.1—2018）规定，将压头（金刚石圆锥、钢球或硬质合金球）按图 2-5 所示分两个步骤压入试样表面，经规定保持时间后，卸除主试验力，测量在初试验力下的残余压痕深度 h。根据 h 值及常数 N 和 S（N 一般取 100 或 130，S 取 0.002）计算洛氏硬度，公式为：

$$洛氏硬度 = N - \frac{h}{S} \tag{2-5}$$

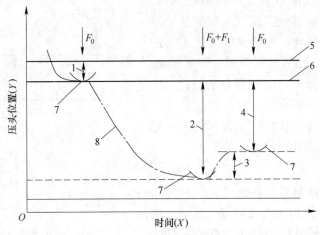

图 2-5　洛氏硬度试验原理

1—在初试验力 F_0 下的压入深度；2—由主试验力 F_1 引起的压入深度；

3—卸除主试验力 F_1 后的弹性回复深度；4—残余压痕深度 h；5—试样表面；6—测量基准面；

7—压头位置；8—压头深度相对时间的曲线

洛氏硬度的标尺有 A、B、C、D、E、F、G、H、K 等，分别记为 HRA、HRB、HRC、HRD、HRE、HRF、HRG、HRH、HRK。各标尺的适用范围如表 2-2 所示，表中共给出包括表面洛氏硬度标尺 15 N、30 N 等在内的共计 15 种标尺，其中以 HRA、HRB、HRC 三种最为常用。在常用的三种标尺中，又以 HRC 应用最多，一般经淬火处理的钢或工具都用 HRC 标尺测量。

洛氏硬度用硬度值、符号 HR、使用的标尺字母和球压头代号（钢球为 S，硬质合金球为 W）表示。一般可略去钢球压头代号。例如，60 HRBW 表示用硬质合金球压头在 B 标尺上测得的洛氏硬度值为 60。

洛氏硬度试验的优点是压痕面积较小，可检测成品、小件和薄件；测量范围大，从很软的非铁金属到极硬的硬质合金；测量简便迅速，可直接从表盘上读出硬度值。缺点是由于压痕小，对内部组织和性能不均匀的材料，测量不够准确，一般需要在材料表面的不同部位测量三点，然后取其平均值作为该材料的硬度值。

表 2-2　洛氏硬度标尺符号（摘自 GB/T 230.1—2018）

洛氏硬度标尺	硬度符号单位	压头类型	初试验力 F_0/N	总试验力 F/N	标尺常数 S/mm	全量程常数 N	适用范围
A	HRA	金刚石圆锥	98.07	588.4	0.002	100	20~95
B	HRBW	直径 1.5875 mm 球	98.07	980.7	0.002	130	10~100
C①	HRC	金刚石圆锥	98.07	1471	0.002	100	20~70
D	HRD	金刚石圆锥	98.07	980.7	0.002	100	40~77
E	HREW	直径 3.175 mm 球	98.07	980.7	0.002	130	70~100
F	HRFW	直径 1.5875 mm 球	98.07	588.4	0.002	130	60~100
G	HRGW	直径 1.5875 mm 球	98.07	1471	0.002	130	30~94
H	HRHW	直径 3.175 mm 球	98.07	588.4	0.002	130	80~100
K	HRKW	直径 3.175 mm 球	98.07	1471	0.002	130	40~100
15 N	HR15N	金刚石圆锥	29.42	147.1	0.001	100	70~94
30 N	HR30N	金刚石圆锥	29.42	294.2	0.001	100	42~86
45 N	HR45N	金刚石圆锥	29.42	441.3	0.001	100	20~77
15 T	HR15TW	直径 1.5875 mm 球	29.42	147.1	0.001	100	67~93
30 T	HR30TW	直径 1.5875 mm 球	29.42	294.2	0.001	100	29~82
45 T	HR45TW	直径 1.5875 mm 球	29.42	441.3	0.001	100	10~72

①当金刚石圆锥表面和顶端球面是经过抛光的，且抛光至沿金刚石圆锥轴向距离尖端至少 0.4 mm 时，试验适用范围可延伸至 10 HRC。

2.1.3.3　维氏硬度

测定维氏硬度的原理和上述两种硬度的测量方法类似，其区别在于压头采用锥面夹角为 136° 的金刚石正四棱锥体，压痕是四方锥形（如图 2-6 所示），以压痕的对角线长度来

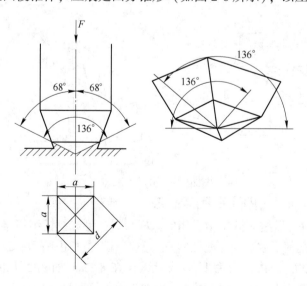

图 2-6　维氏硬度试验示意图

衡量硬度值的大小。维氏硬度用 HV 表示，单位为 N/mm²，一般不予标出。维氏硬度值的表示为"数字+HV+数字/数字"的形式。HV 前的数字表示硬度值，HV 后的数字表示试验所用的载荷和持续时间，如 640 HV 30/20 表示试验力为 30 kgf（300 N），保持 20 s，得到的硬度值为 640。

维氏硬度试验法所用载荷小，压痕深度浅，适用于测量薄壁零件的表面硬化层、金属镀层及薄片金属的硬度，这是布氏法和洛氏法所不及的。此外，因压头是金刚石角锥，载荷可调范围大，故对软、硬材料均适用。

应当指出，各硬度试验法测得的硬度值不能直接进行比较，必须通过硬度换算表换算成同一种硬度值后，方可比较其大小。

2.1.4　冲击性能

材料抵抗冲击载荷的能力称为材料冲击性能。冲击载荷是指以较高的速度施加到零件上的载荷，当零件在承受冲击载荷时，瞬间冲击所引起的应力和变形比静载荷时要大得多。因此，在制造承受冲击载荷的零件时，如冲床的冲头、锻锤的锤杆、飞机的起落架等，就必须考虑到材料的冲击性能。

评定材料冲击性能可以采用冲击试验来进行。冲击试验是将具有一定形状和尺寸的试样在冲击载荷的作用下冲断，以测定其吸收能量的一种动态力学性能试验，常用的方法是夏比摆锤冲击试验。根据《金属材料　夏比摆锤冲击试验方法》（GB/T 229—2020），试验中用一个带有 V 形、U 形或无缺口的标准试样，在摆锤式弯曲冲击试验机上弯曲折断，测定其所消耗的能量，如图 2-7 所示。试验时，把试样 2 放在试验机的两个支承 3 上，试样缺口背向摆锤冲击方向，将重量为 $W(\text{N})$ 的摆锤 1 放至一定高度 $H(\text{m})$，释放摆锤，并测量出击断试样后向另一方向升起至高度 $h(\text{m})$。根据摆锤重量和冲击前后摆锤的高度差，可算出击断试样所耗冲击吸收能量 K。

$$K = W(H - h) \tag{2-6}$$

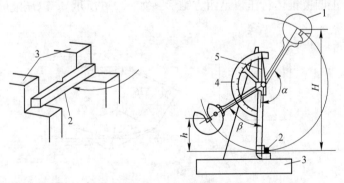

图 2-7　冲击试验原理
1—摆锤；2—试样；3—支承；4—刻度盘；5—指针

冲击吸收能量符号需按照试验中采用的试样缺口类型和摆锤锤刃半径进行标准，用字母 V 或 U 表示缺口几何形状，用字母 W 表示无缺口试样，用下标字母 2 或 8 表示摆锤锤刃半径（mm）。如 KU_8，其含义为 U 形缺口试样在 8 mm 摆锤锤刃冲击下的吸收能量；KW_2，其含义为无缺口试样在 2 mm 摆锤锤刃冲击下的吸收能量。

冲击试验对材料的缺陷很敏感，它能灵敏地反映出材料的宏观缺陷、显微组织的微小变化和材料质量的好坏，因此冲击试验是生产上用来检验冶炼、热加工、热处理工艺质量的有效方法。

一些材料的冲击韧性对温度是很敏感的，如低碳钢或低合金高强度钢在室温以上时冲击性能很好，但温度降低至-20～-40 ℃时就变为脆性状态，即发生韧性脆性的转变现象。通过系列温度冲击试验可得到特定材料的韧性脆性转变温度范围。

2.1.5 疲劳强度

许多零件和制品常受到大小及方向变化的交变载荷作用。在交变载荷反复作用下，材料常在远低于其屈服强度的应力下发生断裂，这种现象称为"疲劳"。材料的疲劳试验通常是在旋转对称弯曲疲劳试验机上测定的。按照材料承受的交变应力（R）和断裂循环次数（N）之间的关系，可绘出疲劳曲线，如图2-8所示。

疲劳曲线表明，材料在规定 N 次的交变载荷作用下，而不致引起断裂的最大应力称为疲劳强度，用 S 表示。一般钢铁材料取循环次数为 10^7 次（图2-8中曲线1）。一般非铁金属及其合金的疲劳曲线如图2-8中曲线2所示，其特征是循环次数 N 随所受应力的减小而增大，

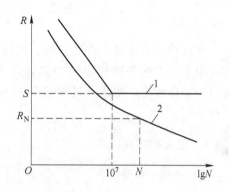

图2-8　疲劳曲线
1—钢铁材料；2—非铁金属及其合金

但不存在水平阶段。一般规定非铁金属 N 取 10^6 次，而腐蚀介质作用下的钢铁材料，N 取 10^8 次。

由于大部分机械零件的损坏都是由疲劳造成的，因此消除疲劳或减少疲劳失效，对于提高零件使用寿命有着重要意义。提高零件的疲劳抗力可通过合理选材、改善零件的结构形状、避免应力集中、减少材料和零件的缺陷、降低零件表面粗糙度、对表面进行强化等方法解决。

2.1.6 断裂韧度

断裂韧度是指带微裂纹的材料或零件阻止裂纹扩展的能力，用符号 K_{IC} 表示。金属材料从冶炼到各种加工过程，都有可能在材料内部产生微裂纹，这种裂纹的存在降低了材料的工作应力，但不是存在微裂纹的零件一概不能使用。当零件承受载荷而在其内部产生应力集中时，裂纹尖端处呈现应力集中，形成一个裂纹尖端的应力场，其大小用应力强度因子 K_I 表示：

$$K_I = YR\sqrt{a} \tag{2-7}$$

式中　Y——形状因子，与裂纹形状、加载方式等有关，在特定状态下是一个常量（一般 $Y = 1\sim2$）；

　　　R——承受载荷时的应力，MPa；

a——裂纹长度的一半，mm。

断裂韧度可为零件的安全设计提供重要的力学性能指标。当 $K_I < K_{IC}$ 时，零件可安全工作；当 $K_I \geqslant K_{IC}$ 时，则可能由于裂纹扩展而断裂。各种材料的 K_{IC} 值可在有关手册中查得，当已知 K_{IC} 和 Y 值后，可根据存在的裂纹长度确定许可的应力，也可根据应力的大小确定许可的裂纹长度。

断裂韧度是材料固有的力学性能指标，是强度和韧性的综合体现。它与裂纹的大小、形状、外加应力等无关，主要取决于材料的成分、内部组织和结构。

2.2　工程材料的物理性能

材料的种类繁多，性能各异，可以满足不同的工程应用需求。人们可以根据材料的实际用途、工作条件和零件的损坏形式选取材料的某些性能作为选材和使用的依据。材料的物理性能、化学性能是选用材料的重要依据。本节对工程材料的常见物理性能进行介绍。

2.2.1　密度和熔点

2.2.1.1　密度

材料每单位体积的质量称为密度（一般用 ρ 表示）。工程金属材料的密度一般为 $(1.7 \sim 19) \times 10^3$ kg/m^3，将密度小于 5×10^3 kg/m^3 的金属称为轻金属，如锂、铍、镁、铝、钛及其合金；密度大于 5×10^3 kg/m^3 的金属称为重金属，如铁、铜、铅、钨及其合金。大多数高分子材料的密度在 1.0×10^3 kg/m^3 左右。陶瓷材料的密度一般在 $(2.5 \sim 5.8) \times 10^3$ kg/m^3 范围内。

抗拉强度 R_m 与密度 ρ 的比值称为比强度，弹性模量 E 与密度 ρ 的比值称为比弹性模量，这两个比值反映了材料力学性能与密度的综合效能。对于航空、交通等工业产品要选用比强度高、比弹性模量大的材料，如钛合金、铝合金、高分子材料及其复合材料等。

根据阿基米德原理，由水的密度可求得材料的密度：

$$\rho = \frac{m}{m_1 - m_2} \rho_{水} \qquad (2\text{-}8)$$

式中　m——试样在空气中的质量，kg；

$\quad\ m_1$——试样和吊丝在空气中的质量，kg；

$\quad\ m_2$——试样和吊丝在水中的质量，kg；

$\quad\ \rho_{水}$——水的密度，kg/m^3。

2.2.1.2　熔点

熔点是指材料的熔化温度。金属和合金的冶炼、铸造和焊接等都要利用这个性能。金属都有固定的熔点，合金的熔点由它们的成分决定。熔点低的金属称为易熔金属，如锡（231.2 ℃）、铅（327.4 ℃）、锌（419.4 ℃）等，这类材料主要用于生产保险丝、焊丝等。熔点高的金属称为难熔金属或耐热金属，如钨（3180 ℃）、钼（2622 ℃）、钒（1919 ℃）等，这类材料主要用于生产耐高温零件如燃气轮机转子等。陶瓷材料的熔点一般都高于常规金属材料。

2.2.2 热性能

2.2.2.1 热导率

若物体中两点有温度差，则有热量从一点向另一点传递，热导率就是表示这一热量传递的能力。材料的热导率大，则导热性好。金属中导热性以银最好，铜、金、铝和铁次之；纯金属的导热性比合金好，而合金又比非金属好。高分子材料、陶瓷材料的导热性较差。金刚石的热导率在 $1300\sim2400$ W/$(m \cdot K)$，称得上是自然界热导率最高的材料。

在材料加热和冷却过程中，由于表面与内部产生较大温差，极易产生内应力，甚至变形和开裂。导热性好的材料散热性也好，利用这个性能可制作热交换器、散热器等器件。相反，利用导热性较差的材料可制作保温部件。陶瓷的导热性比金属差，是较好的绝热材料。

2.2.2.2 比热容

物体温度升高时所吸收的热量与其质量和升高的温度（$T_2 - T_1$）成正比，单位质量物体每升高一度所需的热量称为比热容（c）。

$$Q = cm(T_2 - T_1) \tag{2-9}$$

式中　Q——吸收的热量，J；

　　　c——材料的比热容，J/$(kg \cdot ℃)$；

　　　m——物体质量，kg；

　T_1，T_2——升温前、后的温度，℃。

2.2.2.3 线膨胀系数

热胀冷缩是物体重要的物理性能。常用线膨胀系数表示材料受热后的体积膨胀。对于精密仪器或机器零件，尤其是高精度配合零件，线膨胀系数是一个尤为重要的性能参数。如发动机活塞与缸套的材料就要求两种材料的膨胀量尽可能接近，否则将影响密封性。一般情况下，陶瓷材料的线膨胀系数较低，金属次之，而高分子材料最大。工程上有时也利用不同材料的线膨胀系数的差异制造一些控件部件，如电热式仪表的双金属片等。

2.2.3 弹性性能

2.2.3.1 弹性模量

材料在弹性变形范围内，正应力与正应变成比例，比例常数称为弹性模量，即

$$R = E\varepsilon \tag{2-10}$$

式中　E——弹性模量，MPa；

　　　R——正应力，MPa；

　　　ε——正应变。

2.2.3.2 切变模量

材料在弹性变形范围内，切应力和切应变成正比关系，比例系数称为切变模量，可用公式表示为：

$$\tau = G\gamma \tag{2-11}$$

式中　G——切变模量，MPa；

τ——切应力，MPa；

γ——切应变。

2.2.3.3 泊松比

对于各向同性的材料，在弹性变形范围内，试样在轴向拉伸时所产生的横向应变与轴向应变之比的绝对值定义为 μ。μ 称为泊松比。

$$\mu = \left| \frac{\varepsilon_2}{\varepsilon_1} \right| \tag{2-12}$$

式中　ε_1——轴向应变；

　　　ε_2——横向应变。

泊松比可根据弹性模量 E、切变模量 G 的测定值计算得到：

$$\mu = \frac{E}{2G} - 1 \tag{2-13}$$

2.2.4 磁性能

2.2.4.1 磁性

磁性是材料可导磁的性能。磁性材料可分为软磁材料和硬磁材料。软磁材料容易磁化，导磁性良好，但当外磁场去掉后，磁性基本消失，如硅钢片；硬磁材料具有外磁场去掉后，保持磁性，磁性不易消失的特点，如稀土钴磁体。许多金属都具有较好的磁性，如铁、镍、钴等，利用这些磁性材料，可制作磁芯、磁头和磁带等电器元件。也有许多金属是无磁性的，如铝、铜等。非金属材料一般无磁性。

2.2.4.2 磁导率

磁导率（μ）用于表征材料在一定的磁场强度中产生一定的磁感应强度的能力。磁感应强度 B 值随磁场强度 H 值的升高而增大，将磁导率定义为二者的比值，即

$$\mu = \frac{B}{H} \tag{2-14}$$

式中　B——磁感应强度，Wb/m^2；

　　　H——磁场强度，A/m。

磁导率是软磁材料中的一个重要参数。对于铁磁性材料，磁导率不是一个恒量，因此存在起始磁导率和最大磁导率。起始磁导率对磁场下工作的软磁材料，如铁镍合金等具有重要的意义。而硅钢片、工业纯铁等大功率材料则要求最大磁导率高。

2.2.5 电性能

2.2.5.1 导电性

导电性是导电性材料传导电流的能力。材料的导电性与材料本质、环境温度有关。金属一般都具有良好的导电性，银的导电性最好，铜和铝次之，导线主要用价格低的铜或铝制成；合金的导电性一般比纯金属差，所以用镍-铬合金、铁-锰-铝合金等制作电阻丝。

绝大多数高分子材料具有优良的电绝缘性能，可以作为电容器的介质材料，是电器工业中不可或缺的电绝缘材料，广泛应用于电线、电缆及仪表电器中；但有些高分子复合材

料也具有良好的导电性。与高分子材料类似，陶瓷材料一般都是良好的绝缘体，但有些特殊成分的陶瓷却是有一定导电性的半导体。

2.2.5.2 电导率

材料的导电性用电导率（γ）表示。金属的电导率随温度升高而降低，对于具有一定导电性的特殊成分的陶瓷，其电导率随温度升高而增大。

电导率 γ 定义为电阻率 ρ 的倒数，即

$$\gamma = \frac{1}{\rho} = \frac{L}{S} \times \frac{I}{U} \tag{2-15}$$

式中 ρ——电阻率，$\Omega \cdot cm$；

L——试样的长度，cm；

S——试样的横截面面积，cm^2；

I——通过试样的电流，A；

U——试样两端的电压，V。

2.2.6 光电性能

光电性能是材料对光的辐射、吸收、透射、反射和折射的性能以及荧光性等。金属对光具有不透明性和高反射率，而陶瓷材料、高分子材料反射率均较小。某些材料通过激活剂引发荧光性，可制作荧光灯、显示管等。玻璃纤维作为光通信的传输介质，利用材料的光电性能制作一些光电器元件的前景十分广阔。

2.3 工程材料的化学性能

材料的化学性能一般是指材料在常温或高温条件下，抵抗氧化物和各种腐蚀性介质对其氧化或腐蚀的能力，比如抗氧化性和耐蚀性，统称为化学稳定性。

2.3.1 成分

构成材料的元素或化学组分称为材料的成分。成分可以用分析化学的方法测定。金属中，成分通常就意味着构成金属的各种元素百分比。聚合物的成分由起始的单体化学符号并与链长度的标志组成的化学式来表示。陶瓷的成分通常是根据化学计算关系（元素在化合时的定量关系）而得到的。

2.3.2 耐蚀性

耐蚀性是材料对环境介质（如水、大气）及各种电解液侵蚀的抵抗能力。材料的耐蚀性常用每年腐蚀深度（渗蚀度）$K_a(mm/a)$ 表示。

金属腐蚀包括化学腐蚀和电化学腐蚀，化学腐蚀是指金属发生化学反应而引起的腐蚀，电化学腐蚀是指金属和电解质溶液构成原电池而引起的腐蚀。金属材料抗腐蚀性还与其所处的温度高低有关，工作温度越高，氧化腐蚀越严重。有些金属氧化时，可在表面形成一层连续、致密并与基体结合牢固的氧化膜，从而阻止进一步氧化，如铝、铬等都具有这种防护功能；但大多数金属材料在没有防护时均会发生不同程度的腐蚀。

　　一般非金属材料的耐蚀性比金属材料高得多。对于金属材料，碳钢、铸铁的耐蚀性较差；钛及其合金、不锈钢的耐蚀性较好。在食品、制药、化工工业中，不锈钢是重要的应用材料。铝合金和铜合金亦有较好的耐蚀性。

　　提高材料耐蚀性的方法很多，如均匀化处理、表面处理等。

2.3.3　高温抗氧化性

　　长期在高温下工作的零件，如工业用的锅炉、加热设备、汽轮机、喷气发动机、火箭、导弹，易发生氧化腐蚀，形成一层层的氧化铁皮。因此，对于在高温下工作的零部件与设备而言，除要在高温下保持基本力学性能外，还要具备抗氧化性能。所谓高温抗氧化性，通常是指材料在迅速氧化后，能在表面形成一层连续而致密并与母体结合牢靠的膜，从而阻止进一步氧化的特性。

　　金属氧化材料的氧化随温度的升高而加速。氧化不仅造成材料的过量损耗，也可以形成各种缺陷，应该避免。例如，钢材在铸造、锻造、焊接、热处理等热加工作业时，其周围常有一种还原气体或保护气体，以免发生氧化。

2.4　工程材料的工艺性能

　　材料的工艺性能是指在制作零件过程中采用某种加工方法制造零件的难易程度。材料工艺性能的好坏，会直接影响到制造零件的工艺方法、质量以及制造成本。不同类型的材料，工艺性能大不一样，选材时，不仅要考虑其使用性能，还要考虑其工艺性能。

　　本节主要介绍金属材料的工艺性能。金属材料的工艺性能包括铸造性能、锻造性能、焊接性能、热处理性能以及切削加工性能等。

2.4.1　铸造性能

　　铸造性能亦称可铸性，是指金属及合金易于浇铸成型并获得优质铸件的能力。铁水流动性好、收缩率小表示可铸性好。常用的金属材料如灰铸铁、锡青铜的铸造性较好，可浇铸薄壁、结构复杂的铸件。

2.4.2　锻造性能

　　锻造性能亦称可锻性，是指材料是否易于进行压力加工的性能。可锻性包括材料的塑性及变形抗力两个参数。塑性好（高）或变形抗力（即屈服强度）小，锻压所需外力小，则可锻性好。钢的可锻性良好，而铸铁则不能进行压力加工，纯铜在室温下就有良好的锻造性能。

2.4.3　焊接性能

　　焊接性能亦称可焊性，是指材料是否易于焊接在一起并能保证焊缝质量的性能。可焊性好坏一般用焊接接头出现各种缺陷的倾向来衡量。可焊性好的材料可用一般的焊接方法和工艺，施焊时不易形成裂纹、气孔、夹渣等缺陷。碳含量低的低碳钢具有优良的可焊性，而碳含量高的高碳钢、铸铁和铝合金的可焊性就较差。某些工程塑料也有良好的焊接性，但与金属的焊接机制及工艺方法并不相同。

2.4.4 热处理性能

热处理是通过加热、保温和冷却，改变材料组织结构，从而获得所需性能的一种工艺。热处理性能也是金属材料的一个重要工艺性能，它与材料的化学成分有关。对钢材而言，热处理性能主要指淬透性、淬硬性、回火脆性倾向、氧化脱碳倾向及变形开裂倾向等。

2.4.5 切削加工性能

切削加工性能是指材料在切削加工时的难易程度。它与材料的种类、成分、硬度、韧性、导热性及内部组织状态等许多因素有关。切削加工性好的材料切削容易，刀具寿命长，易于断屑，加工出的表面也比较光洁。从材料种类看，铸铁、钢合金、铝合金及一般碳钢的切削加工性能较好。

本 章 小 结

金属材料作为现代生产制造业的基本材料，广泛应用于制造各种生产设备、工具、武器和生活用具的零部件，是一种应用领域宽泛的工程材料。金属材料之所以获得广泛的应用，是由于它具有许多良好的性能。本章重点介绍了工程材料中金属材料的力学性能、物理性能、化学性能及工艺性能。金属材料的常用力学性能指标有：强度、塑性、硬度、冲击吸收能量、疲劳强度及断裂韧度等，它们是衡量材料性能和决定材料应用的重要指标，也是本章内容的重点。金属材料工艺性能的好坏直接影响制造零件的工艺方法、质量及成本。

复习思考题

2-1 什么是金属材料的力学性能？金属材料的力学性能包含哪些方面？

2-2 什么是强度？在拉伸试验中衡量金属强度的主要指标有哪些？它们在工程应用上有什么意义？

2-3 什么是塑性？在拉伸试验中衡量金属塑性的指标有哪些？

2-4 什么是硬度？指出测定金属硬度的常用方法和各自的优缺点。

2-5 反映材料受冲击载荷的性能指标是什么？不同温度条件下测得的这种指标能否进行比较？

2-6 为什么疲劳断裂对机械零件有着很大的潜在危险性？

2-7 实际生产中，为什么零件设计图上一般是提出硬度技术要求而不是强度或塑性值？

2-8 一紧固螺钉在使用过程中发现有塑性变形，是因为螺钉材料的力学性能哪一判据的值不足？

2-9 一架波音 787 飞机，约 70% 的零件是用铝和铝合金制造的。请问飞机上的零件为什么要大量选用铝和铝合金制造？

2-10 何谓金属的工艺性能，主要包括哪些内容？

3 金属材料的凝固与相图

【本章学习要点】 本章介绍了金属材料的结晶凝固过程与相图，主要包括纯金属的结晶过程，合金的凝固过程，合金相图及材料中非常重要的铁碳合金的相图与平衡相变过程等内容。要求熟悉金属结晶的基本过程，了解晶粒细化手段，了解合金相图的建立过程，熟悉匀晶、共晶和包晶相图及典型合金凝固过程，熟悉铁碳合金相图和典型铁碳合金的平衡相变过程，了解铁碳合金的成分-组织-性能关系等。

物质由液态转变为固态的过程称为凝固。除少量金、铜等以外，金属都需要通过冶金过程从天然矿石中进行提取，大多需要经历凝固过程。金属制品加工时，很多时候也存在熔化-凝固过程。研究金属凝固的过程，掌握有关规律和影响因素，对于改善金属的组织和提高材料的性能具有重要意义。凝固后的金属一般都是晶体，所以此过程也可称为结晶。凝固是最典型的相变过程之一。相图表达了不同温度、压力等环境约束下组分、相的稳定状态和相组成之间的平衡关系，是研究与分析凝固及其他类型相变的有力工具。

3.1 纯金属的结晶

纯金属在由液态向固态凝固的结晶过程中，需要经历从液态金属中凝结出晶核和晶核长大的过程。这一结晶过程，受到液态金属结构、热力学条件及动力学因素的控制。

3.1.1 金属结晶的基本规律

3.1.1.1 纯金属结晶的宏观热现象

研究金属的结晶过程常采用热分析法，即将金属加热熔化成液态，然后缓慢冷却下来，记录温度随时间变化的曲线，称为冷却曲线。纯金属的冷却曲线如图 3-1 所示。

从冷却曲线上可以看出，纯金属自液态缓慢冷却时，随着冷却时间的不断增加，热量不断地向外界散失，温度也连续下降；当温度降到理论结晶温度 T_m 时，液态纯金属并未开始结晶，而是需要继续冷却到 T_m 以下某一温度 T_n 时，液态金属才开始结晶，这种现象称为过冷现象。理论结晶温度与实际结晶温度之差称为过冷度，即有 $\Delta T = T_m - T_n$。

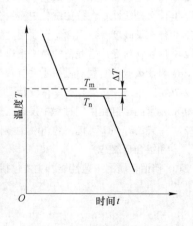

图 3-1　纯金属的冷却曲线

当液态纯金属的温度降到实际结晶温度 T_n 开始结晶后，冷却曲线上会出现一个平台，这是由于液态纯金属在结晶时产生的结晶潜热与向外界散失的热量相等的原因，这个平台一直延续到结晶过程完毕，纯金属全部转变为固态为止，然后再继续向外散热直至冷却到室温，相应的冷却曲线呈连续下降。

3.1.1.2 结晶的热力学条件

液态金属结晶必须在一定的过冷条件下才能进行，这是由热力学条件决定的。在热力学平衡条件下，物质的稳定状态一定是其自由能最低的状态。对于结晶过程而言，其能否发生，就要看液态金属和固态金属的自由能孰高孰低。图 3-2 为液态金属与固态金属自由能随温度变化的曲线。

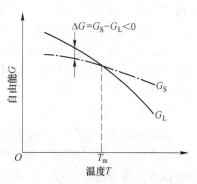

图 3-2 液态金属与固态金属自由能
随温度变化的曲线

液态金属和固态金属的自由能都随着温度的升高而降低，液态金属自由能曲线的斜率比固态金属的大，所以液态金属的自由能降低得更快一些，两条曲线的斜率不同必然导致两条曲线在某一温度相交，此时的液态金属和固态金属的自由能相等，这意味着此时两者共存，处于热力学平衡状态，这一温度就是理论结晶温度 T_m。可见，只有当温度低于 T_m 时，固态金属的自由能才低于液态金属的自由能，液态金属可以自发地转变为固态。因此，液态金属要结晶，其结晶温度一定要低于理论结晶温度 T_m，即要有一定的过冷度，此时的固态金属的自由能低于液态金属的自由能，两者的自由能之差构成了金属结晶的驱动力。

3.1.1.3 纯金属结晶的微观过程

液态金属的结晶是一个晶核形成与长大的过程。图 3-3 示意了小体积液态纯金属结晶的微观过程。

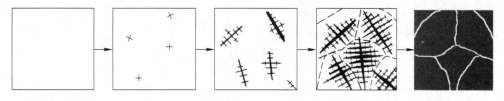

图 3-3 小体积液态纯金属结晶过程示意图

当液态金属过冷至理论结晶温度以下的实际结晶温度时，晶核并未立即产生，而需要经过一定时间以后才开始出现第一批晶核；结晶开始前的这段停留时间称为孕育期。随着时间的推移，已形成的晶核不断长大，与此同时，液态金属中又产生第二批晶核。以此类推，液态金属中不断形核，形成的晶核不断长大，使液态金属越来越少，直到各个晶体相互接触，液态金属耗尽，结晶过程进行完毕。由一个晶核长成的晶体，就是一个晶粒。由于各个晶核是随机形成的，其位向各不相同，所以各晶粒的位向也不相同，这样就形成了一块多晶体金属；如果在结晶过程中只有一个晶核形成并长大，则形成一块单晶体金属。

3.1.2　晶核的形成与长大

3.1.2.1　液态金属的结构

从大的尺度范围看，液态金属中的原子排列是不规则的，但从局部微小区域来看，原子可以偶然地在某一瞬间出现规则的排列，这种现象称为"近程有序"。液态金属中存在的近程有序排列原子集团是处于瞬间出现、瞬间消失、此起彼伏、变化不定的状态之中，称为结构起伏。这种结构起伏构成了液态金属的动态图像。

金属结晶是由晶核的形成和长大过程完成的，而晶核是由晶胚生成的。液态金属中近程有序的原子集团是形成晶胚的基础，只有在过冷液体中出现尺寸较大的晶胚才有可能在结晶时转变为晶核。液态金属中的这种动态结构的变化是结晶的结构基础。

3.1.2.2　晶核的形成

晶核的形成有两种，一种为均匀形核，另一种为非均匀形核。

由金属原子自己规则排列形成的晶核，称为均匀形核。晶核形成后，其周围的原子围绕晶核进行有规则的排列，而使晶核逐渐长大，最后长大成为一个晶粒。通常液态金属总是存在着各种固态杂质微粒，某些外来的固体小质点也可作为核心进行结晶。凡依靠外来微粒作为晶核的均称为非均匀形核。

非均匀形核在金属结晶过程中往往起着更重要的作用。必须指出，并非外来的任何微粒都能起到晶核作用，只有那些晶体结构或晶格常数与基体金属的晶体结构或晶格常数相近似的微细颗粒，才能起到晶核作用。

A　均匀形核

当温度降到熔点以下，过冷液体中出现晶胚时，一方面，原子由液态转变为固态将使体系的自由能降低，形成相变的驱动力；另一方面，由于晶胚构成了新的界面，又会引起表面自由能的增加，形成相变的阻力，此时，体系总的自由能的变化为：

$$\Delta G = V\Delta G_V + \sigma S \tag{3-1}$$

式中　ΔG_V——固、液两相单位体积自由能之差，为负值；

　　　σ——晶胚单位面积表面能，可用表面张力表示，为正值；

　V，S——分别为晶胚的体积和表面积。

为计算上的方便，设晶胚为球形，其半径为 r，则式（3-1）可写成：

$$\Delta G = \frac{4}{3}\pi r^3 \Delta G_V + 4\pi r^2 \sigma \tag{3-2}$$

由此得到 ΔG 随 r 变化的曲线如图 3-4 所示。

由图 3-4 可知，ΔG 在半径为 r_k 时达到最大值。

当 $r<r_k$ 时，随着晶胚尺寸 r 的增大，系统的自由能增加，过程不能自动进行，这种晶胚不能成为稳定的晶核，而是瞬时形成，又瞬时消失；

当 $r>r_k$ 时，随着晶胚尺寸 r 的增大，系统的自由能降低，过程可以自动进行，晶胚可以自发地长成稳定的晶核，因此它将不再消失；

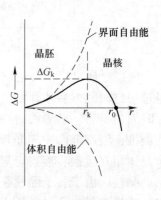

图 3-4　晶核半径与体系
自由能的关系

当 $r=r_k$ 时，这种晶胚既可能消失，也可能长大成为稳定的晶核，半径为 r_k 的晶核叫作临界晶核，而 r_k 称为临界晶核半径。

令 $d(\Delta G)/dr = 0$，则可求出：

$$r_k = \frac{-2\sigma}{\Delta G_V} \tag{3-3}$$

结晶时的相变驱动力 ΔG_V 与过冷度 ΔT 和结晶潜热 L_m 有如下关系：

$$\Delta G_V = \frac{-L_m \Delta T}{T_m}$$

则

$$r_k = \frac{2\sigma T_m}{L_m \Delta T} \tag{3-4}$$

形成临界晶核时，系统自由能增加到最大值，这部分能量称为临界形核功 ΔG_k。将式 (3-3) 或式 (3-4) 中的 r_k 值代入式 (3-2)，可得：

$$\Delta G_k = \frac{16\pi}{3} \times \frac{\sigma^3}{(\Delta G_V)^2} \tag{3-5}$$

及

$$\Delta G_k = \frac{16\pi}{3} \times \frac{\sigma^3 T_m^2}{(L_m \Delta T)^2} \tag{3-6}$$

可见，临界半径 r_k 和临界形核功与过冷度 ΔT 成反比，过冷度越大，则临界半径和临界形核功越小。这说明，过冷度增大时，较小的晶胚将可以形成晶核，同时，所需形核功也会变小，形核的机会增多，晶核的数目增多。

以上从热力学的角度讨论了金属结晶时的形核，实际上，结晶形核还受到动力学的影响。定义形核率 (N) 为单位时间单位体积液体中所形成的晶核数。它受两个方面因素的控制：一方面是随着过冷度的增加，晶核的临界半径和形核功减小，有利于晶核形成，形核率增加（形核功因子 N_1）；另一方面是增加过冷度，降低原子的扩散能力，结果给形核造成困难，使形核率减小（原子扩散能力的因子 N_2）。形核率 N 是上述两个因子协同作用的体现，$N = N_1 N_2$，图 3-5 为 N、N_1、N_2 与温度关系的示意图。

B 非均匀形核

液态金属均匀形核所需的过冷度很大，约为 $0.2T_m$。例如纯铁均匀形核时的过冷度达 295 ℃，纯铝为 130 ℃。而实际形核过冷度一般不超过 20 ℃，其原因在于产生非均匀形核。在液态金属中总是存在一些微小的固相杂质质点，并且液态金属在凝固时还要和型壁相接触，晶核就可以优先依附于这些现成的固体表面上形成，这种形核方式就是非均匀形核，它使形核时的过冷度大大降低。

形核的主要阻力是晶核的表面能，非均匀形核依附于固相质点的表面，能使表面能降低，使形核在较小的过冷度下进行。

晶胚依附在型壁、大的第二相等平面上形成球冠形状，如图 3-6 所示。

设该球冠型晶胚的曲率半径为 r，θ 为该晶胚与平面的浸润角。可求得：

$$r_k' = -\frac{2\sigma_{\alpha L}}{\Delta G_V} = \frac{2\sigma_{\alpha L} T_m}{L_m \Delta T} \tag{3-7}$$

$$\Delta G_k' = \frac{16\pi}{3} \times \frac{\sigma_{\alpha L}^3}{(\Delta G_V)^2} \times \frac{(2 + \cos\theta)(1 - \cos\theta)^2}{4} \tag{3-8}$$

比较均匀形核、非均匀形核的临界半径和形核功，可以看出，非均匀形核临界球冠半径与均匀形核的临界半径是相等的。

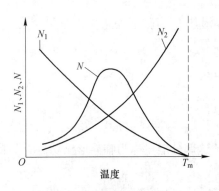
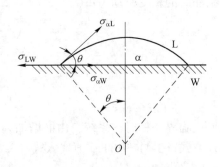

图 3-5　形核率与温度的关系　　　　　图 3-6　非均匀形核示意图

一般的情况是 θ 角在 0°~180°之间变化，非均匀形核的球冠体积小于均匀形核的晶核体积，$\Delta G_k'$ 恒小于 ΔG_k。θ 越小，$\Delta G_k'$ 越小，非均匀形核越容易，需要的过冷度也越小。

非均匀形核的形核率与均匀形核相似，但除受过冷度和温度的影响外，还受固态杂质的结构、数量、形貌及其他一些物理因素的影响。

非均匀形核的形核功与 θ 角有关，θ 角越小，形核功越小，形核率越高。杂质（形核核心）与晶体结构相似、尺寸相当，点阵匹配时，形核率越高。固体杂质表面的形状各种各样，具有不同的形核率。在曲率半径、接触角相同的情况下，晶核体积随界面曲率的不同而改变。凹曲面的形核效能最高，因为较小体积的晶胚便可达到临界晶核半径，平面的效能居中，凸曲面的效能最低。

过热度是指金属熔点与液态金属温度之差。液态金属的过热度对非均匀形核有很大的影响。当过热度较大时，有些质点的表面状态改变了，如质点内微裂缝及小孔减少，凹曲面变为平面，使非均匀形核的核心数目减少；当过热度很大时，将使固态杂质质点全部熔化，这就使得非均匀形核转变为均匀形核，形核率大大降低。

在液态金属凝固过程中进行振动或搅动，一方面可使正在长大的晶体碎裂成几个结晶核心，另一方面又可使受振动的液态金属中的晶核提前形成。

3.1.2.3　晶核的长大

稳定晶核出现之后，马上就进入了长大阶段。晶体的长大从宏观上看，是晶体的界面向液相逐步推移的过程；从微观上看，则是依靠原子逐个由液相中扩散到晶体表面上，并按晶体点阵规律的要求，逐个占据适当的位置而与晶体稳定牢靠地结合起来的过程。

晶体长大的方式和长大速度主要取决于固液界面前沿液体中的温度分布状况和晶核的界面结构。

A　固液界面前沿液体中的温度分布

固液界面前沿液体中的温度分布是影响晶体长大的一个重要因素，它可分为正温度梯度和负温度梯度两种，如图 3-7 所示。

正温度梯度是指液相中的温度随至界面距离的增加而提高的温度分布状况，如图 3-7（a）所示，其结晶前沿液体中的过冷度随至界面距离的增加而减小。一般的液态金属均在铸型中凝固，金属结晶时放出的结晶潜热通过型壁传导释放，故靠近型壁处的液体温度最低，结晶最早发生，而越接近熔液中心的温度越高，这种温度的分布情况即为正温度梯度。

如图 3-7（b）所示，负温度梯度是指液相中的温度随至界面距离的增加而降低的温度分布状况，也就是说，过冷度随至界面距离的增加而增大。此时所产生的结晶潜热既可通过已结晶的固相和型壁散失，也可通过尚未结晶的液相散失。

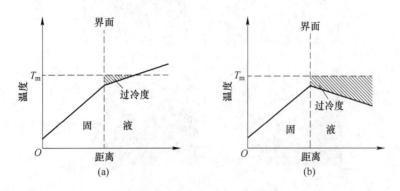

图 3-7　固液界面前沿液相中的温度分布示意图
（a）正温度梯度；（b）负温度梯度

B　固液界面的微观结构与晶体长大机制

晶体的长大是通过液体中单个原子的移动完成的，并按照晶面原子排列的要求与晶体表面原子结合起来。按原子尺度，把相界面结构分为粗糙界面和光滑界面两类，如图 3-8 所示。界面的微观结构不同，则其接纳液相中原子的能力也不同，因此在晶体长大时将有不同的机制。

在光学显微镜下看，光滑界面呈参差不齐的锯齿状，界面两侧的固液两相是截然分开的（图 3-8（a）上图），在界面的上部，所有的原子均处于液体状态，在界面的下部，所有的原子均处于固体状态，即所有的原子都位于结晶相晶体结构所规定的位置上。这种界面通常为固相的密排晶面。当从原子尺度观察时，这种界面是光滑平整的（图 3-8（a）下图）。

在这种界面条件下，若液相原子单个地扩散迁移到界面上是很难形成稳定状态的，这是由于它所带来的表面自由能的增加，远大于其体积自由能的降低。在这种情况下，晶体的长大只能依靠所谓的二维晶核方式，即依靠液相中的结构起伏和能量起伏，使一定大小的原子集团几乎同时降落到光滑界面上，形成具有一个原子厚度并且有一定宽度的平面原子集团，二维晶核形成后，它的四周就出现了台阶，后迁移来的液相原子一个个填充到这些台阶处，这样所增加的表面能较小，直到整个界面铺满一层原子后，又变成了光滑界面，而后又需要新的二维晶核的形成，否则生长即告中断。晶体以这种方式长大时，其长大速度十分缓慢。

通常，具有光滑界面的晶体，其长大速度比按二维晶核长大方式快得多，由于在晶体长大时，总是难以避免形成种种缺陷（如螺型位错露头），这些缺陷所造成的界面台阶使原子容易向上堆砌，因而比二维晶核机制长大速度快。

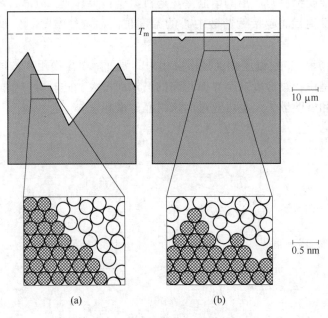

图 3-8　固液界面的微观结构

（a）光滑界面；（b）粗糙界面

通过光学显微镜观察时，粗糙界面是平整的（图 3-8（b）上图）；当从原子尺度观察时，这种界面高低不平，并存在着厚度为几个原子间距的过渡层。在过渡层中，液相与固相的原子犬牙交错分布（图 3-8（b）下图）。

粗糙界面很容易按照连续长大机制进行晶核长大。粗糙界面上几乎有一半应按晶体规律而排列的原子位置虚位以待，从液相中扩散过来的原子很容易填入这些位置与晶体连接起来。由于这些位置接待原子的能力是等效的，在粗糙界面上的所有位置都是生长位置，所以液相原子可以连续、垂直地向界面添加，界面的性质永远不会改变，从而使界面迅速地向液相推移。晶体缺陷在粗糙界面的生长过程中不起明显作用。这种长大方式也称为垂直长大。它的长大速度很快，大部分金属晶体均以这种方式长大。

C　晶体生长的方式与界面形态

正的温度梯度下，结晶潜热只能通过固相而散出，相界面的推移速度受固相传热速度所控制。晶体的生长是以接近平面状向前推移，其中，按照固液界面微观结构，在光滑界面和粗糙界面情况下有所不同。

光滑界面微观结构为某一晶体学小平面，与熔点等温面交有一定角度，但从宏观来看，其仍为平行于熔点等温面的平直面，如图 3-9（a）所示，这种情况有利于形成规则形状的晶体，其生长形态呈台阶状。具有粗糙界面的晶体，在正的温度梯度下成长时，其界面为平行于熔点 T_m 等温面的平直界面，它与散热方向垂直，如图 3-9（b）所示。

晶体在生长时界面只能随着液体的冷却而均匀一致地向液相推移，一旦局部偶有突出，它便进入低于临界过冷度甚至熔点 T_m 以上的温度区域，成长立刻减慢下来，甚至被熔化掉。所以固液界面始终保持平面。在这种条件下，晶体界面的移动完全取决于散热方向和散热条件，具有平面状的长大形态，称为平面长大方式。

负的温度梯度下，相界面上产生的结晶潜热既可通过固相也可通过液相而散失。在这种情况下，如果界面的某一局部偶有凸出，则它将伸入过冷度更大的液体中，使凸出部分的生长速度增大而进一步伸向液体中。在这种情况下，液-固界面就不可能保持平面状而会形成许多伸向液体的分枝（沿一定晶向），同时在这些晶枝上又可能会长出二次晶枝，在二次晶枝上再长出三次晶枝，如图 3-10 所示。晶体的这种生长方式称为树枝状生长。

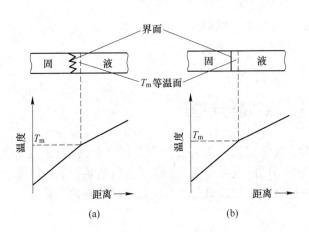 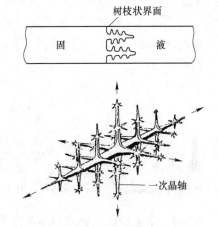

图 3-9　正温度梯度下纯金属凝固的界面形态

（a）光滑界面；（b）粗糙界面

图 3-10　晶体树枝状生长示意图

D　晶核长大速度

晶核的长大速度与其生长机制有关。当界面为光滑界面并以二维晶核机制长大时，其长大速度非常小。当以螺型位错机制长大时，由于界面上的缺陷所能提供的向界面上添加原子的位置也很有限，故长大速度也较小。对于具有粗糙界面的大多数金属来说，由于它们是连续长大机制，所以长大速度较以上两者要快得多。

3.1.3　金属结晶后晶粒的大小及控制

金属结晶后，其晶粒大小（即单位体积中晶粒数目的多少）对金属材料的力学性能有很大的影响。晶粒越细，不仅其强度、硬度越高，而且塑性和韧性也越好。晶粒的大小取决于形核率 N（形核数目/（$m^3 \cdot s$））和生长线速度 $G(m/s)$，而 N 和 G 又与下列因素有关。

（1）过冷度：单位体积内的晶粒数与形核率 N 成正比，而与生长线速度 G 成反比，即晶粒大小取决于 N/G 的比值。金属结晶时，其 N 值和 G 值一般都随着过冷度的增加而增大，但 N 的增长率大于 G 的增长率，如图 3-11 所示，因此，增加 ΔT 就会提高 N/G，而使晶粒变细。过冷度又取决于冷却速度。提高金属结晶时的冷却速度的方法很多，如降低浇铸温度，采用金属模、连续铸造等。但是，用增加冷却速度来细化晶粒往往只适用于小件或薄件，对壁厚稍大的铸锭或铸件就难以办到。因此工业上常采用其他途径细化晶粒，如下所述。

（2）变质处理：变质处理就是在液态金属中有意地加入一定量的某些物质，以获得细小晶粒的方法。所加入的物质称为变质剂，其作用是促进非自发形核或抑制晶体的长大。例如，向铸钢液中加入少量的 Al、V、Ti、Zr 等；向铸铁液中加入石墨粉、硅铁合金；向铝合金中加入钛、钠盐等，都是应用变质处理的实例。

（3）振动或搅动：生产上采用的机械振动、超声波、电磁搅拌、压力浇铸或离心浇铸等方法，其目的都是加强液态金属的相对运动，从而促进形核，提高形核率；同时能打碎正在生长的枝晶，破碎的枝晶起晶核作用，从而获得细小晶粒。

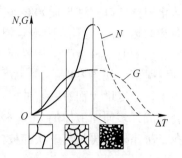

图 3-11　形核率和生长线速度与过冷度的关系曲线示意图

3.2　合金的凝固与相图

合金的凝固过程比纯金属的结晶复杂，通常可以应用合金相图分析合金的结晶过程。借助相图，可以确定任一给定成分的合金在不同的温度和压力条件下由哪些相组成，以及相的成分和相对含量。同时，相图也是分析合金组织、研究组织变化规律的有效工具。

3.2.1　合金相图的建立与基本规律

合金相图是用来表示合金系中合金状态、温度和成分之间平衡关系的图形，也称为平衡图或状态图。利用合金相图可以了解不同成分的合金在不同温度下的组成相和它们的相对含量以及随温度改变而变化的情况。

3.2.1.1　二元合金相图的建立

二元合金相图是以成分和温度为坐标的平面图形，纵坐标表示温度，横坐标表示成分。合金的成分以质量分数或原子分数表示。

二元合金相图一般是根据系列成分合金的临界点（即状态变化的温度）绘出的。测定临界点的方法很多，常用热分析法，并配以其他方法综合测定。以 Cu-Ni 合金为例建立二元合金相图时，首先配制一系列不同成分的 Cu-Ni 合金，并测出其从液态到室温的冷却曲线，得出各临界点。然后将测得的这些临界点标在温度-成分的坐标中，再将相同意义的临界点连接起来，就得到如图 3-12 所示的 Cu-Ni 相图。

随着材料数据的积累和计算机技术的进步，以合金热力学的理论计算作为建立相图的研究方法，已取得很大进展。

3.2.1.2　相平衡与相律

相平衡是指系统中各相的化学热力学平衡。化学热力学平衡包括热平衡、力平衡和化学平衡。系统中温差消失时，达到热平衡状态；合力为零时，系统达到力平衡状态；系统中各组元浓度不再变化，系统达到化学平衡状态。当上述三种平衡同时达到时，系统处于化学热力学平衡状态。

一个系统状态的稳定性及其变化方向，可以根据吉布斯自由能的高低加以判别。在温度和压力恒定条件下，系统自发趋于吉布斯自由能最低的稳定状态，其转变的驱动力为自

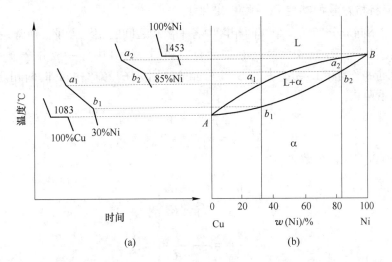

图 3-12 用热分析法建立的 Cu-Ni 相图

(a) 冷却曲线；(b) 相图

由能差 ΔG。而在临界温度出现相平衡时，$\Delta G = 0$。

相律用来表示平衡状态下系统的组元数 C、相数 P 与独立可变因素——自由度数 f 之间的关系，即

$$f = C - P + 2$$

所谓自由度数，是指系统在保持平衡状态和相数不变的前提下，能够在一定范围内任意独立改变的因素（温度、压力、成分等）的数目。

在金属与合金的凝固系统中，通常压力的改变对状态影响极小，可以忽略不计，故系统平衡时相律形式为：

$$f = C - P + 1$$

在分析相图和验证其几何规则的正确性方面，相律具有指导意义。

3.2.1.3 二元合金相图分析基础

A 平衡相成分确定

在二元合金相图的两相区中，当温度变化时，两平衡相的成分随之发生相应的改变。例如，为了确定不同温度下固液两平衡相各自的组元含量，可通过该两相区中一系列等温线及其与液相线、固相线的交点所对应成分表示。其中任一温度与两相界线之间的交点成分，即为该温度下两平衡相相应的组元含量。

上述二元合金两平衡相成分的确定规则，主要由系统自由能与成分的关系所决定，如图 3-13 所示。

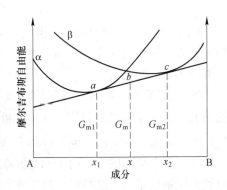

图 3-13 平衡相成分的确定

B　平衡相相对量的确定——杠杆定律

为了确定不同成分二元合金在两相区中各平衡相之间的相对含量，通常采用杠杆定律法则进行定量计算。图 3-14 为某 A-B 二元合金相图，设其中任一成分合金 C_0 的质量为 W_0，T_1 温度时两平衡相 L 与 α 中的 B 组元含量分别为 C_L 和 C_α，此时两相质量为 W_L 和 W_α。根据以下两式：

$$W_0 = W_L + W_\alpha$$
$$W_0 C_0 = W_L C_L + W_\alpha C_\alpha$$

可求得各相所占的质量分数为：

$$\left.\begin{array}{l}\dfrac{W_L}{W_0} = \dfrac{C_\alpha - C_0}{C_\alpha - C_L} \\[3mm] \dfrac{W_\alpha}{W_0} = \dfrac{C_0 - C_L}{C_\alpha - C_L}\end{array}\right\}$$

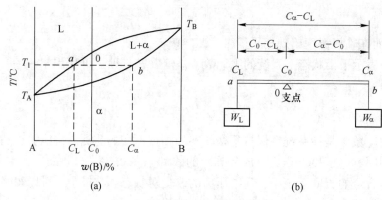

(a)　　　　　　　　　　　　　　　　　(b)

图 3-14　平衡相相对含量的确定

（a）A-B 二元相图；（b）杠杆定律示意图

两平衡相的相对质量则为：

$$\frac{W_L}{W_\alpha} = \frac{C_\alpha - C_0}{C_0 - C_L}$$

由此可见，当合金成分不同时，其两平衡相的相对含量会有所不同。若把图 3-14 中的 0 点看作杠杆的支点，a、b 为杠杆端点，则上述结果类似于物理中的杠杆定律，因此计算合金相的相对含量的方法也称为杠杆定律。

在二元相图系统中用杠杆定律确定相含量的方法只适用于两相区。在两相区 $f = 1$，系统只允许有一个独立的变数，这样就可以确定平衡相的相对含量。

3.2.1.4　二元合金相图的基本类型

在二元合金相图中，由于两组元在固态下相互作用的不同，它们在冷却过程中的转变过程和产物也不同。这种特性反映在相图上就是相图的形式不同。许多实际合金相图，往往非常复杂。但任何复杂的二元相图，都可视为由基本类型的相图所组成。二元合金相图主要有匀晶相图、共晶相图、包晶相图等基本类型。

3.2.2 匀晶相图及固溶体的结晶

3.2.2.1 匀晶相图

当两组元在液态和固态均无限互溶时所形成的相图，称为匀晶相图。具有这类相图的合金系主要有 Cu-Ni、Au-Ag、W-Mo 等。

图 3-12 所示 Cu-Ni 合金相图中 A 为纯铜的熔点，为 1083 ℃，B 为纯镍的熔点，为 1453°C。相图中仅有两条线，其中 Aa_1a_2B 为液相线，Ab_1b_2B 为固相线。这两条线将相图分为三个区域：在液相线以上为液相区，用 L 表示；在固相线以下为固相区，用 α 表示；在液相线与固相线之间为液、固相共存的两相区，用 L+α 表示。

3.2.2.2 固溶体合金的平衡结晶及其组织

平衡结晶是指液态合金在极为缓慢的冷却条件下进行的结晶过程。由于组元得以充分扩散，故在结晶进行的不同温度阶段，皆可达到相应的相平衡及均匀的相成分。

两组元无限互溶合金在液相线以上时，保持单一液态，冷却到液相线时，开始结晶出固相，保持固液两相平衡直至冷却到固相线温度为止。

现以含 Ni 量为 40%（质量分数）的 Cu-Ni 合金为例，结合图 3-15 所示 Cu-Ni 相图，分析其平衡结晶过程。

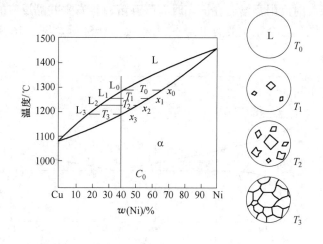

图 3-15　Cu-Ni 合金相图及单相固溶体合金结晶过程

当该合金自高温液态缓冷至与液相线相交的温度 T_0 时，开始出现 α 固溶体晶核，其成分由 T_0 温度线确定为 α_0。此时系统处于 L_0 与 α_0 两相的平衡状态。当温度继续降至 T_1 时，α 晶体的生长和其他部位的形核将同时进行，而与该温度相对应的平衡关系则为 L_1 与 α_1 两相的平衡。即结晶的 α 相成分和剩余的 L 相成分，各自沿固相线与液相线变化。两平衡相的相对含量可按杠杆定律确定。显然，随着温度降低、结晶过程的连续进行，α 相不断析出，L 相相应减少，以至当温度达到固相线 T_3 温度时，液态合金结晶完毕，全部转变为该合金成分且分布均匀的单相 α 固溶体。图 3-15 为上述平衡结晶过程及其由多晶粒组成的单相 α 组织示意图。

固溶体的结晶主要依靠结构起伏和能量起伏形核，但由于开始析出相 α 与原合金成分不同，因而新相形核还必须借助液态合金中组元原子分布的微观不均匀性提供的浓度起伏。

α 相长大过程中，固相成分和剩余液相成分在不断地变化，其变化规律是液相成分始终沿液相线变化，而固相成分始终沿固相线变化。

3.2.2.3　固溶体合金的非平衡结晶及其组织

实际生产条件下，液态合金的结晶是在较快的冷却速度下进行的，组元原子得不到充分扩散，称为非平衡结晶，所得组织称为非平衡组织。

非平衡结晶时，存在显微组织的化学成分不均匀性问题，先结晶的部分含高熔点组元较多，后结晶的部分含低熔点组元较多，这种现象称为晶内偏析，当固溶体以树枝状方式结晶时，这种偏析也称枝晶偏析。

枝晶偏析的程度取决于结晶时的冷却速度、偏析元素的扩散能力以及相图中固液线的距离等因素。严重的枝晶偏析将恶化合金的性能，生产上常把有枝晶偏析的合金加热到固相线以下 100~200 ℃进行长时间保温，使原子充分扩散，实现成分均匀化，这种处理方法称为均匀化退火或扩散退火。

3.2.3　共晶相图及其合金的结晶

3.2.3.1　共晶相图

当两组元在液态时无限互溶，在固态时有限互溶，且发生共晶反应的相图，称为共晶相图。具有这类相图的合金系主要有 Pb-Sn、Cu-Ag、Al-Si 等。图 3-16 所示为 Pb-Sn 合金相图。

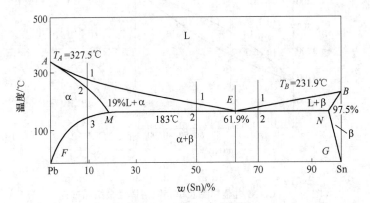

图 3-16　Pb-Sn 合金相图

A 为 Pb 的熔点，B 为 Sn 的熔点。AEB 为液相线，AMENB 为固相线。MF 为 Sn 溶于 Pb 中的溶解度线，NG 为 Pb 溶于 Sn 中的溶解度线。Sn 溶于 Pb 中的固溶体用 α 表示，而 Pb 溶于 Sn 中的固溶体用 β 表示。α 和 β 是两种有限固溶体。α 的最大溶解度为 19%Sn。β 的最大溶解度为 2.5%Pb。α 和 β 是该合金系在固态时的两个基本相。

相图中有三个单相区（L、α 和 β）和三个双相区（L+α、L+β 和 α+β），MEN 水平线为三相（L+α+β）共存线。

3.2.3.2　合金平衡凝固结晶过程

A　共晶合金

共晶 Pb-Sn 合金含 61.9%（质量分数）的 Sn，其余为 Pb。当合金处于 E 点以上时，为液相。冷却到 E 点，发生共晶转变：

$$L_{61.9} \xrightarrow{183\ ℃} \alpha_{19} + \beta_{97.5}$$

转变的产物是两个固相 α 和 β 的机械混合物，称为共晶体或共晶组织。这个转变是在恒温下进行的，所以，冷却曲线上会出现平台。

共晶转变结束后，相组成为 α、β，相对量为：

$$W_{\alpha} = \frac{97.5 - 61.9}{97.5 - 19} \times 100\% = 45.4\%, \quad W_{\beta} = 1 - W_{\alpha} = 54.6\%$$

E 点以下，将从 α 中析出 β_{II}，从 β 中析出 α_{II}，但 α_{II} 和 β_{II} 会附着在共晶 α 和 β 相上长大，无法区分，故结晶结束后，相组成为 α、β，组织组成为 $\alpha + \beta$ 共晶体。

图 3-17 是共晶合金平衡凝固结晶过程示意图。

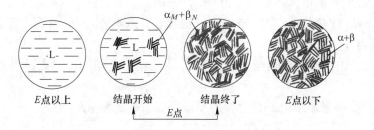

图 3-17　共晶合金平衡凝固结晶过程示意图

B　亚共晶合金

亚共晶合金含 Sn 量在 $19\%\sim61.9\%$ 之间。如图 3-16 所示，以 50%Sn 为例，1 点以上，合金为液相；1 点和 2 点之间，液相中结晶出初生 α 相，液相成分沿 AE 线变化，固相成分沿 AM 线变化；到 2 点，液相成分变为共晶成分，将发生共晶转变。共晶转变结束后，相组成为 α、β，其相对量为：

$$W_{\alpha} = \frac{97.5 - 50}{97.5 - 19} \times 100\% = 60.5\%, \quad W_{\beta} = 1 - W_{\alpha} = 39.5\%$$

组织组成为 α、$\alpha + \beta$，其相对量为：

$$W_{\alpha} = \frac{61.9 - 50}{61.9 - 19} \times 100\% = 27.7\%, \quad W_{\alpha + \beta} = 1 - W_{\alpha} = 72.3\%$$

继续冷却，初生 α 中将析出次生的 β_{II}，共晶 $\alpha + \beta$ 中的 α 和 β 中将析出次生的 β_{II} 和 α_{II}，但在显微镜下难以分辨。因此，结晶结束后，室温相组成为 α、β；组织组成为 α、$\alpha + \beta$、β_{II}。

图 3-18 是亚共晶合金平衡凝固结晶过程示意图。

C　过共晶合金

过共晶合金含 Sn 量在 $61.9\%\sim97.5\%$ 之间，其结晶过程与亚共晶合金类似，不同之处在于先共晶为 β 相。如图 3-16 所示，以 70%Sn 为例，1 点以上，合金为液相；1 点和 2 点之间，液相中结晶出初生 β 相，液相成分沿 BE 线变化，固相成分沿 BN 线变化；到 2 点，液相成分变为共晶成分，将发生共晶转变。共晶转变结束后，相组成为 α、β，组织组成为 β、$\alpha + \beta$；结晶结束后，室温相组成为 α、β；组织组成为 β、$\alpha + \beta$、α_{II}。

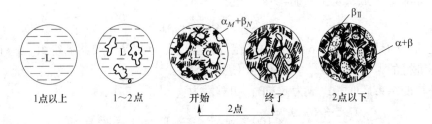

图 3-18　亚共晶合金平衡凝固结晶过程示意图

D　含 Sn 量小于 19% 的合金

含 Sn 量小于 19% 的合金不会发生共晶转变。如图 3-16 所示，在 1 点以上时，合金为液相，1~2 点结晶出 α 相，液相成分沿 AE 线变化，固相成分沿 AM 线变化，2~3 点为单相 α，3 点以下从过饱和的 α 中析出二次（次生）β，即 β_{II}。室温下，该合金的相组成为 α+β；组织为 $\alpha+\beta_{II}$。

含 Sn 量大于 97.5% 的合金与上述合金结晶过程完全相同，只是从液相中析出的为 β 相。

图 3-19 是含 Sn 量小于 19% 的合金的平衡凝固结晶过程示意图。

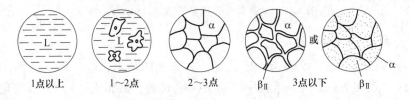

图 3-19　含 Sn 量小于 19% 的合金的平衡凝固结晶过程示意图

3.2.3.3　合金的不平衡结晶及组织

在不平衡结晶时，成分在共晶点附近的亚（过）共晶合金，可以得到全部共晶组织，这种非共晶成分得到的共晶组织称为伪共晶。

在先共晶相数量较多而共晶组织较少的情况下，有时共晶组织中与先共晶相相同的那一相，会依附于先共晶相上生长，剩下的另一相则单独存在于晶界处，从而使共晶组织的特征消失，这种两相分离的共晶称为离异共晶。

3.2.3.4　合金的偏析

在亚（过）共晶合金中，若初生相与剩余液相密度相差较大，则初生相会上浮或下沉，产生偏析现象，称为比重偏析。比重偏析与合金组元的密度差、相图的结晶的成分间隔及温度间隔等有关。

为了预防比重偏析的发生，可以采用加快冷却速度，使初生相来不及上浮或下沉的方法；也可加入合金元素，形成高熔点的与液相密度相近的化合物，在结晶时先析出，构成化合物骨架，阻止随后的初生相上浮或下沉。

固溶体合金结晶时，如果凝固从一端开始进行，可能产生区域偏析。共晶相图中也包含匀晶转变，因此在结晶时也可能形成区域偏析。

3.2.4 包晶相图及其合金的结晶

3.2.4.1 包晶相图

当两组元在液态时无限互溶，在固态时有限互溶，且发生包晶反应的相图，称为包晶相图。具有这类相图的合金系主要有 Pt-Ag、Sn-Sb、Cu-Sn 等。图 3-20 所示为 Pt-Ag 合金相图。

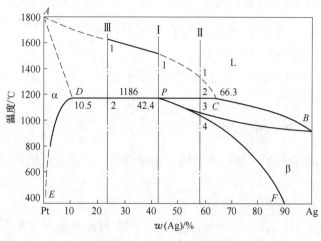

图 3-20 Pt-Ag 合金相图

A 为 Pt 熔点，*B* 为 Ag 熔点；*ACB* 为液相线，*ADPB* 为固相线。*DPC* 为三相共存线，所有成分在 *DC* 之间的合金，凝固过程中将发生包晶转变 $L_C + \alpha_D \rightarrow \beta_P$。

3.2.4.2 合金平衡凝固结晶过程

A 含 Ag 量为 42.4% 的合金

对应于图 3-20 中的合金 I 。合金在 1 点以上时为液相；在 $1 \sim P$ 点之间时，由液相结晶出 α，液相成分沿 *AC* 变化，固相成分沿 *AD* 变化；到 *P* 点温度，发生包晶转变：

$$L_{66.3} + \alpha_{10.5} \xrightarrow{1185\ ℃} \beta_{42.4}$$

包晶转变前，相组成为 α、L，其相对量为：

$$W_\alpha = \frac{66.3 - 42.4}{66.3 - 10.5} \times 100\% = 42.93\%, \quad W_L = 1 - 42.83\% = 57.17\%$$

包晶转变结束后，液相和固相同时消耗完，生成单一的 β 相。继续冷却，将会从 β 中析出 α_{II}。结晶结束后，相组成为 α、β；组织组成为 α_{II}、β，其相对量可以用杠杆定律计算。

图 3-21 是含 Ag 量为 42.4% 的合金的平衡凝固结晶过程示意图。

B 含 Ag 量在 10.5% ~ 42.4% 的合金

对应于图 3-20 中的合金 III 。在 1 点以上，合金为液相；在 $1 \sim 2$ 点之间，由液相中结晶出 α；到 2 点温度，发生包晶转变，转变时 α 相过量，转变结束后，相组成为 α、β，组织组成为 α、β。

在 2 点以下时，将发生 $\alpha \rightarrow \beta_{II}$ 和 $\beta \rightarrow \alpha_{II}$ 的反应。

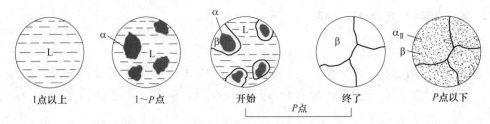

图 3-21　含 Ag 量为 42.4% 的合金的平衡凝固结晶过程示意图

室温下，相组成为 α、β；组织组成为 α、β、α_{II} 和 β_{II}。

C　含 Ag 量为 42.4%~66.3% 的合金

对应于图 3-20 中的合金 Ⅱ。与合金 Ⅲ 结晶过程相似，只是包晶反应结束后 L 相过量。过量 L 后续将转变为 β 相。

3.2.5　其他类型二元合金相图

除了匀晶、共晶和包晶三种最基本的二元相图之外，还有其他类型的二元合金相图，现简要进行介绍。

3.2.5.1　组元间形成化合物的相图

有些合金组元间可以形成化合物，这些化合物有可能是稳定化合物，也有可能是不稳定化合物。稳定化合物是指具有一定熔点，在熔点以下保持其固有结构而不发生分解的化合物。可以把化合物设想为一个组元，整个相图由若干个相图左右连接而成，如图 3-22 所示的 Mg-Si 相图。

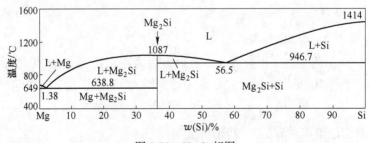

图 3-22　Mg-Si 相图

不稳定化合物加热时可以分解，在相图上表现出分解产物。

3.2.5.2　其他具有三相平衡等温转变的相图

其他具有三相平衡等温转变的相图包括偏晶转变、熔晶转变、合晶转变、共析转变、包析转变等。

一个液相在一定温度下分解为一个固相和另一成分液相的转变称为偏晶转变。

一个固相在一定温度下分解为另一个固相和液相的转变称为熔晶转变。

两个成分不同的液相相互作用形成一个固相的转变称为合晶转变。

一定成分的固相在一定温度下同时转变为另外两个固相的过程称为共析转变。

两个成分不同的固相在一定温度下相互作用转变为另一成分的固相称为包析转变。

共析转变和包析转变为固态相变，它们分别与共晶转变和包晶转变类似。其中共析转变的产物称为共析体或共析组织。

3.2.6 相图与合金性能的关系

合金的化学成分和组织决定合金的性能，利用相图可以大致判断合金的性能及其变化的规律，如图 3-23 所示。

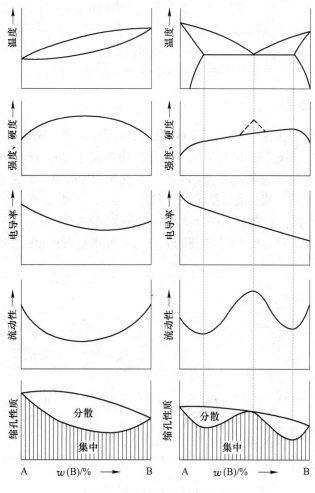

图 3-23 相图与合金性能的关系

一般来说，当合金形成单相固溶体时，溶质原子的溶入量越多，则合金的强度、硬度会越高，电导率越低，性能与成分呈曲线关系；当合金形成机械混合物时，其性能是组成相性能的算术平均值，即性能与成分呈直线关系。共晶成分的合金，如果其组成相的颗粒很细小且分散度很大时，其性能会提高，如图 3-23 中粗虚线所示。

合金的工艺性能与相图也存在一定关系。如铸造性能与合金的结晶特点及相图中液相线与固相线之间的距离大小有关。液相线与固相线间的距离越小，液态合金结晶的温度范围就越窄，合金的流动性就越好，对浇铸和铸件质量也就越有利；反之，液、固相线间的距离越大，则枝晶偏析的倾向性越大，合金的流动性也越差，增加了形成分散缩孔的倾向，使铸造性能恶化。所以，铸造合金的成分，一般选择共晶成分或接近共晶成分，或选择结晶温度间隔最小的成分，以保证形状复杂的铸件获得优良的铸造工艺性能，从而得到组织致密的铸件。

3.3 铁碳合金平衡态的相变

钢铁是国民经济的重要物质基础，是现代工业中应用最广泛的金属材料。碳钢和铸铁的基本组元都是铁和碳，故统称为铁碳合金。为了合理使用钢铁材料，正确制定其加工工艺，必须研究铁碳合金的成分、组织和温度之间的关系。铁碳合金平衡态的相变规律是研究这些关系的基础，铁碳合金状态图是进行上述研究的重要工具。

3.3.1 铁碳合金状态图

铁碳合金中的碳有化合物和石墨（单质）两种存在形式。铁和碳可形成一系列化合物，如 Fe_3C、Fe_2C、FeC 等，因此，当碳以化合物形式存在时，整个铁碳合金状态图应由 Fe-Fe_3C、Fe_3C-Fe_2C、Fe_2C-FeC 及 FeC-C 等二元相图所构成。碳含量大于 5% 的铁碳合金脆性极大，没有实用价值，通常情况下，仅研究 Fe-Fe_3C 状态图。但 Fe_3C 是一个亚稳相，在一定条件下，它可分解出石墨形式的自由碳，即 $Fe_3C \rightarrow 3Fe+C$（石墨）。因此铁碳合金状态图常表示为 Fe-Fe_3C（实线）和 Fe-石墨（虚线）双重相图，如图 3-24 所示。

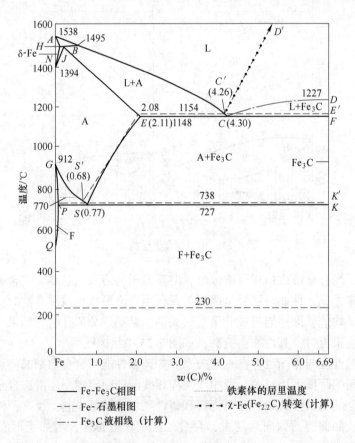

图 3-24 铁碳合金状态图

3.3.1.1 铁碳合金的基本组元

Fe-Fe$_3$C 状态图中的组元是纯铁和 Fe$_3$C。一般来说，铁是不纯净的，都含有杂质。工业纯铁虽然塑性好，但强度低，所以很少用它制造机器零件。在纯铁中加入少量的碳，会使强度和硬度明显提高，原因是铁和碳相互结合，形成不同的合金相和组织，主要有以下几种：

（1）铁素体。碳在 α-Fe 中的间隙固溶体称为铁素体，常用符号 F 表示。铁素体具有体心立方晶格结构，其溶碳能力很低，在 727 ℃时，最大溶解度为 0.0218%，在室温时仅为 0.0008%。所以铁素体的性能接近于纯铁，即强度、硬度低（$R_m = 250$ MPa，80 HBW），塑性、韧性高（$A = 50\%$，$Z = 80\%$，$K_{U2} = 160$ J）。另外，碳在 δ-Fe 中的固溶体常称为高温铁素体或 δ 固溶体，也是体心立方结构。

（2）奥氏体。碳在 γ-Fe 中的间隙固溶体称为奥氏体，常用符号 A 表示。奥氏体具有面心立方晶格结构，由于面心立方晶格原子间的间隙比体心立方晶格大，因此它的溶碳能力比 α-Fe 大。在 1148 ℃时，其最大溶解度达 2.11%，在 727 ℃时为 0.77%。奥氏体的性能与其溶碳量及晶粒大小有关，其强度、硬度较低（$R_m = 400$ MPa，170~220 HBW），塑性、韧性较高（$A = 40\% \sim 50\%$）。因此奥氏体组织适用于压力加工。

（3）渗碳体。渗碳体即 Fe$_3$C，熔点约为 1227 ℃。其碳含量高，为 6.69%。它是一种具有复杂结构的间隙化合物，其晶格结构如图 3-25 所示。渗碳体的结构决定它具有极高的硬度和脆性，其力学性能为 950~1050 HV，$A = 0\%$，$K_{U2} = 0$ J。渗碳体在钢和铸铁中一般呈片状、网状或球状存在。它的尺寸、形状和分布对钢的性能影响很大，是铁碳合金的重要强化相。

（4）珠光体。珠光体是铁素体与渗碳体的机械混合物，也称为共析体，常用符号 P 表示。其碳含量为 0.77%，它的性能介于铁素体和渗碳体两者之间，其力学性能为 $R_m = 750 \sim 850$ MPa，$A = 20\% \sim 30\%$，180~230 HBW，$K_{U2} = 24 \sim 32$ J，是一种综合力学性能较好的组织。因此适用于压力加工和切削加工。

（5）莱氏体。莱氏体是指由奥氏体（或其转变的产物）与渗碳体组成的混合物。莱氏体分为高温莱氏体和低温莱氏体。高温莱氏体是碳含量大于 2.11% 的铁碳合金，从液态冷却到 1148 ℃时，同时结晶出奥氏体和渗碳体的共晶体，用符号 L$_d$ 表示；低温莱氏体是指在 727 ℃以下，高温莱氏体中的奥氏体将转变为珠光体，

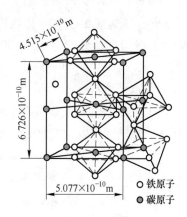

图 3-25 Fe$_3$C 晶体结构

形成珠光体和渗碳体的混合物，用符号 L$_d'$表示，一般也称作变态莱氏体。

莱氏体中由于大量渗碳体的存在，其性能与渗碳体相似，即硬度高、脆性大、塑性差。

3.3.1.2 Fe-Fe$_3$C 状态图分析

A 特征点

Fe-Fe$_3$C 状态图中的符号是国际通用的，其主要特征点的温度、碳含量及其含义见表 3-1。

表 3-1　Fe-Fe₃C 相图中的主要特征点

符号	温度/℃	碳含量（质量分数）/%	含　义
A	1538	0	纯铁的熔点
B	1495	0.53	包晶转变时液态合金的成分
C	1148	4.30	共晶点 $L_C \to A_E + Fe_3C$
D	1227	6.69	Fe_3C 的熔点
E	1148	2.11	碳在 γ-Fe 中的最大溶解度
F	1148	6.69	Fe_3C 的成分
G	912	0	α-Fe $\Leftrightarrow$ γ-Fe 同素异晶转变点（A_3）
H	1495	0.09	碳在 δ-Fe 中的最大溶解度
J	1495	0.17	包晶点 $L_B + \delta_H \to A_J$
K	727	6.69	Fe_3C 的成分
N	1394	0	γ-Fe $\Leftrightarrow$ δ-Fe 同素异晶转变点（A_4）
P	727	0.0218	碳在 α-Fe 中的最大溶解度
S	727	0.77	共析点（A_1）A $\to F_P + Fe_3C$
Q	600（室温）	0.0057 0.0008	600 ℃（或室温）时碳在 α-Fe 中的溶解度

B　特性线

Fe-Fe₃C 状态图中重要线的含义如下：

ABCD 线为液相线，在此线以上铁碳合金呈液态（L），合金冷却至此线开始结晶。AHJECF 线为固相线，合金冷却至此线时全部结晶完毕，因此，此线以下的合金都是固态。

三条水平线：

（1）HJB 线为包晶线。在此线上液态合金将发生包晶反应：$L_B + \delta_H \to A_J$ 转变产物是奥氏体。此转变仅发生在含碳 0.09%~0.53% 的铁碳合金中。

（2）ECF 线为共晶线。在此线上液态合金将发生共晶反应：$L_C \xrightarrow{\text{1148 ℃}} A_E + Fe_3C_F$。反应的产物是奥氏体与渗碳体的机械混合物高温莱氏体（L_d）。碳含量在 ECF 线范围内（2.11%~6.69%）的铁碳合金，冷却到 1148 ℃时均发生共晶反应。

（3）PSK 线为共析线，又称 A_1 线。碳含量在 0.0218%~6.69% 范围内的铁碳合金冷却到 727 ℃时，均发生共析反应：$A_S \xrightarrow{\text{727 ℃}} F_P + Fe_3C_K$。即由一定成分的固相，在一定温度下同时析出两种成分和结构均不相同的固相。反应的产物是铁素体与渗碳体的机械混合物珠光体（P）。

三条重要的固态转变线：

（1）GS 线，又称 A_3 线。它表示合金在冷却过程中从奥氏体中析出铁素体的开始线，或者表示在加热时铁素体溶入奥氏体的终了线。

（2）ES 线，又称 A_{cm} 线。它是碳在奥氏体中的固溶度曲线，即随着温度的降低

（1148 ℃→727 ℃），奥氏体中的碳含量沿着此线逐渐减少（2.11%→0.77%）。因此，凡碳含量大于 0.77% 的铁碳合金在冷却时，将沿此线从奥氏体中析出渗碳体，称为二次渗碳体（Fe_3C_{II}）。

（3）PQ 线：碳在 F 中的溶解度线。F 从 727 ℃ 冷却下来时也将析出 Fe_3C，称为三次渗碳体（Fe_3C_{III}）。

C　主要相区

Fe-Fe_3C 相图中有 5 个单相区：$ABCD$ 线以上为液相区（L），AHN 区为 δ 铁素体区，$NGSEJN$ 区为奥氏体区（A），GPQ 线以左为铁素体区（F），DFK 垂线为渗碳体区（Fe_3C）。还有 7 个双相区，它们分别存在于相邻两个单相区之间，即 L+δ、L+A、δ+A、L+Fe_3C、F+A、A+Fe_3C、F+Fe_3C。三条水平线为三相平衡线，在包晶线上为 L+A+δ 三相平衡，在共晶线上为 L+A+Fe_3C 三相平衡，在共析线上为 F+A+Fe_3C 三相平衡。

3.3.2　典型铁碳合金的平衡相变过程分析

铁碳合金按其碳含量和组织的不同，可分为三类：第一类是工业纯铁（$w(C)$ < 0.0218%）；第二类是钢（$w(C)$ = 0.0218% ~ 2.11%），它包括亚共析钢（$w(C)$ = 0.0218% ~ 0.77%）、共析钢（$w(C)$ = 0.77%）和过共析钢（$w(C)$ = 0.77% ~ 2.11%）；第三类是白口铸铁（$w(C)$ = 2.11% ~ 6.69%），它包括亚共晶白口铸铁（$w(C)$ = 2.11% ~ 4.3%）、共晶白口铸铁（$w(C)$ = 4.3%）和过共晶白口铸铁（$w(C)$ = 4.3% ~ 6.69%）。

下面以几种典型的铁碳合金为例，分析其结晶过程和冷却过程中发生相变的规律。合金的碳含量如图 3-26 所示。

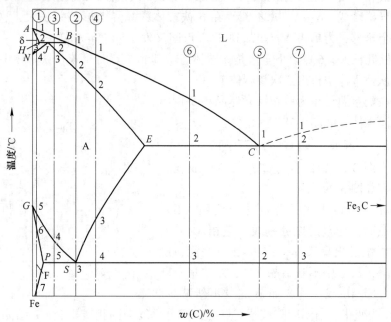

图 3-26　几种典型铁碳合金的位置

3.3.2.1　工业纯铁

工业纯铁为图 3-26 中的合金①，其冷却曲线和相变过程如图 3-27 所示。

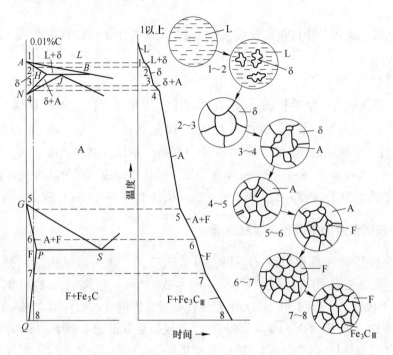

图 3-27　工业纯铁平衡相变过程示意图

合金溶液在 1~2 点温度区间按匀晶转变结晶出 δ 铁素体。δ 铁素体冷却到 3 点发生固溶体的同素异构转变，δ→A，A 不断地在 δ 铁素体的晶界上形核并长大，这一转变在 4 点结束，合金全部成为单相 A。冷却到 5~6 点间又发生同素异构转变，A→F，F 同样在 A 的晶界形核并长大，6 点以下全部是铁素体。冷却到 7 点时，碳在铁素体中的溶解度达到饱和，将从铁素体中析出三次渗碳体 Fe_3C_{III}。

工业纯铁的室温组织为单相铁素体晶粒及析出的少量三次渗碳体，如图 3-28 所示。

3.3.2.2　共析钢（$w(C) = 0.77\%$）

共析钢为图 3-26 中的合金②，其冷却曲线和平衡相变过程如图 3-29 所示。

当温度在 1 点以上时，合金处于液相（L）。当缓冷至 1 点时，合金的成分垂线与液相线相交，此时，从 L 中结晶出奥氏体。在 1~2 点之间，随着温度的下降，从 L 中不断结晶出 A，A 的量不断增加，其成分沿 AE 线变化，而 L 的量不断减少，

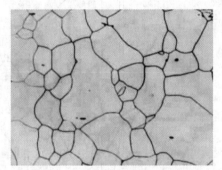

图 3-28　工业纯铁金相组织（400×）

其成分沿 AC 线变化。当温度降低至 2 点时，成分垂线与固相线相交，L 结晶为 A 的过程结束，其组织全部由均匀的 A 晶粒构成，在 2~3 点之间是 A 的冷却过程，合金组织不发生变化。当温度降至 3 点即 S 点时，A 将发生共析反应，得到珠光体。即 $A_S \xleftrightarrow{\text{727 ℃}} F_P +$

Fe_3C_K。在 3′ 点以后的降温过程中，可以认为合金的组织不再发生变化。所以，共析钢的室温组织为单一的 P（如图 3-30 所示），它是由 F 和 Fe_3C 两相所构成的层片状组织，F 为白色基体，黑色线条是渗碳体（当放大倍数较低时）。

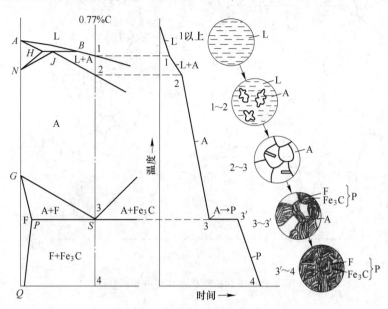

图 3-29 共析钢平衡相变过程示意图

图 3-30 共析钢的室温显微组织（500×）

3.3.2.3 亚共析钢（$w(C) = 0.0218\% \sim 0.77\%$）

以 $w(C) = 0.45\%$ 的合金为例，如图 3-26 中的合金③，它的冷却曲线和平衡相变过程如图 3-31 所示。

合金溶液在 1~2 点温度区间结晶出 δ 固溶体。冷却至 2 点（1495 ℃）时，δ 固溶体的碳含量为 0.09%，液相的碳含量为 0.53%，此时液相和 δ 相发生包晶转变：

$$L_B + \delta_H \longrightarrow A_J$$

由于合金碳含量大于 0.17%，所以包晶转变终了以后，还有过剩的液相存在。在 2′~3 点之间，液相中继续结晶出 A，所有 A 的成分均沿 JE 线变化。冷却至 3 点时，合金全部由 A 组成。冷却至 4 点时，开始从 A 中析出 F，F 的碳含量沿 GP 线变化，而剩余 A 的碳含量沿 GS 线变化。当冷却至 5 点（727 ℃）时，剩余 A 的碳含量达到 0.77%，在恒温下发生共析转变形成珠光体 P。在 5′ 点以下，先共析铁素体中将析出三次渗碳体 Fe_3C_{III}，

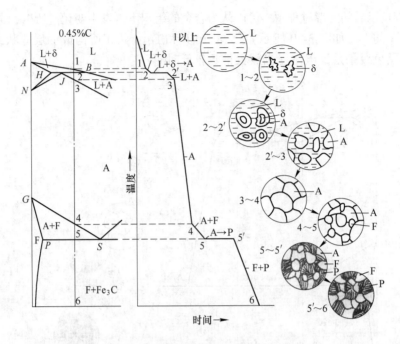

图 3-31　亚共析钢平衡相变过程示意图

但因其数量少，一般可忽略。因此亚共析钢的室温组织为 P+F，如图 3-32 所示。其图中白块为 F 晶粒，黑块或层片状为 P 晶粒。

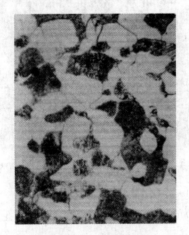

图 3-32　亚共析钢室温显微组织（600×）

3.3.2.4　过共析钢（$w(C) = 0.77\% \sim 2.11\%$）

以 $w(C) = 1.2\%$ 的合金为例，如图 3-26 中的合金④，它的冷却曲线和平衡相变过程如图 3-33 所示。

此合金在 1~3 点温度间的冷却过程也与共析钢类似，为 A 的形成和冷却过程。当冷至 3 点时，合金的成分垂线与 ES 相交，此时从 A 中开始析出 Fe_3C_{II}。缓冷时，Fe_3C_{II} 一般沿 A 晶界析出，呈网状分布。在 3~4 点间，随着温度的下降，Fe_3C_{II} 的量不断增加；A 的量不断减少，其成分沿 ES 线变化。由于 Fe_3C_{II} 的碳含量高（6.69%），所以，剩下来

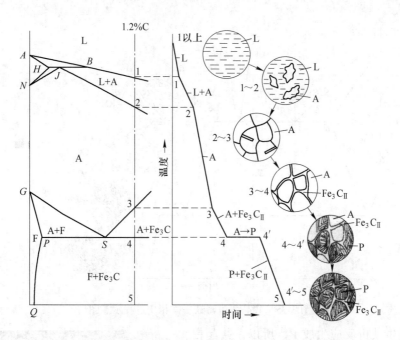

图 3-33 过共析钢平衡相变过程示意图

的 A 中的碳含量将逐渐减少。当冷至 4 点（727 ℃）时，先共析 Fe_3C_{II} 保持不变，剩余 A 的碳含量达到了 S 点即 $w(C) = 0.77\%$，故这部分 A 发生共析反应形成 P。点 $4'$ 以后，组织不再发生变化。所以，过共析钢的室温组织由白色网状 Fe_3C_{II} 和其所包围的层片状 P 所组成（如图 3-34 所示）。

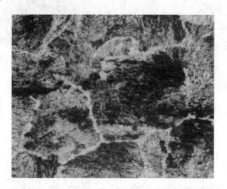

图 3-34 过共析钢的室温显微组织（600×）

过共析钢的结晶过程都与 $w(C) = 1.2\%$ 的合金相似，其差别仅在于室温组织中 P 和 Fe_3C_{II} 的相对量不同，碳含量越高，P 的量越少，Fe_3C_{II} 的量越多。

3.3.2.5 共晶白口铸铁（$w(C) = 4.3\%$）

共晶白口铸铁如图 3-26 中的合金⑤。它的冷却曲线和结晶过程如图 3-35 所示。

在 1 点温度以上时，合金处于液相，当缓冷至 1 点即 C 点时，L 将发生共晶反应：$L_C \xrightleftharpoons{1148\ ℃} A_E + Fe_3C_F$，即生成高温莱氏体。在点 $1'$ 以后的降温过程中，L_d 中的 A 成分沿 ES 线变化并析出 Fe_3C_{II}，它主要分布在 A 的边界上，与共晶反应生成的共晶渗碳体连成一片，无法分辨。当温度降至 2 点（727 ℃）时，L_d 中剩余的 A 成分降至 $w(C) =$

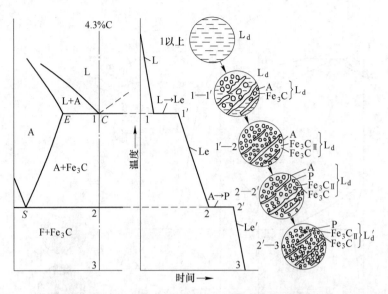

图3-35 共晶白口铸铁平衡相变过程示意图

0.77%，发生共析反应生成P。所以，共晶白口铸铁的室温组织是P分布在共晶Fe₃C上，即低温莱氏体，如图3-36所示。组织中白色基体是共晶渗碳体和二次渗碳体，黑色颗粒是共晶奥氏体转变成的珠光体。

3.3.2.6 亚共晶白口铸铁 （$w(C)$＝2.11%~4.30%）

以$w(C)=3.0\%$的合金为例，如图3-26中的合金⑥，它的冷却曲线和结晶过程如图3-37所示。

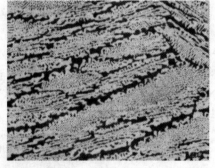

图3-36 共晶白口铸铁室温显微组织（130×）

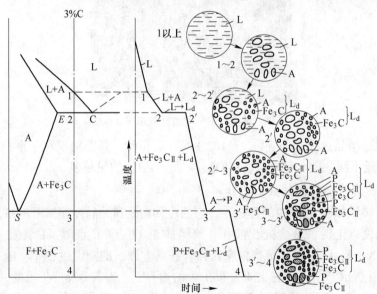

图3-37 亚共晶白口铸铁平衡相变过程示意图

亚共晶白口铸铁合金溶液在结晶过程中，先结晶出 A，在共晶温度剩余液相发生共晶转变，生成 L_d。温度低至共析温度时，先共晶 A 相和 L_d 中的 A 相均发生共析转变，生成 P。此时 L_d 转变为低温莱氏体。室温组织为珠光体和低温莱氏体，如图 3-38 所示。图中树枝状的大块黑色组织是由先共晶奥氏体转变成的珠光体，其余部分为低温莱氏体，先共晶奥氏体析出的二次渗碳体通常紧附在共晶渗碳体上，在显微组织中难以辨认。

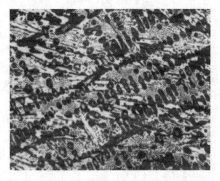

图 3-38 亚共晶白口铸铁室温显微组织（130×）

3.3.2.7 过共晶白口铸铁（$w(C) = 4.30\% \sim 6.69\%$）

以 $w(C) = 5.0\%$ 的合金为例，如图 3-26 中的合金⑦，它的冷却曲线和结晶过程如图 3-39 所示。

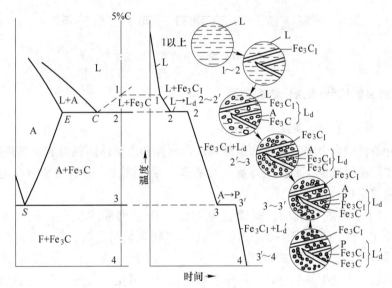

图 3-39 过共晶白口铸铁平衡相变过程示意图

过共晶白口铸铁合金溶液在结晶过程中，先结晶出 Fe_3C，在共晶温度剩余液相发生共晶转变，生成 L_d。温度低至共析温度时，L_d 中的 A 相均发生共析转变，生成 P。此时 L_d 转变为低温莱氏体。室温组织为先共晶的一次渗碳体和低温莱氏体，如图 3-40 所示。图中白色板片状为一次渗碳体，其余部分为低温莱氏体。

根据以上典型铁碳合金的结晶过程和组织分析，可以得到图 3-41 所示的铁碳合金组织状态图。

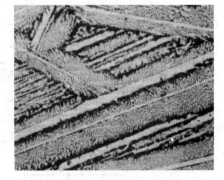

图 3-40 过共晶白口铸铁室温显微组织（150×）

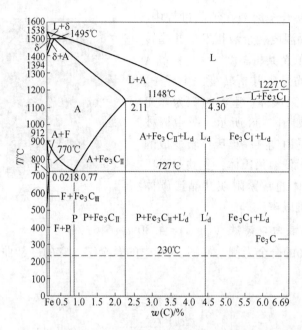

图 3-41 铁碳合金中的组织组成物

3.3.3 铁碳合金的成分-组织-性能关系

3.3.3.1 碳含量对平衡组织的影响

任何成分的铁碳合金在室温下的组织均由铁素体和渗碳体两相组成。只是随碳含量的增加，铁素体量相对减少，而渗碳体量相对增多，并且渗碳体的形状和分布也发生变化，因而形成不同的组织。

室温时，随碳含量的增加，铁碳合金的组织按下列顺序变化：F、F+P、P、P+Fe_3C_{II}、P+Fe_3C_{II}+L_d'、L_d'、L_d'+Fe_3C_I、Fe_3C。当碳含量增高时，Fe_3C 的存在形式由分布在 F 的基体内，变为与 F 形成层片状分布（如 P），再变为分布在 A 的晶界上（Fe_3C_{II}），最后当形成 L_d 时，Fe_3C 已作为基体出现。可见，不同碳含量的铁碳合金具有不同的组织，而这也正是决定它们具有不同性能的原因。

不同成分的铁碳合金的室温组织中，组成相的相对量及组织组成物的相对量可总结如图 3-42 所示。

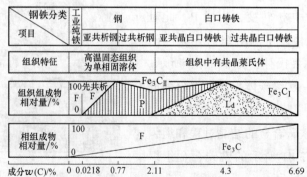

图 3-42 铁碳合金室温平衡相组成及组织组成随合金碳含量的变化规律

3.3.3.2　碳含量对力学性能的影响

图 3-43 为碳含量对碳钢的力学性能的影响。由图可见，当 $w(C)<0.9\%$ 时，随着钢中碳含量增加，钢的强度、硬度升高，而塑性和韧性下降，这是由于组织中渗碳体量不断增多，铁素体量不断减少的缘故。当 $w(C)>0.9\%$ 时，由于网状二次渗碳体的存在，强度明显下降，但硬度仍在增高，塑性和韧性继续降低。因此，为保证钢具有足够的强度和一定的塑性及韧性，机械工程中使用的钢其碳的质量分数一般不大于 1.4%。而 $w(C)>2.11\%$ 的白口铸铁，由于组织中渗碳体量多，硬度高而脆性大，难于切削加工，在实际中很少直接应用。

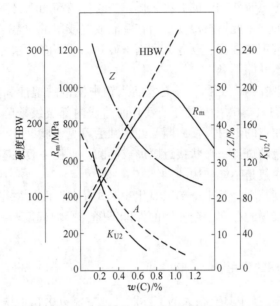

图 3-43　碳钢的力学性能与碳质量分数的关系（正火）

3.3.3.3　碳含量对工艺性能的影响

碳含量对铁碳合金工艺性能也有重要的影响，工艺性能主要包括切削性能、可锻性能、铸造性能、焊接性能等。总体而言，中碳钢具有比较合适的切削性能，低碳钢的可锻性能比高碳钢好，共晶成分附近的合金铸造性能好，低碳钢的焊接性能要优于高碳钢。

3.3.3.4　杂质元素的影响

在铁碳合金冶炼过程中，不可避免地会带入锰、硅、硫、磷、氮、氢、氧等元素，很难完全除去，从而形成铁碳合金中的杂质，对合金的组织与性能产生影响。

锰是作为脱氧去硫的元素加入钢中的，在碳钢中锰属于有益元素。对镇静钢（冶炼时用强脱氧剂硅和铝脱氧的钢），锰可以提高硅和铝的脱氧效果。作为脱硫元素，锰和硫形成硫化锰，在相当大程度上消除了硫的有害影响。

硅在碳钢中含量小于 0.50%，也是钢中的有益元素。在沸腾钢（以锰为脱氧剂的钢）中硅含量很低（小于 0.05%），在镇静钢中，硅作为脱氧元素，含量较高（0.12% ~ 0.37%），硅增大钢液的流动性。硅除形成夹杂物外还溶于铁素体中，提高钢的强度而塑性和韧性下降不明显。但硅含量超过 0.8% ~ 1.0% 时钢的塑性和韧性显著下降。

硫是钢中的有害元素，它是炼钢中不能除尽的杂质。硫在固态铁中溶解度极小，它能与铁形成低熔点（1190 ℃）的 FeS。FeS+Fe 共晶体的熔点更低（989 ℃）。这种低熔点的共晶体一般以离异共晶的形式分布在晶界上。在对钢进行热加工（锻造、轧制）时加热温度常在 1000 ℃ 以上，这时晶界上的 FeS+Fe 共晶熔化，导致热加工时钢的开裂。这种现象称为钢的"热脆"或"红脆"。一般用锰来脱硫。锰与硫的亲和力比铁与硫的大，优先形成硫化锰，减少硫化铁。硫化锰熔点高（1600 ℃），高温下有一定塑性，不会使钢产生热脆。

磷能使钢的脆性转变温度急剧升高，即提高了钢发生冷脆的温度，增加了钢的低温脆性风险。

长期以来，习惯把氮看作钢中的有害杂质。当含氮较高的钢自高温快冷，铁素体中的溶氮量达到过饱和。如果将此钢材冷变形后在室温放置或稍微加温时，氮将以氮化物的形式沉淀析出，这使低碳钢的强度、硬度上升而塑性和韧性下降。这种现象称为机械时效或应变时效，对低碳钢的性能不利。

氢对钢的危害表现在两个方面：一是氢溶入钢中使钢的塑性和韧性降低引起所谓的"氢脆"；二是当原子态氢析出（变成分子氢）时造成内部裂纹缺陷。白点是这类缺陷中最突出的一种。具有白点的钢材其横向断面经腐蚀后可见丝状裂纹（发纹）。纵向断口则可见表面光滑的银白色的斑点，形状接近圆形或椭圆，直径一般在零点几毫米至几毫米或更大。具有白点的钢一般是不能使用的。

氧在钢中的溶解度很小，几乎全部以氧化物形式存在，而且往往形成复合氧化物或硅酸盐。这些非金属夹杂物的存在，会使钢的性能下降，影响程度与夹杂物的大小、数量、分布有关。

3.3.4　Fe-Fe₃C 状态图的应用

Fe-Fe₃C 状态图在生产中具有很大的实际意义，主要应用在钢铁材料的选用和热加工工艺的制定两个方面。

（1）在钢铁材料选用方面的应用：Fe-Fe₃C 状态图所表明的成分-组织-性能的规律，为钢铁材料的选用提供了依据。建筑结构和各种型钢需用塑性、韧性好的材料，因此，选用碳含量较低的钢材。各种机械零件需要强度、塑性及韧性都较好的材料，应选用碳含量适中的中碳钢。各种工具要用硬度高和耐磨性好的材料，则选用碳含量高的钢种。白口铸铁硬度高、脆性大，不能切削加工，也不能锻造，但其耐磨性好，铸造性能优良，适用于做要求耐磨、不受冲击、形状复杂的铸件，例如拔丝模、冷轧辊、矿车轮、犁铧、球磨机的磨球等。

（2）在铸造工艺方面的应用：根据 Fe-Fe₃C 状态图可以确定合金的浇铸温度。浇铸温度一般在液相线以上 50~100 ℃。从相图上可以看出，纯铁和共晶白口铸铁的铸造性能最好，它们的凝固温度区间最小，因而流动性好，分散缩孔少，可以获得致密的铸件，所以铸铁在生产上总是选在共晶成分附近。在铸钢生产中，碳含量规定在 0.15%~0.6% 之间，因为这个范围内钢的结晶温度区间较小，铸造性能较好。

（3）在热锻、热轧工艺方面的应用：钢处于奥氏体状态时强度较低，塑性较好，因此锻造或轧制选在单相奥氏体区内进行。一般始锻温度控制在固相线以下 100~200 ℃ 范围内，温度高时，钢的变形抗力小，节约能源，设备要求的吨位低，以免钢材因塑性差而发生锻裂或轧裂。亚共析钢热加工终止温度多控制在 *GS* 线以上，避免变形时出现大量铁素体，形成带状组织而使韧性降低。过共析钢变形终止温度应控制在 *PSK* 线以上一点，以便把网状析出的二次渗碳体打碎。终止温度不能太高，否则再结晶后奥氏体晶粒粗大，使热加工后的组织也粗大。一般始锻温度为 1150~1250 ℃，终锻温度为 750~850 ℃。

（4）在热处理工艺方面的应用：Fe-Fe$_3$C 状态图对于制定热处理工艺有着特别重要的意义。一些热处理工艺如退火、正火、淬火的加热温度都是依据 Fe-Fe$_3$C 状态图确定的。这将在热处理一章中详细阐述。

在运用 Fe-Fe$_3$C 状态图时应注意以下两点：

（1）Fe-Fe$_3$C 状态图只反映铁碳二元合金中相的平衡状态，如含有其他元素，状态图将发生变化。

（2）Fe-Fe$_3$C 状态图反映的是平衡条件下铁碳合金中相的状态，若冷却或加热速度较快时，其组织转变就不能只用状态图来分析了。

本 章 小 结

金属结晶存在着过冷现象，这是由热力学条件决定的。结晶过程可分为晶核形成与长大两个阶段。晶核的形成机制有均匀形核和非均匀形核两种，晶核长大机制也存在不同。金属材料晶粒大小的控制就在于控制形核与长大过程。合金的凝固过程比纯金属的结晶复杂，一般用合金相图分析。在二元合金相图中的两相区，可以用杠杆定律来计算合金组成相的含量。二元相图有匀晶相图、共晶相图、包晶相图等类型。匀晶合金凝固过程冷却曲线上不存在温度平台。共晶相图和包晶相图上均存在三相反应线，发生共晶反应和包晶反应。铁碳合金相图（状态图）是研究钢铁材料最重要的工具之一。按照不同的碳含量划分，铁碳合金的相变过程不同，有工业纯铁、亚共析钢、共析钢、过共析钢、亚共晶白口铸铁、共晶白口铸铁、过共晶白口铸铁等。随着碳含量的变化，铁碳合金中的相组成和组织组成呈现出一定的规律性。

复习思考题

3-1 结晶与凝固有何不同？

3-2 金属结晶的必要条件是什么，如何获得细晶组织？

3-3 固液前沿光滑界面与粗糙界面结晶后的晶体形态如何？

3-4 共晶体可否称为相？

3-5 不平衡凝固会对共晶合金造成什么影响，如何消除合金不平衡凝固产生的偏析？

3-6 说明相图与合金性能之间的关系。

3-7 铁碳相图上有哪几个三相转变，什么成分的合金会发生上述三相转变？

3-8 说明碳含量对碳钢组织和性能的影响。

3-9 说明铁碳相图在生产中的应用。

4 金属的塑性变形与再结晶

【本章学习要点】本章介绍了金属的塑性变形与再结晶，主要包括金属的塑性变形、冷塑性变形对金属组织和性能的影响、冷变形金属的回复与再结晶以及金属的热塑性变形的动态回复与再结晶等内容。要求掌握冷塑性变形对金属组织和性能的影响，熟悉金属的回复与再结晶、动态回复与动态再结晶，了解金属的塑性变形机制。

金属材料经过冶炼、铸造获得铸锭后，可采用塑性加工的方法获得具有一定形状、尺寸和力学性能的型材、板材、管材或线材，以及零件毛坯或零件。塑性加工包括轧制、挤压、拉拔、锻压、冲压等方法（见图 4-1）。材料变形可分为弹性变形与塑性变形。金属在承受塑性加工时，产生塑性变形。金属材料在外力作用下发生塑性变形后，在改变形状和尺寸的同时，其内部组织也发生了很大变化，使金属性能得到改善和提高。塑性变形理论是金属塑性加工的基础。

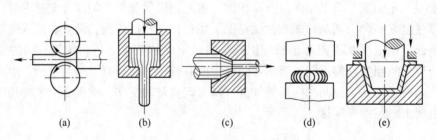

图 4-1 塑性加工方法示意图

(a) 轧制；(b) 挤压；(c) 拉拔；(d) 锻压；(e) 冲压

4.1 金属的塑性变形

金属材料在外力作用下，其内部会产生应力。在它的作用下，原子将离开原来的平衡位置，于是原子间的距离被改变，从而使金属发生变形，并使原子的势能增高而处于高势能不稳定状态。当外力作用停止后，如果变形不大，原子就能自发地回到平衡位置，应力消失，变形亦随之消失，这类变形称为弹性变形。当变形增大到一定程度后，即使外力的作用停止，金属的部分变形也不消失，这部分变形称为塑性变形。

金属的塑性变形过程比弹性变形复杂。金属的塑性变形包括单晶体的塑性变形与多晶体的塑性变形。工业用金属材料大多是由多晶体构成的，要研究多晶体的塑性变形，必须首先了解单晶体的塑性变形。

4.1.1 单晶体的塑性变形

单晶体塑性变形的方式有滑移和孪生两种。

4.1.1.1 滑移

金属的塑性变形深入原子层面上，实质是金属晶体的一部分沿着某些晶面（滑移面）和晶向（滑移方向）相对于另一部分发生相对滑动的结果，这种变形方式称为滑移。

滑移有如下特点：

（1）滑移只能在切应力作用下才会发生，不同金属产生滑移的最小切应力（称滑移临界切应力）大小不同。钨、钼、铁的滑移临界切应力比铜、铝的要大。

（2）滑移是晶体内部位错在切应力作用下运动的结果。滑移并非晶体两部分沿滑移面作整体的相对滑动，而是通过位错的运动来实现的。如图 4-2 所示，在切应力作用下，一个多余半原子面从晶体一侧运动到晶体的另一侧，晶体产生滑移。

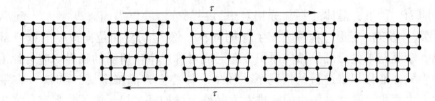

图 4-2 位错运动造成滑移

（3）由于位错每移出晶体一次即造成一个原子间距的变形量，因此晶体发生的总变形量一定是这个方向上的原子间距的整数倍。

（4）滑移一般是在晶体的密排面上并沿其上的密排方向进行。这是由于密排面之间的面间距最大，结合力最弱，因此滑移在密排面上进行，该密排面称为滑移面。又由于密排方向上的原子间距最小，原子在密排方向上移动距离最短，因此滑移在密排方向上进行，该密排方向称为滑移方向。一个滑移面与其上的一个滑移方向组成一个滑移系。如体心立方晶格中，(110) 和 $[\bar{1}11]$ 即组成一个滑移系。三种常见的晶格的滑移系见表 4-1。滑移系越多，金属发生滑移的可能性越大，塑性就越好。滑移方向对滑移所起的作用比滑移面大，所以具有面心立方晶格的金属比体心立方晶格的金属塑性更好。

表 4-1 常见金属晶格的滑移面、滑移方向与滑移系

晶格	体心立方晶格		面心立方晶格		密排六方晶格	
滑移面	{110} ×6		{111} ×4		{0001} ×1	
一个滑移面上的滑移方向	⟨111⟩ ×2		⟨110⟩ ×3		⟨11$\bar{2}$0⟩ ×3	
滑移系	6×2＝12		4×3＝12		1×3＝3	

（5）滑移时晶体伴随有转动。如图 4-3 所示，在拉伸时，单晶体发生滑移，外力将发生错动，产生一力偶，迫使滑移面向拉伸轴平行方向转动。同时晶体还会以滑移面的法线

为转轴转动，使滑移方向趋于最大切应力方向（图4-4）。

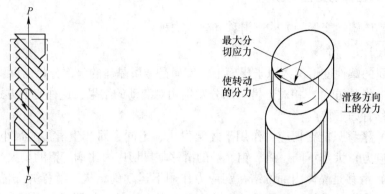

图 4-3   滑移面的转动   图 4-4   滑移方向的转动

4.1.1.2   孪生

在切应力作用下，晶体的一部分相对于另一部分沿一定晶面（孪生面）和晶向（孪生方向）发生切变的变形过程称为孪生（图4-5）。发生切变而位向改变的这一部分晶体称为孪晶。孪晶与未变形部分晶体原子分布形成对称。孪生所需的临界切应力比滑移的大得多。孪生只在滑移很难进行的情况下才发生。体心立方晶格金属（如铁）在室温或受冲击时才发生孪生。滑移系较少的密排六方晶格金属如镁、锌、镉等，则容易发生孪生。

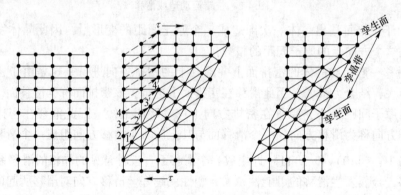

图 4-5   孪生示意图

4.1.2   多晶体的塑性变形

工程上使用的金属绝大部分是多晶体。多晶体中每个晶粒的变形基本方式与单晶体相同。但由于多晶体材料中，各个晶粒位向不同，且存在许多晶界，因此变形要复杂得多（图4-6）。

多晶体中，由于晶界上原子排列很不规则，阻碍位错的运动，使变形抗力增大。金属晶粒越细，晶界越多，变形抗力越大，金属的强度就越大。

多晶体中每个晶粒位向不一致。一些晶粒的滑移面和滑移方向接近于最大切应力方向（称晶粒处于软位向），另一些晶粒的滑移面和滑移方向与最大切应力方向相差较大（称晶粒处于硬位向）。在发生滑移时，软位向晶粒先开始。当位错在晶界受阻逐渐堆积时，其他晶粒发生滑移。因此多晶体变形是晶粒分批地、逐步地变形，变形分散在材料各处。

晶粒越细，金属的变形越分散，减少了应力集中，推迟裂纹的形成和发展，使金属在断裂之前可发生较大的塑性变形，因此使金属的塑性提高。

由于细晶粒金属的强度较高，塑性较好，所以断裂时需要消耗较大的功，韧性也较好，因此细晶强化是金属的一种很重要的强韧化手段。

图 4-6 多晶体的塑性
变形示意图

4.1.3 合金的塑性变形

合金的组成相为固溶体时，溶质原子会造成晶格畸变，增加滑移抗力，产生固溶强化。溶质原子还常常分布在位错附近（图 4-7），降低了位错附近的晶格畸变，使位错易动性减小，形变抗力增加，强度升高。

合金的组织由固溶体和弥散分布的金属化合物（称析出相或第二相）组成时，析出相硬质点成为位错移动的障碍物。在外力作用下，位错线遇到析出相质点时发生弯曲（图 4-8），位错通过后在析出相质点周围留下一个位错环。析出相硬质点的存在增加了位错移动的阻力，使滑移抗力增加，从而提高了合金的强度。这种强化方式称为析出强化，也有人称之为弥散强化。

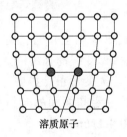

图 4-7 位错周围的溶质原子

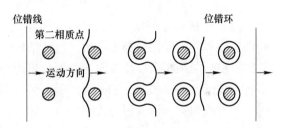

位错线

第二相质点

→运动方向

位错环

图 4-8 位错线与第二相质点

4.2 冷塑性变形对金属组织和性能的影响

在某一温度以下进行的塑性变形称为冷变形（冷塑性变形），这一温度一般为金属的再结晶温度（后文叙述）。金属发生冷变形时，随着变形量的增加，金属的组织结构与性能将发生变化。

4.2.1 塑性变形对金属组织结构的影响

（1）晶粒变形，形成纤维组织。晶粒发生变形，沿形变方向被拉长或压扁。当拉伸变形量很大时，晶粒变成细条状；有些夹杂物也被拉长，分布在晶界处，形成纤维组织（图 4-9）。

（2）亚结构形成，细化晶粒。金属经大的塑性变形时，由于位错的密度增大和发生交互作用，大量位错堆积在局部区域，使晶粒分化成许多位向略有不同的小晶块，在晶粒内产生亚晶粒，如图 4-10 所示。

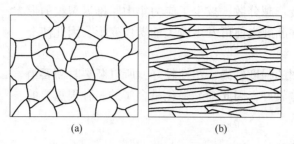

图 4-9　冷轧前后晶粒形状变化

（a）变形前；（b）变形后

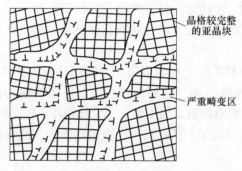

图 4-10　金属经变形后的亚结构（亚晶粒）

（3）形成形变织构。金属塑性变形很大（变形量达到 70% 以上）时，由于晶粒发生转动，使各晶粒的位向趋于一致，这种结构叫作形变织构。形变织构有两种：一种是各晶粒的一定晶向平行于拉拔方向，称为丝织构。例如低碳钢经大变形量冷拔后，<100>方向平行于拔丝方向，如图 4-11（a）所示。另一种是各晶粒的一定晶面和晶向平行于轧制方向，称为板织构，低碳钢的板织构为 {001} <110>，见图 4-11（b）。

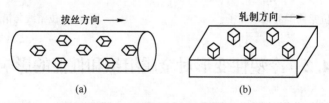

图 4-11　形变织构示意图

（a）丝织构；（b）板织构

4.2.2　塑性变形对金属性能的影响

（1）加工硬化。金属发生塑性变形，随变形度的增大，金属的强度和硬度显著提高，塑性和韧性明显下降，这种现象称为加工硬化，也叫形变强化（图 4-12，图中 a_K 为旧版本标准的冲击韧度指标）。一方面金属发生塑性变形时，位错密度增加，位错间的交互作用增强，相互缠结，造成位错运动阻力的增大，引起塑性变形抗力提高；另一方面由于晶粒破碎细化，使强度得以提高。在生产中可通过冷轧、冷拔提高钢板或钢丝的强度。

（2）产生各向异性。由于纤维组织和形变织构的形成，使金属的性能产生各向异性。如沿纤维方向的强度和塑性明显高于垂直方向的。用有织构的板材冲制筒形零件时，由于在不同方向上塑性差别很大, 零件的边缘出现 "制耳" (图 4-13)。

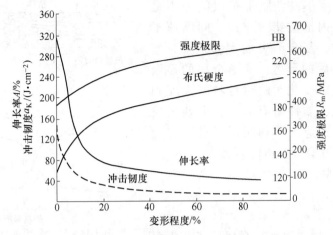

图 4-12 低碳钢的加工硬化现象

在工程中, 织构的各向异性也得到应用。制造变压器铁芯的硅钢片, 沿 [100] 方向最易磁化, 采用这种织构可使铁损大大减小, 变压器的效率提高。

(3) 金属的物理、化学性能变化。电阻增大, 耐腐蚀性降低。

(4) 产生残余内应力。由于金属在发生塑性变形时, 金属内部变形不均匀, 位错、空位等晶体缺陷增多, 金属内部会产生残余内应力, 即外力去除后,

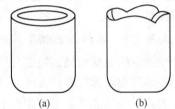

图 4-13 因形变织构造成深冲制品的制耳示意图
(a) 无织构; (b) 有织构

金属内部会残留下来应力。残余内应力会使金属的耐腐蚀性能降低, 严重时可导致零件变形或开裂。

4.3 冷变形金属的回复与再结晶

金属经冷塑性变形 (冷加工) 后, 发生加工硬化, 其组织结构和性能发生很大的变化。加工硬化状态是一种内部能量较高的不稳定状态, 具有恢复到稳定状态的趋势, 但在室温下不易实现。如果对变形后的金属进行适当加热, 增大原子的扩散能量, 可以促使金属向低能量的稳定状态转变, 金属的组织结构和性能又会发生变化, 从而消除加工硬化。随着加热温度的提高, 冷变形金属将相继发生回复、再结晶和晶粒长大过程 (图 4-14)。

4.3.1 回复

金属加热到某一温度以上时, 通过原子的少量扩散而消除晶粒的晶格扭曲, 可显著降低金属的内应力, 这一过程称为回复, 对应的温度称为回复温度。

回复温度与熔化温度之间大致存在以下关系:

$$T_{回} \approx (0.25 \sim 0.3) T_{熔} \tag{4-1}$$

式中 $T_{回}$——金属回复温度, K;

$T_{熔}$——金属熔点，K。

由于加热温度不高，原子扩散能力不是很大，只是晶粒内部位错、空位、间隙原子等缺陷通过移动、复合消失而大大减少，而晶粒仍保持变形后的形态，变形金属的显微组织不发生明显的变化。此时材料的强度和硬度只略有降低，塑性略有升高，但残余应力则大大降低。工业上常利用回复过程对变形金属进行去应力退火，以降低残余内应力，保留加工硬化效果。

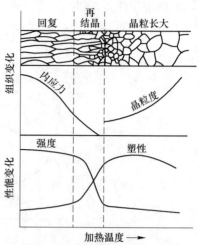

图 4-14　冷变形金属加热时组织和性能变化示意图

4.3.2　再结晶

如果继续提高加热温度，金属原子获得更多的热能，扩散能力大为加强，冷变形金属发生再结晶。

4.3.2.1　再结晶过程及其对金属组织、性能的影响

变形后的金属在较高温度加热时，由于原子扩散能力增大，被拉长（或压扁）、破碎的晶粒通过重新形核和长大变成新的均匀、细小的等轴晶，这个过程称为再结晶。再结晶生成的新晶粒的晶格类型与变形前、后的晶格类型均一样。变形金属进行再结晶后，金属的强度和硬度明显降低，而塑性和韧性大大提高，加工硬化现象被消除，此时内应力全部消失，物理、化学性能基本上恢复到变形以前的水平。

4.3.2.2　再结晶温度

变形后的金属发生再结晶的温度是一个温度范围，并非某一恒定温度。一般所说的再结晶温度指的是最低再结晶温度（$T_{再}$），通常用经过大变形量（70%以上）的冷塑性变形的金属，经 1 h 加热后能完全再结晶的最低温度来表示。最低再结晶温度与该金属的熔点有如下关系：

$$T_{再} \approx (0.35 \sim 0.4)T_{熔} \qquad (4-2)$$

式中　$T_{再}$——金属再结晶温度，K；

　　　$T_{熔}$——金属熔点，K。

最低再结晶温度与下列因素有关：

（1）预先变形度。金属再结晶前塑性变形的相对变形量称为预先变形度。预先变形度越大，金属的晶体缺陷就越多，组织越不稳定，最低再结晶温度也就越低。当预先变形度达到一定大小后，金属的最低再结晶温度趋于某一稳定值（图 4-15）。

（2）金属的熔点。熔点越高，最低再结晶温度也就越高。

（3）杂质和合金元素。由于杂质和合金元素特别是高熔点元素，阻碍原子扩散和晶界迁移，可显著提高最低再结晶温度。例如高纯度铝（99.999%）的最低再结晶温度为 80 ℃，而工业纯铝（99%）的最低再结晶温度提高到了 290 ℃。

（4）加热速度和保温时间。再结晶是一个扩散过程，需要一定时间才能完成。提高加热速度会使再结晶在较高温度下发生，而保温时间越长，再结晶温度越低。

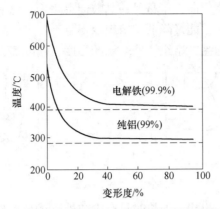

图 4-15　预先变形度对金属再结晶温度的影响

4.3.2.3　再结晶后晶粒的晶粒度

晶粒大小影响金属的强度、塑性和韧性，因此生产上非常重视控制再结晶后的晶粒度，特别是对那些无相变的钢和合金。

影响再结晶后晶粒度的主要因素是加热温度和预先变形度。

（1）加热温度：加热温度越高，原子扩散能力越强，则晶界越易迁移，晶粒长大也越快（图 4-16）。

（2）预先变形度：预先变形度的影响主要与金属变形的均匀度有关。其影响规律如图 4-17 所示。预先变形度很小时，不足以引起再结晶，晶粒不变化。当预先变形度达到 2%~10% 时，金属中少数晶粒变形，再结晶时生成的晶核少，得到极粗大的晶粒。再结晶时使晶粒发生异常长大的预先变形度称作临界变形度。一般情况下，生产上应尽量避免临界变形度的塑性变形加工。超过临界变形度之后，随着变形度的增大，晶粒的变形强烈而均匀，再结晶核心增加，因此再结晶后的晶粒越来越细小。但是当变形度过大（≥90%）时，晶粒可能再次出现异常长大，这是由形变织构造成的。

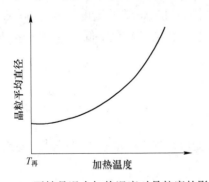

图 4-16　再结晶退火加热温度对晶粒度的影响

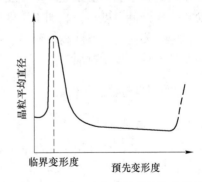

图 4-17　预先变形度与再结晶晶粒度的关系

4.3.3　晶粒长大

再结晶完成后的晶粒是细小的，但如果加热温度过高或保温时间过长时，晶粒会明显长大，最后得到粗大的晶粒。晶粒长大是个自发过程，它通过晶界的迁移来实现，如图 4-18 所示，即通过一个晶粒的边界向另一晶粒迁移，把另一晶粒中的晶格位向逐步地改变为与这个晶粒相同的晶格位向，于是另一晶粒便逐步地被这一晶粒"吞并"，二者合并成一个大晶粒，使晶界减少，能量降低，组织变得更为稳定。晶粒的这种长大称为正常长大，由此将得到均匀粗大的晶粒组织，使金属的强度、硬度等力学性能下降。

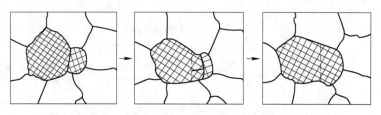

图 4-18   晶粒长大示意图

当金属变形较大时产生织构，加热时只有少数处于优越条件的晶粒（例如尺寸较大、取向有利等）优先长大，迅速吞食周围的大量小晶粒，最后获得晶粒异常粗大的组织。这种不均匀的长大过程称为二次再结晶，它使金属的强度、硬度、塑性、韧性等力学性能都显著降低。在零件使用中，往往会导致零件的破坏。因此，在再结晶退火时，必须严格控制加热温度和保温时间，以防止晶粒过分粗大而降低材料的力学性能。

4.4   金属的热塑性变形与动态回复、动态再结晶

金属塑性加工方法有热加工和冷加工两种。热加工和冷加工不是根据变形时是否加热来区分，而是根据变形时的温度是高于还是低于被加工金属的再结晶温度来划分的。钢材及许多其他金属在生产过程中大多是经热变形加工的，热塑性变形所产生的加工硬化会被发生的动态再结晶所抵消。

4.4.1   金属的热加工与冷加工

在金属的再结晶温度以上的塑性变形加工称为热加工，例如钢材的热锻和热轧。熔点高的金属，再结晶温度高，热加工温度也应高。如钨的最低再结晶温度约为 1200 ℃，它的热加工温度要比这个温度高。而铅、锡等低熔点金属，再结晶温度低于室温，它们在室温进行塑性变形已属于热加工。

4.4.2   动态回复与动态再结晶

4.4.2.1   动态回复

动态回复主要发生在层错能高的金属材料的热变形过程中，动态回复是其主要或唯一的软化机制。

4.4.2.2   动态再结晶

随变形量增加位错密度不断增高，使动态再结晶加快，软化作用逐渐增强，当软化作用开始大于加工硬化作用时，应力开始下降。当变形造成的硬化与再结晶造成的软化达到动态平衡时，应力进入稳定阶段。在低应变速率下，与其对应的稳定态阶段的应力呈波浪形变化，这是由于低的应变速率或较高的变形温度下，位错密度增加速率小，动态再结晶后，必须进一步加工硬化，才能再一次进行再结晶的形核。因此这种情况下，动态再结晶

与加工硬化交替进行，使应力呈波浪式。

层错能偏低的材料如铜及其合金、奥氏体钢等易出现动态再结晶，故动态再结晶是低层错能金属材料热变形的主要软化机制。

4.4.3 热加工对金属室温力学性能的影响

热加工后随即冷却，可将当时的组织结构状态保留下来，避免因高温停留或缓冷所引起的静态回复、再结晶以及动态再结晶软化。热加工可细化亚晶，从而提高材料强度。

4.4.4 热加工后的组织与性能

（1）改善铸锭组织：金属高温塑性好，变形抗力低，可进行大量的塑变，使铸锭中的组织缺陷明显改善。如使气泡焊合提高了材料的致密度和力学性能，改善了组织。

（2）纤维组织：热加工时钢中偏析、夹杂物、第二相与晶界等随着应变量的增大，逐渐沿变形方向延伸，所形成的热加工纤维组织称为流线。纤维组织的形成将使钢的力学性能呈现一定的异向性。

（3）带状组织：通常指亚共析钢经热加工后出现的铁素体和珠光体沿变形方向呈带状或层状分布的不正常组织。其形成原因主要与偏析或夹杂物在热加工时被伸长变形有关。

本 章 小 结

研究金属的塑性变形原理，熟悉塑性变形对金属组织、性能的影响，对于正确选择金属材料的加工工艺、改善产品质量、合理使用材料等具有重要的意义。冷塑性变形对金属性能的影响和回复与再结晶是本章重点。滑移是晶体变形的主要方式，滑移过程是通过位错的移动来进行的。由于位错的移动牵涉到实际金属中的缺陷，故而塑性变形的原理是本章的难点。在工业生产中，钢材和许多零件的毛坯都是在加热至高温后经塑性加工（如轧制、锻造等）而制成的，这是因为金属在高温下强度、硬度将降低，塑性将提高，在高温下的成型比在低温下容易得多。熟悉热塑性变形过程的动态回复与再结晶，有利于正确地制定热加工工艺，改善金属材料的组织和性能。

复习思考题

4-1 解释以下名词：滑移、滑移面、滑移方向、滑移系、孪生、形变织构、加工硬化、回复、再结晶。

4-2 滑移和孪生有何区别？试比较它们在塑性变形过程中的作用。

4-3 多晶体的塑性变形与单晶体的塑性变形有何异同？

4-4 试述细晶粒金属具有较高的强度、塑性和韧性的原因。

4-5 试述金属经冷塑性变形后组织结构与性能之间的关系，阐明加工硬化在机械零件、构件生产和服役过程中的重要意义。

4-6 口杯采用低碳钢板冷冲而成，如果钢板的晶粒大小很不均匀，那么冲压后常常发现口杯底部出现裂纹，这是为什么？

4-7 冷拔铜丝制作导线，冷拔之后应如何处理，为什么？

4-8 金属塑性变形造成的残余应力对机械零件可能产生哪些影响？

4-9 何谓动态回复与动态再结晶？

4-10 热加工对金属的组织与性能有何影响？

5 钢铁中的合金元素及其作用

【本章学习要点】本章介绍了钢铁中的合金元素及其作用，主要内容包括钢铁中常见合金元素及其行为，合金元素在钢铁中的存在形式，合金元素对铁碳合金状态图和钢铁性能的影响等。合金元素在钢铁中的作用是进行材料设计与优化的基础。本章要求了解钢铁中常见合金元素，熟悉铁基固溶体、碳/氮化物、金属间化合物等的结构与性能特点，熟悉合金元素影响铁碳合金状态图和钢铁性能的基本规律。

钢铁是典型的铁基金属材料，也是典型的合金材料。除铁外，钢铁中可能存在碳和其他元素。这些元素可以是有益的合金元素，也可能是有害的杂质元素；可能是有意添加的，也可能是制备过程中的残留元素。合金元素指的是在制备金属材料时有目的地加入的一定量的一种或多种金属或非金属元素。钢铁中加入合金元素是为了改善钢铁的使用性能和工艺性能，得到更优良的或特殊的性能。了解钢铁中的合金元素及其作用，是对钢铁材料进行工艺优化和合理使用的基础。

5.1 钢铁中常见合金元素及其偏聚行为

5.1.1 钢铁中的常见合金元素

目前钢铁材料中的常见合金元素有二十几种，分属化学元素周期表中不同周期。主要如下：

第 2 周期：B、C、N；

第 3 周期：Al、Si、P、S；

第 4 周期：Ti、V、Cr、Mn、Co、Ni、Cu；

第 5 周期：Y、Zr、Nb、Mo；

第 6 周期：La 族稀土元素、Ta、W。

钢铁中常见的有害杂质元素如 P、S、H、N、O 等，这些元素在一般情况下对钢铁的性能起有害作用，但其中有的元素在特定的条件下，也能起有益的作用，成为加入的合金元素。如硫、磷适量加入钢中可以改善切削加工性能，磷适量加入钢中可以改善耐大气腐蚀性能，氮适量加入微合金钢中可以获得所期望的氮化物或碳氮化物，或加入不锈钢中以达到替代成本高的奥氏体稳定元素镍等特定目的。

碳在某些情况下也可能成为钢中的有害元素。例如，在需要避免晶间腐蚀的奥氏体不锈钢、马氏体时效超高强度钢、无间隙原子钢中，碳就不一定是必要的，甚至是有害的。

　　根据钢中合金元素加入量，合金化程度分为三级，其质量分数低于 5% 的是低合金钢，5%~10% 的是中合金钢，高于 10% 的是高合金钢。目前合金钢钢种门类齐全，常用的有上千种合金钢牌号，其产量约为钢总产量的 10%，是不可或缺的、常常具有高附加值的一大类钢铁材料。

　　钢铁中的合金元素在材料体系中可能是均匀分布的，也可能发生偏聚甚至严重偏聚，或者是集中分布在化学热处理获得的渗层和钢钝化后的表面氧化膜里。它们可能存在于钢铁的基体组织（置换固溶体、间隙固溶体）、析出相（碳化物、氮化物、金属间化合物等），甚至无机非金属夹杂物（硫化物夹杂、氧化物夹杂、氮化物夹杂等）中。

　　各种合金元素在钢中的合金化是两种机制在起作用：一是改变钢本身的物理和化学性能；二是通过热处理进一步改变钢的组织结构，进而获得所需要的钢的性能。后者在钢的合金化作用中更为重要。而合金元素与铁、碳和其他合金元素之间的相互作用，是合金钢内部组织和结构发生变化的基础。钢中这些元素之间在原子结构、原子尺寸和各元素晶体点阵之间的差异，则是产生这些变化的根源。

5.1.2　合金元素原子的偏聚

　　合金元素溶解于铁碳合金基体中，会出现原子的偏聚。溶质原子与位错等交互作用将形成柯氏气团等，阻碍位错运动从而提升材料的强度，这是溶质原子偏聚在工程合金中导致的一个具体现象。其他如低碳钢的上下屈服点现象（无间隙原子钢的研究开发）、硼在奥氏体晶界的偏聚抑制先共析铁素体的晶界处非均匀形核从而提高钢的淬透性（硼钢提高淬透性的重要机理）、合金调质钢的高温回火脆性（可逆回火脆性）及其消除或避免等一系列工程问题，也都与合金元素溶质原子的偏聚有关。

5.1.2.1　溶质原子的位错偏聚

　　位错偏聚是钢中溶质原子和位错应力场交互作用所导致的溶质原子偏聚于刃型位错线附近的现象，即"柯氏气团"。其出现的原因，是溶质原子偏聚于刃型位错线附近可以导致总的系统吉布斯自由能的降低。

　　位错偏聚现象可能会对材料的力学性能和钢材的质量产生重要影响。例如，钢的上下屈服点现象和低碳钢薄板在冲压加工时钢板表面出现的吕德斯带，即由溶质原子和位错交互作用所引起。为此，为避免上述问题，专门开发有无间隙原子钢（intersitial-free steel，简称 IF 钢）。

5.1.2.2　溶质原子的晶界偏聚

　　合金元素溶于多晶体铁后，将与晶界产生相互作用，在晶界区有很高的富集浓度，称为溶质原子的晶界偏聚或晶界内吸附。溶质原子在钢中虽然含量极微，但由于发生晶界偏聚而在晶界形成高浓度的富集，它将对钢的组织和与晶界有关的性能产生巨大的影响，如晶界迁移、相变时晶界形核、晶界脆性、晶界强化、晶间腐蚀等。

　　产生溶质原子晶界偏聚的主要原因是溶质原子与基体原子的弹性作用。由于溶质原子在尺寸上与铁原子的差别，使铁原子完整晶体中产生点阵畸变时需要极高的能量。如把 α-Fe 点阵向各方弹性地扩张 10%，所需应力为 15450 MPa，相应的畸变能为 62.8 kJ/mol。这将引起体系的内能升高。为了减少体系的内能，较铁原子尺寸大的置换固溶体原子趋向于晶界区受膨胀的点阵，较铁原子尺寸小的置换固溶体原子趋向于晶界区受压缩的点阵，间隙溶质原子趋向于晶界区膨胀的间隙位置。这样可以使点阵畸变松弛。所以这种晶界偏聚过程是自发进行的。

溶质原子晶界偏聚的晶界浓度可由麦克林（Mclean）恒温晶界偏聚方程表示：

$$C_g = C_0 \exp[E/(RT)]$$

式中，C_g 为溶质原子在晶界的平衡偏聚浓度；C_0 为溶质原子在基体内的平均浓度；E 为 1 mol 溶质原子在晶界和晶内的内能之差，E 为正值。E 值越大，该元素的晶界偏聚驱动力也越大，其晶界偏聚富集系数也越高。溶质元素的晶界偏聚系数 $\beta = C_g/C_0$，其表示溶质元素的晶界偏聚倾向。

实际中的钢铁材料都是多元系合金，各溶质元素之间的交互作用中必然会影响溶质元素的晶界偏聚。当两种溶质元素之间发生强相互作用时，则会在晶界发生共偏聚作用，如合金元素镍、锰、铬与磷、锡、锑在晶界发生共偏聚而促进合金调质钢的高温回火脆性。

当两种溶质元素的结合力很强时，可阻止发生晶界偏聚，如含钼的 NiCr 调质钢中钼和磷强结合阻止磷向晶界偏聚，消除高温回火脆性。另外，稀土元素镧加入 NiCr 调质钢中，镧和磷强结合形成 LaP 在晶内沉淀，阻止磷的晶界偏聚，消除了高温回火脆性。

在钢中添加微量的硼，并有意识地使其偏聚于淬火前的原奥氏体晶界，可以抑制 A（奥氏体）→F（先共析铁素体）相变时的晶界非均匀形核，从而显著提高钢的淬透性。

在 Fe-M（元素）二元系中产生晶界偏聚倾向强烈的元素见表 5-1。

表 5-1　在铁中产生晶界偏聚强烈的合金元素

周期	Ⅳ族	Ⅴ族	Ⅵ族	周期	Ⅳ族	Ⅴ族	Ⅵ族
第Ⅱ周期	碳	氮	氧	第Ⅴ周期	锡	锑	碲
第Ⅲ周期	硅	磷	硫	第Ⅵ周期		铋	
第Ⅳ周期	锗	砷	硒				

5.2　铁基固溶体

纯铁具有多型性转变，常压下在不同温度范围具有体心立方和面心立方两种晶体结构。体心立方点阵结构的有 α-Fe（低于 A_3 温度时）和 δ-Fe（高于 A_4 温度时）；面心立方点阵的为 γ-Fe（A_4 与 A_3 温度之间）。

α-Fe 是钢中纯铁、非合金钢、低合金钢、中合金钢和若干高合金钢中最为常见的室温相。δ-Fe 可能会出现在某些种类的不锈钢等高合金钢室温组织中。在某些高合金钢中，γ-Fe 可能是钢室温组织中的稳定相或亚稳相。

产生这一现象的原因是钢中含有碳或其他元素，这些元素对丁铁的同素异构体 α-Fe、γ-Fe 和 δ-Fe 的相对稳定性及多型性转变温度 A_3（912 ℃）和 A_4（1394 ℃）都有影响。

合金元素对铁的 A 相区和 F 相区的作用可以分为两大类四小类，从而有奥氏体稳定元素、铁素体稳定元素之区分。

（1）奥氏体稳定元素：第一类是使 A_3 温度下降，A_4 温度升高的元素，称作奥氏体稳定元素（又称奥氏体形成元素）。其中，镍、钴、锰与 γ-Fe 无限固溶，使 F 和 δ 相区缩小，其二元相图见图 5-1(a)。而碳、氮、铜虽然使 A 相区扩大，但在 A 相中有限溶解，其二元相图见图 5-1(b)。

(2) 铁素体稳定元素：第二类是使 A_3 温度升高、A_4 温度下降的元素，称作铁素体稳定元素（又称铁素体形成元素）。其中，钒、铬、钛、钼、钨、铝、磷等这些元素使 A_3 温度上升、A_4 温度下降并在一定浓度汇合，在相图上形成一个奥氏体圈，如图 5-1(c) 所示。其中钒和铬与 α-Fe 无限固溶，其余都与 α-Fe 有限固溶。

还有一些元素也属这一类，但由于出现了金属间化合物，破坏了奥氏体圈，如铌、钽、锆、硼、铈、硫等，如图 5-1(d) 所示。这些元素中只有碳、氮和硼与铁形成间隙固溶体，其余元素与铁都形成置换固溶体。

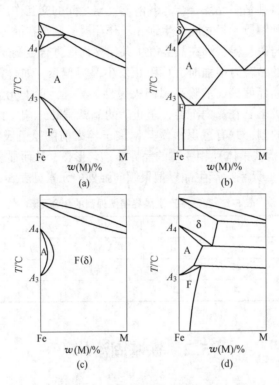

图 5-1 扩大 A 相区与缩小 A 相区的 Fe-M 相图

(示意图，M 代表合金元素)

(a)(b) 扩大 A 相区的 Fe-M 相图；(c)(d) 缩小 A 相区的 Fe-M 相图

(3) 合金元素的固溶度：这些与铁形成置换固溶体的合金元素，它们扩大或缩小 A 相区的作用，与该元素在周期表中的位置有关。凡是扩大 A 相区的合金元素，本身就具有面心立方点阵或在其多型性转变中有一种面心立方点阵。以元素周期表中第 4 周期元素为例，其中过渡族元素由钛到铜，随着原子序数增高，各元素的晶体点阵由体心立方向面心立方转变，其中钛、钒、铬具有体心立方点阵，锰、铁和钴在其多型转变中都存在面心立方点阵，而镍和铜只有单一的面心立方点阵。它们与铁的原子尺寸相近，电负性相近，所以锰、钴、镍和铜都是扩大 A 相区的合金元素。而钛、钒和铬都是缩小 A 相区的合金元素。

合金元素在铁中的固溶度与该元素属于哪一族、该元素的晶体点阵类型、该元素与铁的电负性和原子尺寸差别有关。

锰、钴、镍在电负性和原子尺寸与铁均相近，且有面心立方点阵，故与 γ-Fe 可无限固溶，而铬和钒在电负性和原子尺寸与铁也相近，但有体心立方点阵，故与 α-Fe 可无限固溶。

原子的尺寸因素对固溶度有重要作用。钛、铌、钼、钨等元素由于原子尺寸较大，在铁中的固溶度较小，它们与铁形成尺寸因素化合物拉弗斯相（AB_2 相）。碳、氮、硼原子尺寸较小，它们在铁中的固溶度主要受畸变能影响，碳、氮与铁能形成间隙固溶体，γ-Fe 中八面体间隙比 α-Fe 中的间隙大，所以它们在 γ-Fe 中的溶解引起畸变能较小，故在 γ-Fe 中有较大的固溶度，成为扩大 A 相区的元素，而在 α-Fe 中只有很小的固溶度。硼的原子尺寸大于碳和氮，硼与铁的原子半径之比为 0.73。硼原子无论与铁形成间隙固溶体或置换固溶体，都会引起晶体点阵有较大的畸变，故硼不论在 γ-Fe 或 α-Fe 中固溶度都很小。

合金元素在铁中的固溶度见表 5-2。尤其应注意到，置换固溶类元素钴、镍、锰在 γ-Fe 中无限固溶，铬、钒在 α-Fe 中无限固溶；间隙固溶类元素碳、氮在 α-Fe 中的固溶度极小，而硼在 α-Fe、γ-Fe 中的固溶度均极小。

表 5-2　合金元素在铁中的溶解度（质量分数）

元素	溶解度/%		元素	溶解度/%	
	α-Fe	γ-Fe		α-Fe	γ-Fe
Co	76	无限	W	33（1540 ℃），4.5（700 ℃）	3.2
Ni	10	无限	Al	36	1.1
Mn	约 3	无限	Si	18.5	约 2
Cu	1（700 ℃），0.2（室温）	8.5	Ti	约 7（1340 ℃），约 2.5（600 ℃）	0.68
C	0.02	2.11	P	2.8	约 0.2
N	0.095	2.8	Nb	1.8	2.0
Cr	无限	12.8	Zr	约 0.3	0.7
V	无限	约 1.4	B	约 0.008	0.018~0.026
Mo	37.5（1450 ℃），约 4（室温）	约 3			

5.3　钢铁中的碳化物和氮化物

5.3.1　钢铁中的碳化物

碳化物是钢铁中重要的组成相，由钢中过渡族金属与碳结合而成，其类型、成分、数量、颗粒尺寸、性质及分布对钢的性能有极其重要的影响。钢中的碳化物，除渗碳体 Fe_3C 外，还可能会出现合金渗碳体、特殊碳化物、复合碳化物，甚至从淬火马氏体中脱溶生成过渡碳化物等。

5.3.1.1　钢中碳化物的稳定性

碳化物具有高硬度、高弹性模量和脆性，并具有高熔点。这表明碳化物有强的内聚力，在很大程度上是由碳原子的 p 电子和金属原子的 d 电子间形成的共价键造成的。过渡族金属与碳形成二元合金碳化物时有高的生成焓（$-\Delta H$），其绝对值越高，在钢中的稳定性也越大。这些碳化物的生成焓数据见图 5-2，其中钛、锆、铪的碳化物生成焓最高，其次是钒、铌、钽，再次是钨、钼、铬，最低是锰和铁。根据它们与碳相互作用的强弱和在钢中的稳定性，可分为三类：

（1）强碳化物形成元素，如钛、锆、钒、铌和钽。

（2）中强碳化物形成元素，如钨、钼和铬。

（3）弱碳化物形成元素，如锰和铁。

碳化物越稳定，它们在钢中的固溶度越小。

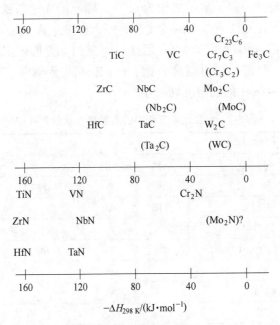

图 5-2　碳化物和氮化物的生成焓 $-\Delta H_{298\,K}$ 值

钢中碳化物的相对稳定性对钢中的组织转变有重要影响。强碳化物较稳定，在钢加热时溶解速度慢，溶解温度高，从钢中析出后聚集长大速度慢，保持弥散分布，形成钢中的强化相，如 NbC、VC、TiC 等。中强碳化物如 W_2C、Mo_2C 稳定性稍低，可作 500~600 ℃ 范围的强化相。铬和锰的碳化物稳定性差，不能作为钢中的强化相。

强碳化物形成元素也可以部分溶于较弱的碳化物，并提高其在钢中的稳定性，如钒、钨、钼、铬可部分溶入 Fe_3C，形成合金渗碳体 $(Fe, M)_3C$。合金渗碳体具有比 Fe_3C 更高的稳定性，在钢加热时溶入奥氏体的速度减慢。反之，弱碳化物形成元素存在时也会降低强碳化物的稳定性，如钒钢中加入不少于 1.45%（质量分数）的锰，可使 VC 大量溶入奥氏体的温度从 1100 ℃ 降低到 900 ℃，可以改变钒钢的热处理工艺制度。

5.3.1.2　钢中碳化物的晶体结构特点

碳化物的晶体结构是由金属原子和碳原子相互作用排列成密排或稍有畸变的密排结构，形成由金属原子亚点阵和碳原子亚点阵组成的间隙结构。由碳原子半径 r_C 和过渡族金属原子半径 r_M 的比值 r_C/r_M 决定形成是简单密排结构还是复杂结构。

当 $r_C/r_M<0.59$ 时，形成简单密排结构的碳化物，如钛族元素（钛、锆）和钒族元素（钒、铌、钽）形成面心立方点阵（NaCl 型）的 MC 型碳化物 TiC、ZrC、VC、NbC、TaC。当这类碳化物中碳原子达到饱和值时，金属原子与碳原子数的比达到化学计量比，

但通常碳元素有缺位，小于化学计量值，如 VC 因碳有缺位出现 V_4C_3。而钨、钼与碳形成六方点阵的碳化物，其中 MC 型的碳化物有 WC 和 MoC，M_2C 型的有 W_2C 和 Mo_2C。

当 $r_C/r_M > 0.59$ 时，形成复杂结构的碳化物，其中复杂立方 $M_{23}C_6$ 型的碳化物有 $Cr_{23}C_6$ 和 $Mn_{23}C_6$；复杂六方 M_7C_3 型碳化物有 Cr_7C_3 和 Mn_7C_3；正交晶系的 M_3C 型碳化物有 Fe_3C 和 Mn_3C。

钢中还形成三元碳化物，具有复杂立方结构的 M_6C 型碳化物，如 Fe_3W_3C 和 Fe_3Mo_3C；具有复杂六方结构的 $M_{23}C_6$ 型碳化物，如 $Fe_{21}W_2C_6$ 和 $Fe_{21}Mo_2C_6$。

5.3.1.3 钢中的复合碳化物

钢中若同时存在多种碳化物形成元素，就会形成多种碳化物形成元素的复合碳化物。各种碳化物之间可以完全互溶或部分溶解。当满足碳化物点阵类型、电子浓度因素和尺寸因素三条件时，其中金属原子可以相互置换，完全互溶，如 TiC-VC 系形成（Ti，V）C，VC-NbC 系形成（Nb，V）C 等。否则为有限溶解，如渗碳体 Fe_3C 中可部分溶解的元素的质量分数分别为 28% 的铬、14% 的钼、2% 的钨、3% 的钒形成合金渗碳体（Fe，Cr）$_3$C 等。$Cr_{23}C_6$ 中可溶解 25% 的铁以及钼、钨、锰、镍等元素，形成（Cr，Fe，W，Mo，Mn）$_{23}C_6$ 复合碳化物。碳化物的碳原子也可被其他间隙元素所置换，如 TiC 中的碳常被氮和氧所置换，形成 Ti（C，O，N）。

5.3.2 钢中的氮化物与碳氮化物

钢中的氮来源于冶炼时吸收大气中的氮或用含氮合金进行合金化时加入的合金中的氮。因此，钢中存在氮化物。钢在表面氮化处理时其表面也会渗入氮，形成氮化物。

AlN 是钢中最常见的氮化物，是钢液用铝脱氧时生成的，属于正常价化合物。AlN 在抑制钢的奥氏体晶粒长大方面发挥着重要作用，但当加热温度过高导致 AlN 溶解到奥氏体中去以后，其抑制作用消失。

钢中过渡族金属与氮发生作用，形成一系列氮化物。这些氮化物属于间隙化合物。与碳化物相似，也具有高硬度、高弹性模量和脆性，并且有高熔点、高生成焓。氮化物的生成焓的绝对值越高，其在钢中的稳定性也越高，氮化物的生成焓见图 5-2。

由于氮原子的原子半径 r_N 比碳原子半径 r_C 小，$r_N = 0.071$ nm，而 $r_C = 0.077$ nm，所以氮原子半径与过渡族金属原子半径 r_M 之比 r_N/r_M 均小于 0.59，故氮化物都属于简单密排结构。属于面心立方点阵的有 TiN、ZrN、VN、NbN、W_2N、Mo_2N、CrN、MnN、γ-Fe_4N；属于六方点阵的有 TaN、Nb_2N、WN、MoN、Cr_2N、MnN、ε-$Fe_{2\sim3}N$。

钢中氮化物的稳定性对钢的显微组织和性能有很大影响。钢中的强氮化物形成元素是钛、锆、钒、铌，中强氮化物形成元素是钨和钼，弱氮化物形成元素是铬、锰、铁。其中，铬、锰和铁的氮化物在高温下可溶于钢中，在低温下可重新析出。而 VN、NbN 只有在更高温度下才部分溶于奥氏体，在微合金钢中可用来细化奥氏体晶粒，当低温下析出可产生时效强化。在钢表面氮化处理时，钢表面形成合金氮化物起时效强化作用，提高表面硬度、耐磨性和疲劳强度。

氮化物之间也可以互相溶解，形成完全互溶或有限溶解的复合氮化物，如 TiN-VN、γ'-Fe_4N、ε -Mn_4N 等完全互溶。

氮化物和碳化物之间也可以互相溶解，形成碳氮化物，其中的氮浓度和碳浓度随外界

条件（如温度）变化而变化。在微合金钢中，微合金元素形成的碳氮化物相当常见，如
$Nb(C, N)$、$V(C, N)$、$(Nb, V)(C, N)$、$(Cr, Fe)_{23}(C, N)_6$ 等。

5.4　金属间化合物

钢中的过渡族金属元素之间相互作用析出一系列金属间化合物。其中比较重要的金属
间化合物有 σ 相、拉弗斯相（AB_2 相）和有序相（A_3B 相）。

5.4.1　σ 相

σ 相属于正方晶系，单位晶胞中有 30 个原子，其点阵常数 $a=b\neq c$。在不锈钢、耐热
钢和耐热合金中，伴随 σ 相析出，导致钢和合金的塑性、韧性显著下降，脆性增加。

在二元合金系中形成 σ 相需要三个条件：

（1）原子尺寸差别不大，尺寸差别最大的 W-Co 系 σ 相，其原子半径差为 12%；

（2）其中一组元为体心立方点阵（配位数为 8），另一组元为面心立方或密排六方点
阵（配位数为 12）；

（3）钢和合金的"平均族数"（s+d 层电子浓度）在 5.7~7.6 范围。

二元合金中 σ 相存在的区域见表 5-3。

表 5-3　二元合金中 σ 相存在的区域

合金系	第五族或第六族金属含量（原子分数）/%	每个原子拥有 s+d 层电子数
V-Mn	24.3V	6.5
V-Fe	37~57V	7.3~6.9
V-Co	40~54.9V	7.4~6.8
V-Ni	55~65V	7.2~6.7
Cr-Mn	19~24（800 ℃）	6.84~6.78
Cr-Fe	43.5~49（600 ℃）	7.1~7.0
Cr-Co	56.6~61Cr	7.3~7.2
Mo-Fe	47~50（1400 ℃）	7.23~7.17
Mo-Co	59~61（1500 ℃）	7.4~7.0

5.4.2　拉弗斯相（AB_2 相）

在二元系中，拉弗斯相是化学式为 AB_2 型金属间化合物。拉弗斯相出现在复杂成分
的耐热钢和合金中，是现代耐热钢的一个强化相。

AB_2 相是尺寸因素起主导作用的化合物，其组元 A 的原子直径 d_A 和第二组元 B 的原
子直径 d_B 之比 d_A/d_B 为 1.2。拉弗斯相的晶体结构有 $MgCu_2$ 型复杂立方系、$MgZn_2$ 型复
杂六方系和 $MgNi_2$ 型复杂六方系三种类型。

周期表中任何两族金属元素只要符合原子尺寸 d_A/d_B 等于 1.2 时都能形成 AB_2 相。
过渡族金属元素之间形成 AB_2 相时具有哪一种晶系则受电子浓度的影响，此时 B 组元原

子族数的增高，AB_2 相的晶体结构发生由立方→六方→立方的转变。过渡族金属的 AB_2 相的"平均族数"均不超过 8，其最高值为 $TaCo_2$ 的 $7\frac{2}{3}$。在合金钢中，AB_2 相是具有复杂六方点阵的 $MgZn_2$ 型，例如 $MoFe_2$、WFe_2、$NbFe_2$、$TiFe_2$。在多元合金钢中，原子尺寸小的合金元素锰、铬和镍可取代 AB_2 相中铁原子的位置，原子尺寸较大的合金元素钨、钼、铌和钛处于 A 的位置，形成化学式为（W，Mo，Nb）（Fe，Ni，Mn，Cr）$_2$ 的复合拉弗斯相。

5.4.3　有序相 A_3B

A_3B 相是一类原子有序排列一直可以保持到熔点的有序金属间化合物。如 Ni_3Al、Ni_3Ti、Ni_3Nb 等。γ'-Ni_3Al 具有面心立方点阵，η-Ni_3Ti 为密排六方点阵，δ-Ni_3Nb 属于菱方点阵。

作为一类非常的强化相，A_3B 有序相在时效硬化超高强度结构钢和不锈钢、耐热钢和耐热合金中均有着广泛的应用。

在复杂成分的耐热钢和耐热合金（例如镍基高温合金和镍-铁基高温合金）中，面心立方有序的 γ'-A_3B 相的数量、尺寸和分布对合金的高温强度有着极为重要的影响。γ'-Ni_3Al 中可以溶解多种合金元素。电负性和原子半径与镍相近的钴和铜可大量置换镍原子。Ni_3Al 的点阵常数随溶入不同元素而变化，点阵常数在 $0.356\sim0.360$ nm 范围内。电负性和原子半径与铝相近的元素可置换铝原子，如钛、铌、钨。原子半径较大的钛和铌溶入后，点阵常数增大，钛可置换 Ni_3Al 中 60% 的铝原子，铌可置换 40% 的铝原子，形成 Ni_3（Al，Ti，Nb）相。如此，γ' 相中 Al/Ti 和 Al/Nb 比值则对合金的持久强度有很大的影响。另外耐热合金中还出现富铌的亚稳相 γ'' 相，γ''-Ni_3（Nb，Ti，Al）具有体心立方点阵，也是一种强化相。

另一些元素如铁、铬、钼，其电负性与镍有一定差别，与镍的二元合金中形成有序固溶体 Ni_3Fe、Ni_3Cr、Ni_3Mo。它们既可置换镍，又可置换铝。而钒、锰、硅等与镍的电负性差较大，与铝接近，与镍形成有序固溶体 Ni_3V、Ni_3Mn、Ni_3Si，在 Ni_3Al 中置换铝。

A_3B 型化合物在超导材料领域中也有重要应用，例如 Nb_3Sn、V_3Ga、V_3Si、Nb_3Al、Nb_3Ga 和 Nb_3Ge 等化合物超导体。

5.5　合金元素对铁碳相图的影响

铁碳相图（铁碳合金状态图）是研究铁碳合金相变和对钢铁进行热处理工艺参数选择的依据，了解合金元素对铁碳相图的影响，是研究合金元素作用的重要基础。

5.5.1　对奥氏体相区的影响

前已述及，与铁形成固溶体的合金元素可以区分为奥氏体稳定元素和铁素体稳定元素两种。奥氏体稳定元素镍、锰、铜、氮等使铁碳相图 A_1、A_3 温度下降，A_4 温度上升，形成扩大奥氏体区的作用，如图 5-3 所示。当这些元素含量足够高（如锰质量分数超过 13%、镍质量分数超过 9%）时，A_3 温度将降至 0 ℃以下，钢在室温下为单相奥氏体组织，称为奥氏体钢。

铁素体稳定元素钛、钼、钨、铬、硅和磷等均使 A_1、A_3 温度升高，A_4 温度下降，形成缩小奥氏体区的作用，如图 5-4 所示。当这些元素含量足够高时，奥氏体相区消失，钢为单相铁素体组织，称为铁素体钢。

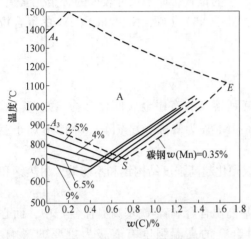

图 5-3　锰元素对奥氏体相区的影响

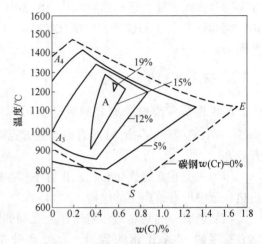

图 5-4　铬元素对奥氏体相区的影响

5.5.2　对共析点和共晶点的影响

从合金元素对奥氏体区的影响上可以看出它们对共析点高低的影响。图 5-5 给出了合金元素对共析温度影响的规律。

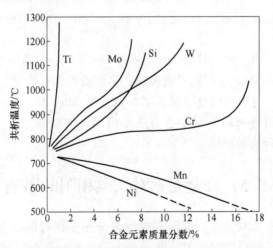

图 5-5　合金元素对共析温度的影响

在对共析点和共晶点碳含量的影响上，几乎所有合金元素都使共析点和共晶点左移，即这两点的碳含量下降。合金元素对共析点碳含量的影响如图 5-6 所示。

由于共析点左移，能使碳含量低于铁碳合金共析成分的合金钢出现过共析组织而析出碳化物。另外，在退火状态下，相同碳含量的合金钢组织中的珠光体量比碳钢多，从而使钢的强度和硬度提高。同样，由于共晶点的左移，使碳含量低于 2.11% 的合金钢中出现共晶组织，称为莱氏体钢，如高速钢 W18Cr4V（碳含量在 0.7%~0.8% 之间）。

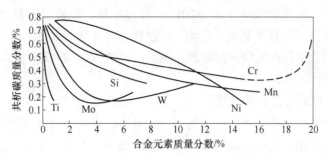

图 5-6　合金元素对共析点碳含量的影响

5.6　合金元素对钢性能的影响

5.6.1　对钢力学性能的影响

钢的力学性能取决于钢的显微组织，即基体和析出相的类型、相对量和分布状态，以及钢的冶金质量。本节仅讨论结构钢。

根据钢的基体，可将结构钢分为未硬化钢和淬火回火钢。

5.6.1.1　对未硬化钢的影响

未硬化钢一般经过退火，获得由铁素体和碳化物两相组成的显微组织。合金元素主要通过铁素体来影响未硬化钢的力学性能。合金元素的作用有：

（1）固溶强化作用。溶于铁素体的置换式溶质元素起着原子尺度的障碍作用。其固溶强化效应以磷、硅和锰最显著，镍、钼、钒、钨、铬较小。

（2）钉扎作用。碳、氮等间隙式溶质元素提高铁素体屈服强度，主要是碳、氮原子围绕在位错线偏聚，形成溶质气团（例如柯氏气团），起钉扎位错作用。

（3）脆化和韧化作用。多数合金元素降低铁素体的韧性，强烈增大铁素体脆化倾向的元素为磷、硅和氢；钨、钼、铝、钒的作用较小。磷和硅阻止铁素体在形变时的交滑移，更多依靠孪生进行形变，使形变难以顺利进行。另外，铁素体-珠光体组织的合金钢随温度升高，在 300 ℃ 左右韧性降低，出现蓝脆，主要是碳和氮间隙原子的形变时效造成的。提高铁素体韧性的元素有镍；锰在质量分数不大于 1.2%、铬在质量分数小于 2% 时也有这种作用，但超过此限度反而降低铁素体的韧性。这种有利韧性的作用，降低了钢的韧-脆转化温度，在低温下保持高的滑移系统，增加低温下形变时的交滑移。

5.6.1.2　对淬火回火钢的影响

淬火回火钢的力学性能与未硬化钢的显著不同，主要在于淬火回火钢中出现了铁碳平衡相图中没有的亚稳合金相——淬火马氏体，及其众多回火产物。

对淬火回火钢，其强度和硬度主要取决于钢中的碳含量。合金元素的主要作用，则是提高钢的淬透性，使得在更大截面上获得高强度和硬度。

合金元素对马氏体及其回火组织的韧性和塑性有显著影响。在相同的强度和硬度下，合金结构钢比碳素结构钢有更高的断面收缩率，而伸长率相当。对淬火回火钢的韧性有害的元素有磷、硫、硅、氢和氧等，升高钢的韧-脆转化温度。改善韧性、降低韧-脆转化温度的元素有镍和锰（质量分数小于 1.5% 时）。通过脱氧、脱硫和去氢改善韧性的元素有少量铝和稀土金属。若含有害杂质元素磷、锡、锑，含合金元素锰、铬、镍、硅的合金结构钢还可能会出现低温回火脆性和高温回火脆性。而这些钢加入钼、钛、稀土金属都可以改善淬火钢的高温回火脆性。

5.6.1.3　非金属夹杂物的危害

钢中的有害杂质元素磷、硫、氮、氧等，常常存在于非金属夹杂物中。

钢中的非金属夹杂物破坏了钢的金属基体的连续性，引起应力集中，促成裂纹提早形成。一般来讲，非金属夹杂物对钢的屈服强度和抗拉强度的影响较小，而对伸长率、断面收缩率等与断裂有关的各种性能有很大影响。特别是粗大的延伸很长的条带状塑性夹杂物和点链状沿轧向延伸的脆性夹杂物危害最大。如塑性硫化锰（MnS）、点链状刚玉（Al_2O_3）和尖晶石氧化物（$MgAl_2O_4$）等，对横向和 Z 向的塑性显著恶化。条带状塑性夹杂物降低了钢的冲击韧性。通过降低钢的硫含量，喷吹钙或加入稀土金属，作为变质剂，形成不变形的小颗粒硫化钙（CaS）、稀土硫化物（RE_2S_3）和硫氧化物（RE_2O_2S），改善横向和 Z 向塑性和韧性。

非金属夹杂物有时也可以发挥有益作用。例如可以用来改善未硬化钢的切削加工性，这些非金属夹杂物在热轧时沿轧向伸长，呈条状或纺锤状，破坏钢的连续性，减少切削时对刀具的磨耗，使金属切屑易于折断。

5.6.2　对钢耐腐蚀性能的影响

电化学腐蚀和高温氧化是钢受腐蚀的两种主要类型。

5.6.2.1　电化学腐蚀性能

钢在酸、碱、盐等电解质溶液中将发生电化学腐蚀，这种腐蚀是由于腐蚀微电池引起的。钢在这种电解质溶液中由于微观上化学成分、组织和应力的不均匀，导致微区间电极电位的差异，形成了阳极区和阴极区，构成微电池，它发生阳极过程和阴极过程，包括三个环节：

（1）阳极过程，铁变成离子进入溶液，同时留下电子在阳极；

（2）电子由阳极流到阴极；

（3）阴极过程，溶液中去极化剂吸收流来的电子，控制其中任一环节都可控制或抑制腐蚀。

铬是改善钢电化学腐蚀的基本合金元素。随着钢中铬含量增加，钢的腐蚀速度下降，在铬质量分数达到 10% ~ 12% 时，有一个跃变，此时钢在含氧的电解质溶液中生成致密的富铬氧化膜。这种保护膜很稳定，使阳极过程受到阻滞，钢表面达到钝化状态，此时钢具有不锈性。此类氧化膜又称作钝化膜。许多合金元素都能提高铬钢在多种介质中的钝化膜的稳定性和钢的钝化能力，如镍和钼在非氧化性酸（如稀硫酸）和有机酸（如醋酸）中，锰在有机酸中，硅在非氧化性酸中，少量元素铜、铂在非氧化性酸中的作用都是如此。

5.6.2.2　高温氧化性能

钢在干燥、高温的大气中将发生氧化，最表层为 Fe_2O_3，中间是 Fe_3O_4，这一过程由于在 570 ℃ 以上时钢的表面出现 FeO 而显著加剧。

钢中加入合金元素铬、铝、硅等可提高 FeO 出现的温度，而且能形成合金的氧化膜，氧化膜结构致密，铁离子和氧离子的扩散就困难，增高表面膜的化学稳定性。在铬、铝、硅含量较高时，钢可以在 800～1200 ℃ 温度范围内不出现 FeO。

铬、铝化学性比铁活泼，在高温下优先氧化，形成含这些元素占优势的氧化膜。含高铬或高铝的钢，其表面将形成致密的 Cr_2O_3 或 Al_2O_3 膜，有良好的保护作用。一般情况下，钢的表面形成致密的尖晶石类型氧化物 $FeO \cdot Cr_2O_3$ 或 $FeO \cdot Al_2O_3$ 膜。在抗温度剧变方面，含 Cr_2O_3 层比含 Al_2O_3 层要优越。硅作为抗氧化的合金元素，只能作辅加元素而不能作主加元素，钢中含硅的氧化膜主要由铁的硅酸盐 Fe_2SiO_4 所组成。

合金元素对钢氧化速度的影响见图 5-7。

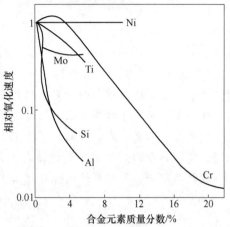

图 5-7　合金元素对钢氧化速度的影响

本 章 小 结

钢铁材料中的常见合金元素有二十几种，它们的存在形式一般有固溶体和化合物两种类型。通常情况下，钢铁中合金元素的含量都不大，但它们容易偏聚于位错、晶界等位置，造成不均匀。合金元素根据与铁的相互作用，可以分为奥氏体稳定元素和铁素体稳定元素，根据与碳的相互作用，可以分为强碳化物形成元素、中强碳化物形成元素和弱碳化物形成元素，这造成它们对铁碳相图的影响也不同。钢铁中合金元素形成的化合物（碳/氮化物、金属间化合物等）一般都具有质硬性脆的特点，在钢铁中起到强化作用。合金元素对钢铁材料性能的影响复杂，是多种作用综合体现的结果。

复习思考题

5-1 合金元素发生偏聚的原因是什么？

5-2 分析合金元素在铁中的固溶度与二者晶格之间的关系。

5-3 钢铁中的碳/氮化物和金属间化合物在结构和性能上有何特点？

5-4 结合合金元素与铁和碳的关系，分析合金元素对铁碳相图的影响。

5-5 为改善钢的耐蚀性，需从哪些方面考虑，主要选用什么种类合金元素？

6　金属材料的热处理

【本章学习要点】 本章主要介绍了金属材料的热处理原理与工艺方面的内容，以钢铁材料为主。热处理原理部分主要包括钢在加热时的组织转变，冷却时发生的珠光体转变、马氏体转变、贝氏体转变以及回火转变等；热处理工艺方面，主要介绍钢的典型热处理工艺，即退火、正火、淬火和回火。要求掌握钢加热与冷却时组织转变的基本规律，熟悉其原理，掌握典型的热处理工艺方法与应用。熟悉常用钢的表面热处理方法，如渗碳、氮化、碳氮共渗等，了解新近的热处理工艺方法及特点。

改善钢材的性能有两个主要途径：一是加入合金元素，调整钢的化学成分，即合金化；二是通过钢的热处理，调整钢的内部组织。

所谓钢的热处理，就是通过加热、保温和冷却，使钢材内部的组织结构发生变化，从而获得所需性能的一种工艺方法。

在工业生产中，热处理的主要目的有两个：（1）消除上道工序带来的缺陷，改善金属的加工工艺性，确保后续加工的顺利进行，例如降低钢材硬度的软化处理（退火）；（2）提高零件或工具的使用性能，例如提高各类切削工具硬度的硬化处理（淬火）和提高零件综合力学性能的调质处理等。

在对金属材料从毛坯到零件的整个加工工艺过程中，铸造、锻压、焊接及切削加工等工艺环节，主要是为了赋予零件一定的外形和尺寸，而热处理是在不改变形状和尺寸的前提下，充分发挥钢材的性能潜力，保证零件的内在质量，提高零件的使用性能和延长零件的使用寿命。因此，热处理是一种强化金属材料的重要工艺手段，是产品质量的保障措施，在机械制造业中占有十分重要的地位。

并非所有的金属材料都能进行热处理。在固态下能够发生组织转变，是热处理的一个必要条件。由 $Fe-Fe_3C$ 相图可知，钢铁材料具备这个条件，可以通过热处理来改变钢铁的性能。铸铁和钢组织转变的基本规律是相同的，钢的各种热处理方法大多都能用于铸铁，但因铸铁中的石墨对其性能起着决定性作用，而热处理并不能改变石墨的性能，所以对普通灰铸铁一般情况下不进行热处理。

根据热处理加热和冷却方式的不同，可分为普通热处理和表面热处理。普通热处理主要包括退火、正火、淬火、回火等，表面热处理是针对表面进行的强化，如表面淬火和化学热处理等。近年来，许多先进热处理工艺方法亦层出不穷，如真空热处理、可控气氛热处理等。

钢的热处理方法虽然很多，但都需要经过加热与冷却的过程。为了掌握各种热处理方法的特点和作用，就必须研究钢在受热和冷却过程中组织和性能的变化规律。

6.1 钢在加热时的组织转变

钢加热温度在 A_1 温度（临界点）以下时组织结构不发生显著变化。共析钢加热到临界点以上时原始的平衡组织（珠光体）将全部转变为奥氏体，而亚/过共析钢除得到奥氏体外，还有剩余相（铁素体或渗碳体），但随温度升高剩余相逐渐减少，以致全部平衡组织转变为奥氏体。本节将着重讲述这种超过临界点的加热。这种加热获得奥氏体的过程称为"奥氏体化"。

钢获得奥氏体后，以不同的冷却方式冷却，可获得不同的组织及性能。因此，钢热处理后组织、性能虽然取决于冷却途径方式，但是奥氏体的成分、均匀性、晶粒大小、残留过剩相的数量、分布对随后冷却过程、冷却产物都有直接影响。因而了解钢在加热时奥氏体的形成机理等有关问题具有理论及实际意义。

无特别说明，本节一般以共析钢为例讲解，其原始组织为平衡组织珠光体。

6.1.1 奥氏体形成的热力学条件

钢在加热时所发生的转变，和其他相变一样，取决于热力学条件，奥氏体和珠光体自由能随温度变化斜率不同，相交于 727 ℃（图6-1）。二者之差 ΔG_V 即是相变的驱动力，这是相变的必要条件，但不是充分条件。为形成新相增加表面能、应变能，只有 ΔG_V 足以补偿形成新相所需要的能量消耗时，转变方可进行。727 ℃时两相处于平衡状态，只有超过 A_1 一定温度，转变方可进行，$\Delta T = T - A_1$ 称为过热度。即超过 A_1 后随温度提高（时间延长），珠光体向奥氏体的转变将自发进行。同样，奥氏体在冷却过程中，在低于临界点的某一温度（过冷）将自发转变为珠光体。

加热（冷却）速度越大，过热（过冷）程度也越大，这就使加热和冷却时发生转变的温度（即临界点）不在同一温度。通常给加热时的临界点加字母 c 如 A_{c_1}、A_{c_3}、$A_{c_{cm}}$ 等；而给冷却时的临界点加字母 r 如 A_{r_1}、A_{r_3}、$A_{r_{cm}}$ 等。图6-2示意出当加热速度和冷却速度

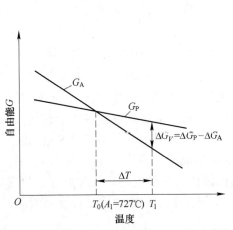

图6-1 珠光体（P）和奥氏体（A）自由能与温度的关系示意图

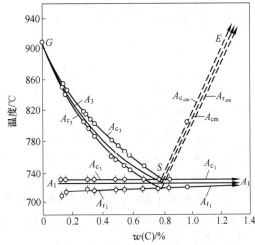

图6-2 加热速度和冷却速度均为 0.125 ℃/min 时 Fe-Fe₃C 相图中的临界点

均为 0.125 ℃/min 时的临界点。

6.1.2 奥氏体的组织结构性能

利用高温金相显微镜可在高温下直接观察钢奥氏体金相形态。奥氏体是均匀多边形晶粒，晶界比较平直，某些晶粒内可看到相变孪晶线（图6-3）。

奥氏体是碳溶于 γ-Fe 中的固溶体，X 射线衍射分析表明，C 位于 γ-Fe 八面体中心空隙处，即面心立方点阵晶胞的中心或棱边的中点（图6-4）。γ-Fe 的点阵常数为 0.364 nm，其八面体间隙半径为 0.052 nm，与 C 原子半径（0.077 nm）比较接近。因此，当空隙周围的 Fe 原子因某种原因偏离平衡位置而使空隙"扩大"时，C 原子将进入空隙而形成间隙式固溶体。C 原子进入空隙后，引起点阵畸变，点阵常数增大。溶入的碳越多，点阵常数越大（图6-5）。在钢的多种组织中奥氏体的比容最小，因此冷却转

图6-3　奥氏体的金相组织

变时要发生尺寸变化（膨胀）。因而利用这一尺寸突变性质使用"膨胀仪"可测定奥氏体转变情况。

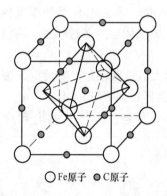

○Fe原子　●C原子

图6-4　C 在 γ-Fe 中可能的间隙位置

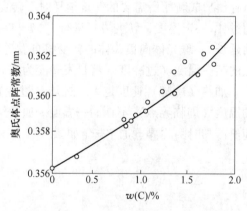

图6-5　奥氏体点阵常数和碳含量的关系

实际上，碳在奥氏体中的最大溶解度为 $w(C) = 2.11\%$（1148 ℃），而不是按所有的八面体空隙均被填满时计算所得的 17.7%。按最大溶解度计算，大约 2.5 个 γ-Fe 晶胞中才有一个 C 原子。碳原子在奥氏体中的分布是不均匀的，微观区域存在浓度起伏。用统计理论计算表明，在 $w(C) = 0.85\%$ 的奥氏体中可能存在着比其平均浓度高 8 倍的区域。

合金钢中的奥氏体是 C 及合金元素溶于 γ-Fe 中形成的固溶体。Mn、Si、Cr、Ni、Co 等合金元素溶入 γ-Fe 后将取代 Fe 原子形成置换固溶体，引起点阵畸变和点阵常数变化。所以合金奥氏体的点阵常数除与碳含量有关外，还与合金元素的含量及合金元素原子和 Fe 原子的半径差等因素有关。

Fe-C 合金的奥氏体在 727 ℃ 以下是不稳定相。但在 Fe-C 合金中加入足够数量的能扩

大 A 相区的合金元素后，可使奥氏体在室温甚至室温以下成为稳定相。能在室温下以呈奥氏体状态使用的钢称为奥氏体钢。奥氏体呈顺磁性，故奥氏体钢可以用作无磁钢。

奥氏体比容小可以说明铁原子的结合力大，因而铁原子扩散激活能大，导热性差，所以奥氏体钢加热时不采用过大加热速度。奥氏体与珠光体相比滑移系多，塑性好，强度低，容易塑性加工。所以铸、轧都要加热到高温奥氏体区。

6.1.3　奥氏体形成机理

若共析钢的原始组织为片状珠光体，当加热至 A_{c_1} 以上温度时，珠光体转变为奥氏体，即：

$$F + Fe_3C \xrightarrow{A_{c_1}以上} A$$
$$w(C)：0.0218\% \quad 6.69\% \quad 0.77\%$$
$$体心立方 \quad 复杂斜方 \quad 面心立方$$

铁素体为体心立方点阵，渗碳体为复杂斜方点阵，奥氏体为面心立方点阵，三者点阵结构相差很大，且碳含量也不一样。因此，奥氏体的形成是由点阵结构和碳含量不同的两个相转变为另一种点阵及碳含量的新相的过程，其中包括碳通过扩散的重新分布和 F→A 的点阵重构。转变的全过程可分为四个阶段：奥氏体的形核、奥氏体晶核的长大、渗碳体的溶解和奥氏体成分的均匀化（图6-6）。

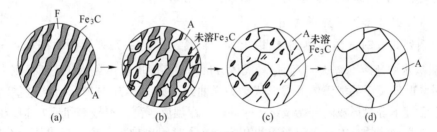

图6-6　共析钢的奥氏体化过程示意图

(a) 奥氏体形核；(b) 奥氏体长大；(c) 剩余 Fe_3C 溶解；(d) 奥氏体均匀化

（1）奥氏体的形核：将钢加热到 Ac_1 以上某一温度保温时，珠光体处于不稳定状态，通常首先在铁素体和渗碳体相界面上形成奥氏体晶核，这是由于铁素体和渗碳体相界面上碳浓度分布不均匀，原子排列不规则，易于产生浓度起伏和结构起伏区，为奥氏体形核创造了有利条件。珠光体团边界也可成为奥氏体的形核部位。在快速加热时，由于过热度大，也可以在铁素体亚晶边界上形核。

（2）奥氏体晶核的长大：奥氏体晶核形成后，它一面与铁素体相接，一面和渗碳体相接，并在浓度上建立起平衡关系。由于和渗碳体相接的界面碳浓度高，而和铁素体相接的界面碳浓度低，这就使得奥氏体晶粒内部存在碳的浓度梯度，从而引起碳不断从渗碳体界面通过奥氏体晶粒向低碳浓度的铁素体界面扩散。为了维持原来相界面碳浓度的平衡关系，奥氏体晶粒不断向铁素体和渗碳体两边长大，直至铁素体全部转变为奥氏体为止。

（3）渗碳体的溶解：铁素体消失后，继续保温或继续加热时，随着碳在奥氏体中继续扩散，剩余渗碳体不断向奥氏体中溶解。

（4）奥氏体成分的均匀化：当渗碳体刚刚全部溶入奥氏体后，奥氏体内碳浓度仍是不均匀的，原来是渗碳体的地方碳浓度较高，而原来是铁素体的地方碳浓度较低，只有经长时间的保温或继续加热，让碳原子进行充分的扩散才能获得成分均匀的奥氏体。

6.1.4　奥氏体等温形成动力学

为了能控制奥氏体化状态，必须了解奥氏体的形成速度，即奥氏体量与时间的关系。奥氏体形成是通过形核、长大实现的，因此形成速度取决于形核速度和长大速度。表 6-1 所示为温度对奥氏体形核率、线生长速度以及转变时间的影响。由表可见，当转变温度升高时，形核率将迅速增大。这是因为随转变温度升高，原子扩散能力增加，相变驱动力增大而使临界形核功减小以及奥氏体形核所需要的碳含量起伏减小所致。因此，提高加热速度，使奥氏体形成温度升高，即可使奥氏体形核率急剧增大，这有利于形成细小的奥氏体晶粒。

表 6-1　奥氏体形核率和线生长速度与温度的关系

转变温度/℃	形核率/(mm³·s⁻¹)	线生长速度/(mm·s⁻¹)	转变完成一半所需要的时间/s
740	2280	0.0005	100
760	11000	0.010	9
780	51500	0.026	3
800	616000	0.041	1

6.1.4.1　奥氏体等温形成动力学曲线与等温形成图

A　共析钢奥氏体等温形成图

取一系列共析钢试样加热到 A_{c_1} 以上某一温度，保持一系列不同时间如 1 s、10 s、40 s，然后盐水中急冷（淬火）。测量马氏体数量即得高温奥氏体数量，从而得到表示奥氏体形成量与时间关系的奥氏体等温形成动力学曲线，如图 6-7(a) 所示。从这些曲线可以得出各个温度下等温形成的开始及终了时间。等温温度越高，形核率和长大速度越大，等温形成动力学曲线越靠左，等温形成的开始及终了时间也越短，这一规律从表 6-1 中也可得到。

将所得的奥氏体等温形成开始及终了时间综合绘制在转变温度与时间坐标系上，即可得到奥氏体等温形成图，如图 6-7(b) 所示。通常，将奥氏体开始形成以前的一段时间称作奥氏体形成的孕育期。图 6-7(b) 中的转变终了曲线对应于铁素体全部消失的时间，此后，还需经过一段时间才能使残留渗碳体全部溶解和奥氏体成分完全均匀化。在整个奥氏体形成过程中，残留渗碳体的溶解以及奥氏体成分的均匀化所需的时间都很长。

B　亚共析钢和过共析钢的奥氏体等温形成图

对于亚共析钢或过共析钢，当珠光体全部转变为奥氏体后，还有铁素体或渗碳体的继续转变。这也需要通过 C 原子在奥氏体中的扩散及奥氏体与剩余相之间的相界推移来进行。也可以把铁素体转变终了曲线或渗碳体溶解终了曲线画在奥氏体等温形成图上（图 6-8）。与共析钢相比，过共析钢的碳化物溶解和奥氏体成分均匀化所需的时间要长得多。

6.1.4.2　影响奥氏体形成速度的因素

影响奥氏体形核率和线生长速度的因素都会影响奥氏体的形成速度，如加热温度、钢的原始组织和化学成分等。研究这些因素的影响，对于制定热处理工艺，尤其是选择加热

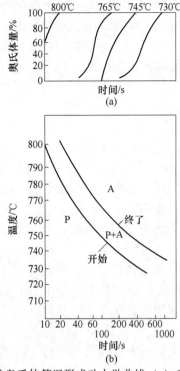

图 6-7　共析钢的奥氏体等温形成动力学曲线（a）和等温形成图（b）

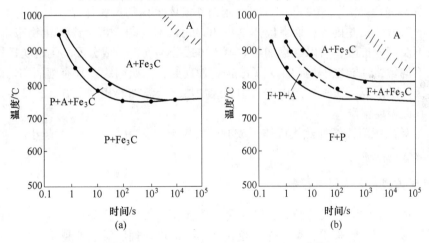

图 6-8　过共析钢（a）和亚共析钢（b）的奥氏体等温形成图

工艺规范具有很重要的实践意义。

（1）加热温度：随加热温度的提高，碳原子扩散速度增大，奥氏体化速度加快。

（2）加热速度：在实际热处理条件下，加热速度越快，过热度越大，发生转变的温度就越高，转变所需的时间就越短。

（3）钢中碳质量分数：碳质量分数增加时，渗碳体量增多，铁素体和渗碳体的相界面增大，因而奥氏体的核心增多，转变速度加快。

（4）合金元素：钴、镍等增大碳在奥氏体中的扩散速度，因而加快奥氏体化过程；铬、钼、钒等与碳形成较难溶解的碳化物，显著降低碳的扩散能力，所以减慢奥氏体化过程；

硅、铝、锰等对碳的扩散速度影响不大，不影响奥氏体化过程。由于合金元素的扩散速度比碳的扩散速度慢得多，所以合金钢的热处理加热温度一般都高一些，保温时间更长一些。

（5）原始组织：原始组织中渗碳体为片状时奥氏体形成速度快，因为它的相界面积较大。渗碳体间距越小，相界面越大，同时奥氏体晶粒中碳浓度梯度也大，所以长大速度更快。

6.1.5　连续加热时奥氏体的形成

生产实际中奥氏体往往是在连续加热过程中形成的。这是因为在生产条件下，加热速度比较快，奥氏体形成过程开始后，由于工件能够吸收到的热量超过转变所需的热量，所以温度仍继续升高。连续加热过程中奥氏体的形成过程可以看作许多个等温过程的叠加。因此，连续加热过程中奥氏体的形成过程与奥氏体等温形成过程基本一样，也经过形核、长大、剩余碳化物溶解、奥氏体均匀化四个阶段，但与等温形成过程相比，有以下几个特点：

（1）奥氏体形成不是在一个恒定的温度下，而是在一个温度范围内形成，加热速度越大，奥氏体形成温度越高，形成温度范围越宽，用的时间越短。

（2）连续加热时，随着加热速度的提高，A_{c_1} 提高，但当加热速度达到一定程度后相变温度不再增高。

（3）快速加热，形核率增大，长大速度增加，转变时间较短，奥氏体晶粒来不及长大，若立即淬火可以获得超细晶粒。

（4）加热速度增大，相变移向高温，则与铁素体平衡的奥氏体碳含量及与 Fe_3C 平衡的奥氏体的碳含量相差更远，而奥氏体本身的碳元素不均匀。再考虑碳化物来不及溶解，碳元素来不及充分扩散，所以连续加热时奥氏体成分不均匀。成分不均匀的奥氏体，冷却后组织也不均匀，性能也不均匀。为了减轻这种现象，原始组织要求有细而均匀的碳化物以利于奥氏体的形成。实际生产中多采用连续加热、等温加热相结合方式，即迅速加热到某温度，在此温度保温。

（5）原始组织对连续加热奥氏体形成有较大影响。原始组织分散度越小，越不均匀，奥氏体形成移向高温。

6.1.6　奥氏体晶粒长大及其控制

钢在加热后形成的奥氏体组织，特别是奥氏体晶粒大小对冷却转变后钢的组织和性能有着重要的影响。一般来说，奥氏体晶粒越细小，钢热处理后的强度越高，塑性越好，冲击韧度越高。因此，获得细小的晶粒是热处理过程中始终要注意的问题。

6.1.6.1　奥氏体晶粒度

为了衡量说明奥氏体晶粒尺寸的大小，一般采用奥氏体晶粒度来表征。实际生产中通常使用晶粒度级别数 G 来表示金属材料的平均晶粒度（GB/T 6394—2017）。晶粒度级别数 G 常用与标准系列评级图进行比较的方法确定。它与晶粒尺寸有如下关系：

$$N_{100} = 2^{G-1} \tag{6-1}$$

式中，N_{100} 表示在 100 倍下每平方英寸（645.16 mm^2）面积内观察到的晶粒个数。晶粒度级别数 G 越大，单位面积内晶粒数越多，则晶粒尺寸越小。$G<5$ 级为粗晶粒，$G \geqslant 5$ 级为细晶粒。晶粒度级别还可以定为半级，例如 0.5 级、3.5 级、8.5 级等。

在测定钢的奥氏体晶粒度之前，为了准确显示晶粒的特征，需对奥氏体晶粒度的形成和显示方法做出规定。通常采用标准试验方法，例如，对于 $w(C) = 0.35\% \sim 0.60\%$ 的碳钢与合金钢，将试样加热到 (860 ± 10) ℃，保温 1 h 后淬入冷水或盐水中，然后测定奥氏体晶粒度。

6.1.6.2　影响奥氏体晶粒大小的因素

由于奥氏体晶粒大小对钢件热处理后的组织和性能影响极大，因此必须了解影响奥氏体晶粒长大的因素，以寻求控制奥氏体晶粒大小的方法。奥氏体晶粒形成以后，其大小主要取决于升温或保温过程中奥氏体晶粒长大过程，这个过程可视为晶界的迁移过程，其实质就是原子在晶界附近的扩散过程。因此，凡是影响晶界原子扩散的因素都会影响奥氏体晶粒长大。

（1）加热温度和保温时间的影响：由于奥氏体晶粒长大与原子扩散有密切关系，因此加热温度越高，保温时间越长，则奥氏体晶粒越粗大。加热温度对奥氏体晶粒长大起主要作用，因此生产上必须严加控制，防止加热温度过高，以避免奥氏体晶粒粗化。通常要根据钢的临界点、工件尺寸及装炉量确定加热规程。

（2）加热速度的影响：加热温度相同时，加热速度越快，过热度越大，奥氏体的实际形成温度越高，形核率的增加速度大于长大速度，使奥氏体晶粒细小。生产上常采用快速加热短时保温工艺来获得超细化晶粒。

（3）钢的化学成分的影响：在一定的碳含量范围内，随着奥氏体中碳含量的增加，碳在奥氏体中扩散速度及铁的自扩散速度增大，晶粒长大倾向增加。用铝脱氧或在钢中加入适量的 Ti、V、Zr、Nb 等强碳化物形成元素时，能形成高熔点的弥散碳化物和氮化物，可以得到细小的奥氏体晶粒。Mn、P、C、N 等元素溶入奥氏体后削弱了铁原子结合力，加速了铁原子的扩散，因而促进了奥氏体晶粒的长大。

6.1.6.3　晶粒度控制措施

奥氏体晶粒度的影响因素很多，如加热温度、保温时间、加热速度、钢的成分、钢的原始组织等。

要严格控制加热温度和保温时间，当加热温度确定后，加热速度越快，奥氏体晶粒越细小。因此，采用高温快速短时间的加热工艺是生产中常用的热处理加热方法。

另外，要合理选材：采用加入一定量合金元素的钢，因为合金元素能不同程度地阻止奥氏体晶粒长大；采用原始组织较细的钢，因为原始晶粒越细，热处理加热后的奥氏体晶粒越细小。

6.2　钢在冷却时的转变

6.2.1　过冷奥氏体转变概述

钢加热到高温获得奥氏体，必然要进行冷却，以获得所需的性能。热处理的技术关键在于冷却工艺。冷却方式与冷却条件不同，钢的组织不同，导致性能不同。反过来说，亦可根据性能需要选择冷却方式。

生产中，常用的冷却方式有两种（图6-9）：一种是等温冷却（等温转变），即在 A_1 以下某温度，保温直至转变完成；另一种是连续冷却（连续转变），即以某种速度连续冷却到室温。

由于等温温度（或冷却速度）不同，其转变类型及性能差别明显，如表6-2所示的 Fe-0.8%C（T8，共析钢）奥氏体化后经不同工艺处理后的硬度。

通常，等温温度越低（冷却速度越大），强度、硬度升高，相对应塑、韧性下降，意味着发生了不同类型相变。大致可以分为珠光体转变、贝氏体转变和马氏体转变。对共析钢而言，珠光体转变温度在 $A_1 \sim 550\ ℃$ 之间，贝氏体转变温度在 $550 \sim 230\ ℃$ 之间，马氏体转变温度在 $230\ ℃$ 以下。

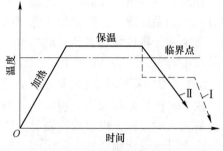

图 6-9　奥氏体的两种冷却方式
Ⅰ—等温冷却；Ⅱ—连续冷却

铸、锻、焊也经历从奥氏体状态冷却到室温过程，即也要发生固态相变，因此也遵循此相变规律，发生相应的珠光体、贝氏体或马氏体转变。

研究奥氏体在冷却时的组织转变，也按两种冷却方式来进行。在等温冷却条件下研究奥氏体的转变过程，绘出等温冷却转变曲线图；在连续冷却条件下研究奥氏体的转变过程，绘出连续冷却转变曲线图。它们都是选择和制订热处理工艺的重要依据。

表 6-2　Fe-0.8%C（T8，共析钢）奥氏体化后经不同工艺处理后的硬度

工艺	硬度 HRC	工艺	硬度 HRC
700 ℃等温冷却	15	连续炉冷（10 ℃/min）	12
500 ℃等温冷却	42	空气冷（10 ℃/s）	26
220 ℃等温冷却	64	油冷（150 ℃/s）	41
（$M_s = 230\ ℃$）		水冷（600 ℃/s）	64

6.2.1.1　过冷奥氏体等温转变曲线

A　等温转变曲线的建立

奥氏体在临界温度以上时是一种稳定的相，能够长期存在而不发生组织转变，如果从高温缓慢冷却下来，它将在 727 ℃ 以下转变为珠光体，这就意味着在 727 ℃ 以下，奥氏体是不稳定的相，必将转变成其他的组织。但如果冷速较快，使之来不及转变，它也可以在低于 727 ℃ 的温度下暂时存在，经过一段时间后才转变为新的组织，这种处于临界温度之下暂时存在的奥氏体，称为过冷奥氏体。

以共析钢为例，将奥氏体化后的试样迅速冷却到临界点之下某一温度进行保温，使奥氏体在等温条件下发生相变。过冷奥氏体在等温转变过程中，必将引起金属内部的一系列变化，如相变潜热的释放，比容、磁性及组织结构的改变等，人们可以通过热分析、膨胀分析、磁性分析和金相分析等方法，测出在不同温度下过冷奥氏体发生相变的开始时刻和终了时刻，并把它们标在温度-时间坐标系上，然后将所有转变开始点和转变终了点分别连接起来，便得到该钢种的过冷奥氏体等温转变曲线。图 6-10 是共析钢的等温转变曲线测定的示意图，由于曲线的形状很像英文字母"C"，故称为 C 曲线。过冷奥氏体在不同温度下等温转变经历的时间相差很大，故 C 曲线的横坐标采用对数坐标，用来表示时间。C 曲线描述了转变量与温度、时间的关系，亦称为 TTT 图。

B　C曲线相区分析与等温转变产物

图6-11所示为共析钢的C曲线，其中：A_1线是奥氏体向珠光体转变的临界温度线；左边一条"C"形曲线为过冷奥氏体转变开始线；右边一条"C"形曲线为过冷奥氏体转变终了线。M_s线和M_f线分别是过冷奥氏体向马氏体转变的开始线和终了线。马氏体转变不是等温转变，只有在连续冷却条件下才可能获得马氏体。

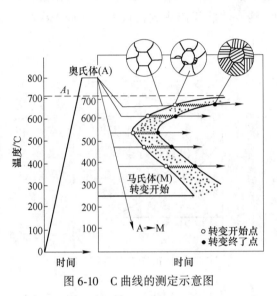

图6-10　C曲线的测定示意图　　　　图6-11　共析钢的C曲线

A_1线以上是奥氏体稳定区；A_1线以下、M_s线以上，过冷奥氏体转变开始线以左，是过冷奥氏体区；过冷奥氏体转变开始线和终了线之间是过冷奥氏体和转变产物的共存区；过冷奥氏体转变终了线以右，是转变产物区；M_s线以下至M_f线，是马氏体与残余奥氏体（A_R）共存区；M_f线以下，是全马氏体区。

过冷奥氏体在各个温度等温转变时，都要经过一段孕育期，用从纵坐标到转变开始线之间的距离来表示。孕育期的长短反映了过冷奥氏体稳定性的不同，在不同的等温温度下，孕育期的长短是不同的。在A_1线以下，随着过冷度的增大，孕育期逐渐变短。对共析钢来说，大约在550 ℃时，孕育期最短，说明在这个温度下等温，奥氏体最不稳定，最易发生珠光体转变，此处被称为C曲线的"鼻子"。在此温度下，随着等温温度的降低，孕育期又逐渐增大，即过冷奥氏体的稳定性又逐渐增大，等温转变速度变慢。

共析钢的过冷奥氏体在三个不同的温度区间，可以发生三种不同的转变：在A_1线至C曲线鼻尖区间的高温转变，其转变产物是珠光体（P），故又称为珠光体型转变（包括珠光体P、索氏体S和屈氏体T）；在C曲线鼻尖至M_f线区间的中温转变，其转变产物是贝氏体（B），故又称为贝氏体型转变（包括上贝氏体$B_上$和下贝氏体$B_下$）；在M_s线以下的转变，称为低温转变，其转变产物是马氏体（M），故又称为马氏体型转变。

通过C曲线，可知在不同的冷却条件下会获得不同的组织，后文讨论各种组织的转变特点及不同组织对钢材性能的影响。

C　影响过冷奥氏体等温转变的因素

C曲线的形状是多种多样的，这是由于各种合金元素对过冷奥氏体的三种冷却转变温度范围及转变速度具有不同影响的结果。

（1）碳的影响：随着奥氏体中溶碳量的提高，奥氏体的稳定性增加，使 C 曲线右移，奥氏体的转变孕育期增长、转变速度减慢。奥氏体中的碳含量不等于钢中的碳含量，过共析钢在 A_1 线至 A_{cm} 线对应温度之间加热时，钢中碳含量增加，奥氏体的碳含量不一定增加，而是表现为未溶渗碳体量增加。这种未溶渗碳体能作为冷却转变的晶核，促使奥氏体分解，使 C 曲线左移。所以在一般热处理条件下，共析钢的过冷奥氏体最稳定。

对于亚共析钢和过共析钢，它们的 C 曲线上部，各有一条先析相的开始析出线，如图 6-12 所示。过冷奥氏体冷却至 A_{r_3} 线（或 $A_{r_{cm}}$ 线）时将析出先共析铁素体（或二次渗碳体）。

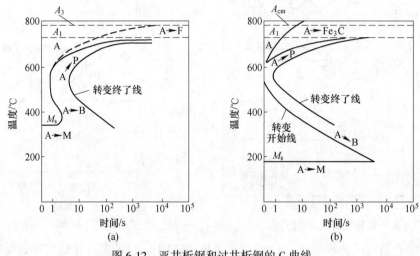

图 6-12   亚共析钢和过共析钢的 C 曲线

(a) 45 钢；(b) T10 钢

（2）合金元素的影响：除 Co 以外，几乎所有溶入奥氏体中的合金元素，都能增加过冷奥氏体的稳定性，使 C 曲线右移。当奥氏体中溶有较多碳化物形成元素（如 Cr、W、V、Ti 等）时，不仅会使 C 曲线右移，而且会使 C 曲线形状发生变化，甚至曲线从鼻尖处（约为 550 ℃）分开，形成上、下两条 C 曲线，如图 6-13 所示。图 6-13(b) 中，上部曲线为珠光体转变区，下部曲线为贝氏体转变区，在二者之间出现一个奥氏体稳定地带。若合金元素未溶入奥氏体中，而以碳化物的形式存在，将使过冷奥氏体的稳定性降低。

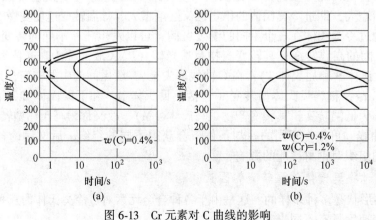

图 6-13   Cr 元素对 C 曲线的影响

(a) 不含 Cr 的碳钢；(b) $w(Cr) = 1.2\%$ 的钢

（3）温度和时间的影响：提高奥氏体化温度或延长保温时间，能够促使奥氏体均匀化和促使奥氏体晶粒长大，使晶界面积减少，不利于奥氏体分解，使过冷奥氏体的稳定性增加，C曲线右移。

6.2.1.2 过冷奥氏体连续冷却转变曲线

A 连续冷却转变曲线的建立

等温转变图反映的是过冷奥氏体的等温转变规律，可以直接用来指导等温热处理工艺的制定。但是，实际热处理常常是在连续冷却条件下进行的，如淬火、正火和退火等。连续冷却时，过冷奥氏体是在一个温度范围内进行转变的，几种转变往往重叠，得到的是不均匀的混合组织。过冷奥氏体连续冷却转变曲线——CCT曲线，是分析连续冷却过程中奥氏体的转变过程以及转变产物的组织和性能的依据。

通常，综合应用膨胀法、金相法和热分析法来测定过冷奥氏体连续冷却转变曲线。但是，由于连续冷却转变过程比较复杂以及测试上的困难，到目前为止仍有许多钢的CCT图有待进一步精确测定。

B 过冷奥氏体连续冷却转变分析

许多钢种的等温转变曲线及部分钢种的连续冷却转变曲线可在相关的手册中查出。通过比较可知，两种曲线在进行定量分析时有所差别，但在进行定性分析时由等温转变曲线得出的规律，基本上适用于连续冷却转变。下面，以共析钢的等温转变曲线定性地分析在连续冷却条件下的组织转变情况。

C曲线的坐标轴是温度和时间，而冷却速度表达的也是温度随时间的变化关系（即单位时间内温度下降的程度），所以任意一种冷却速度均可以在图中表示出来，如图6-14所示。

当以较慢的冷速 v_1 连续冷却时，相当于热处理时的随炉冷却（约10℃/min，即退火处理），冷却速度曲线与C曲线的转变开始线及终了线相交于上部，可以判断转变产物为珠光体（P）。冷速 v_2 相当于在空气中冷却（约10℃/s，即正火处理），v_2 线与C曲线相交于稍低的温度，从图中

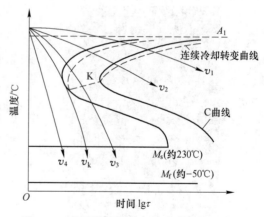

图6-14 共析钢连续冷却转变曲线与C曲线

可判断出转变产物是索氏体。冷速 v_3 相当于在油中冷却（约150℃/s，即油中淬火处理），v_3 线与转变开始线相交，但并未与转变终了线相交，可以判断有一部分奥氏体来不及转变就被过冷到 M_s 线以下并转变为马氏体。由此可见，以 v_3 速度冷却后可得到屈氏体和马氏体的混合组织（虽然 v_3 也穿过贝氏体区，但在共析钢连续冷却转变C曲线中没有贝氏体区，所以共析钢在连续冷却时不会得到贝氏体）。冷速 v_4 相当于在水中冷却（约600℃/s，即水中淬火处理），v_4 线不与C曲线相交，表明在此冷速下，过冷奥氏体来不及发生分解，便被过冷到 M_s 线之下，转变为马氏体。v_k 恰好与C曲线的转变开始线相切，是奥氏体不发生分解而全部过冷到 M_s 以下向马氏体转变的最小冷却速度，称为临界

冷却速度。显然，只要冷速大于v_k就能得到马氏体组织，保证钢的组织中没有珠光体。影响临界冷却速度的主要因素是钢的化学成分。碳钢的v_k大，合金钢的v_k小，这一特性对钢的热处理具有非常重要的意义。

6.2.2　珠光体转变

珠光体转变是铁碳合金的一种共析转变，发生在过冷奥氏体转变的高温区，故又称高温转变，属于扩散型相变。钢铁材料在退火、正火时，都要求发生珠光体转变。在淬火或等温淬火时，则力求避免发生珠光体转变。

铁碳合金经奥氏体化后，如以慢速冷却，具有共析成分的奥氏体将在略低于A_1的温度下通过共析转变分解为铁素体与渗碳体的双相组织。如冷速较快，奥氏体可以被过冷到A_1以下宽达200 ℃左右的高温区内发生珠光体转变，其产物为珠光体。

6.2.2.1　珠光体的组织形态

珠光体是由铁素体和渗碳体组成的双相组织。按渗碳体的形态，珠光体可分为片状珠光体和粒状珠光体。

A　片状珠光体

渗碳体为片状的珠光体，称为片状珠光体。片状珠光体由相间的铁素体和渗碳体片组成，如图6-15所示。若干大致平行的铁素体与渗碳体片组成一个珠光体领域，或称珠光体团。在一个奥氏体晶粒内，可以形成几个珠光体团（图6-16(a)）。

图6-15　共析钢中的片状珠光体

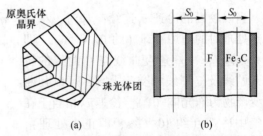

图6-16　片状珠光体的珠光体团和片间距示意图
(a) 珠光体团；(b) 珠光体片间距S_0

相邻两渗碳体（或铁素体）的平均距离称为珠光体片间距，用S_0表示（图6-16(b)）。片间距是用来衡量片状珠光体组织粗细程度的一个主要指标。片间距的大小主要取决于转变时的过冷度，过冷度越大，即转变温度越低，珠光体的片间距越小。这是因为转变温度越低，碳的扩散速度越慢，碳原子难以作较大距离的迁移，故只能形成片间距较小的珠光体；另外，珠光体形成时，由于新的铁素体与渗碳体界面的形成将使界面能增加，这部分界面能是由奥氏体与珠光体的自由能差提供的，过冷度越大，所能提供的自由能越大，能够增加的界面能也越多，故片间距有可能越小。

　　按照片间距的大小，生产实践中将片状珠光体分为珠光体（P）、索氏体（S）和屈氏体（T）。在光学显微镜下能明显分辨出片层组织的片状珠光体称为珠光体。若珠光体的形成温度较高，如在 $A_1 \sim 650\ ℃$，则片间距较大，为 $150 \sim 450\ nm$；若形成温度较低，如在 $600 \sim 650\ ℃$ 范围内，则珠光体的片间距小到 $80 \sim 150\ nm$，光学显微镜已难以分辨出片层形态，这种细片状珠光体被称为索氏体。若形成温度更低，如在 $550 \sim 600\ ℃$ 范围内，则片间距为 $30 \sim 80\ nm$，被称为屈氏体。只有在电子显微镜下，才能分辨出屈氏体组织中渗碳体与铁素体的片层形态。不同片间距的珠光体类型组织如图 6-17 所示。

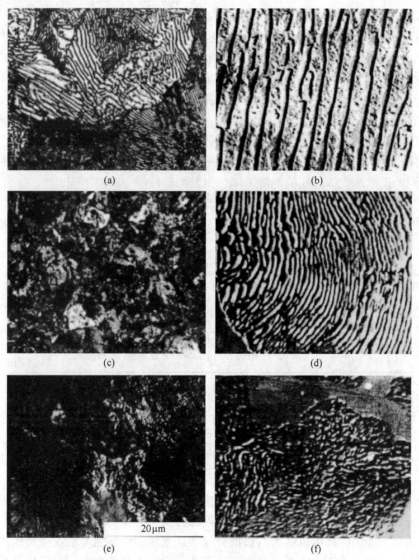

图 6-17　不同片间距的珠光体类型组织形貌

（a）珠光体光镜形貌；（b）珠光体电镜形貌；（c）索氏体光镜形貌；

（d）索氏体电镜形貌；（e）屈氏体电镜形貌；（f）屈氏体电镜形貌

B　粒状珠光体

在铁素体基体中分布着颗粒状渗碳体的组织称为粒状珠光体（图 6-18）或球状珠光

体。粒状珠光体一般是通过球化退火等一些特
定的热处理获得的。对于高碳钢中的粒状珠光
体，常按渗碳体颗粒的大小，将其分为粗粒状
珠光体、粒状珠光体、细粒状珠光体和点状珠
光体。渗碳体颗粒大小、形状及分布均与所用
的热处理工艺有关，渗碳体的多少则取决于钢
中的碳含量。

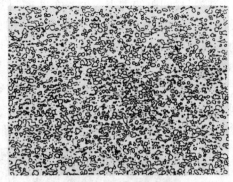

图6-18　共析钢中的粒状珠光体
（经球化退火处理）

6.2.2.2　珠光体的力学性能

珠光体转变的产物与钢的化学成分及热处
理工艺有关。共析钢珠光体转变产物为珠光体，
亚共析钢珠光体转变产物为先共析铁素体加珠
光体，过共析钢珠光体转变产物为先共析渗碳体加珠光体。同样化学成分的钢，由于热处
理工艺不同，转变产物既可以是片状珠光体，也可以是粒状珠光体；同样是片状珠光体，
而珠光体团的大小、珠光体片间距以及珠光体的成分也不相同。对同一成分的非共析钢，
由于热处理工艺不同，转变产物中先共析相所占的体积分数就不相同，珠光体中渗碳体的
量也不相同。既然珠光体转变的产物不同，则其力学性能也必然不同。

通常，珠光体的强度、硬度高于铁素体，而低于贝氏体、渗碳体和马氏体，塑性和韧
性则高于贝氏体、渗碳体和马氏体，见表6-3。因此，一般珠光体组织适合于切削加工或
冷成型加工。

表6-3　0.84C、0.29Mn 钢经不同温度等温处理后的组织和硬度

等温温度/℃	组织	硬度 HBW	等温温度/℃	组织	硬度 HBW
720~680	珠光体	170~250	550~400	上贝氏体	400~460
680~600	索氏体	250~320	400~240	下贝氏体	460~560
600~550	屈氏体	320~400	240~室温	马氏体	580~650（由58~62 HRC 换算而得）

A　片状珠光体的力学性能

片状珠光体的硬度一般在160~280 HBW 之间，抗拉强度在784~882 MPa 之间，伸长
率在20%~25%之间。片状珠光体的力学性能与珠光体的片间距、珠光体团的直径以及珠
光体中铁素体片的亚晶粒尺寸等有关。随着珠光体团直径以及片间距的减小，珠光体的强
度、硬度以及塑性均将升高。

珠光体的片间距主要取决于珠光体的形成温度，随形成温度降低而变小；而珠光体团
直径不仅与珠光体形成温度有关，还与奥氏体晶粒大小有关，随形成温度的降低以及奥氏
体晶粒的细化而变小。故可以认为共析成分片状珠光体的性能主要取决于奥氏体化温度以
及珠光体形成温度。由于在实际情况下，奥氏体化温度不可能太高，奥氏体晶粒不可能太
大，故珠光体团的直径变化也不会很大，而珠光体转变温度则有可能在较大范围内调整，
故片间距可以有较大的变动。因此，从生产角度来看，片间距对珠光体力学性能的影响就
更具有生产实际意义。

B　粒状珠光体的力学性能

经球化退火或调质处理，可以得到粒状珠光体。在成分相同的情况下，与片状珠光体

相比，粒状珠光体的强度、硬度稍低，但塑性较好。如 Fe-1.0%C 合金（T10 钢）片状珠光体硬度为 255~321 HB；粒状珠光体硬度不大于 197 HB。粒状珠光体的疲劳强度也比片状珠光体高。另外粒状珠光体的可切削性、冷挤压时的成型性好，加热淬火时的变形、开裂倾向小。所以，粒状珠光体常常是高碳工具钢在切削加工和淬火前要求预先得到的组织形态。碳钢和合金钢的冷挤压成型加工也要求具有粒状珠光体组织。GCr15 轴承钢在淬火前也要求具有细粒状珠光体组织，以保证轴承的疲劳寿命。

粒状珠光体的硬度、强度比片状珠光体稍低的原因是铁素体与渗碳体的界面比片状珠光体少。粒状珠光体塑性较好是因为铁素体呈连续分布，渗碳体呈颗粒状分散在铁素体基底上，对位错运动的阻碍较小。

粒状珠光体的性能还取决于碳化物颗粒的大小、形态与分布。一般来说，碳化物颗粒越细、形态越接近等轴、分布越均匀，韧性越好。

6.2.2.3 珠光体的转变机制

珠光体转变是由奥氏体分解为成分相差悬殊、晶格截然不同的铁素体和渗碳体两相混合组织的过程。转变时必须进行碳的重新分配与铁的晶格改组，这两个过程只有通过 C 原子和 Fe 原子的扩散才能完成，所以，珠光体转变是一种扩散型相变。

珠光体转变是以形核与晶核长大方式进行的。首先在奥氏体晶界处形成一个小的片状 Fe_3C 晶核，因为 Fe_3C 的碳含量高于奥氏体的碳含量，它在形成和长大中，必然要从周围奥氏体中吸收 C 原子，从而造成周围奥氏体局部贫碳，而铁素体碳含量低于奥氏体的碳含量，这将促使铁素体晶核在 Fe_3C 两侧形成，即形成珠光体晶核，并逐渐向奥氏体晶粒内部长大。铁素体片长大时又向周围奥氏体供给 C 原子，造成周围的奥氏体富碳，又促使渗碳体在其两侧形核与长大。如此不断地形核、长大，直到转变全部结束，如图 6-19 所示。

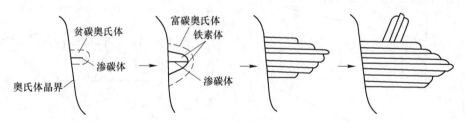

图 6-19 片状珠光体形成过程示意图

需要说明的是，在一般情况下，过冷奥氏体按照上面介绍的机制分解成渗碳体呈片状的珠光体类组织，但片状组织在 A_1 线附近的温度范围内保温足够长的时间（8~24 h），片状的渗碳体将球化，这时转变产物为球状珠光体，如图 6-18 所示。粒状珠光体的形成是由于在特定的热处理工艺条件下（如球化退火），奥氏体化温度低，加热保温时间短，所以加热转变不能充分进行，得到的组织为奥氏体和许多未溶的残留碳化物，或许多微小的碳的富集区。这时残留碳化物已经不是片状，而是断开的、趋于球状的颗粒状碳化物。当慢速冷却至 A_{c_1} 以下附近等温时，未溶解的残留粒状渗碳体便是现成的渗碳体核，此外，在富碳区也将形成渗碳体核。这样的核与在奥氏体晶界形成的核不同，可以向四周长大，长成粒状渗碳体。而在粒状渗碳体四周则出现低碳奥氏体，通过形核长大，协调地转变为铁素体，最终形成颗粒状渗碳体分布在铁素体基体中的粒状珠光体。如果加热前的原始组织为片状珠光体，则在加热过程中片状渗碳体也有可能自发地发生破裂和球化。

上面讨论的是珠光体的等温转变机制。连续冷却时发生的珠光体转变与等温中发生的基本相同，只是连续冷却时，珠光体是在不断降温的过程中形成的，故片间距不断减小。而等温转变所得片状珠光体的片间距基本一样，粒状珠光体中的碳化物的直径也大致相同。

6.2.3　马氏体转变

过冷奥氏体冷至 M_s 线以下便发生马氏体转变（共析钢的 M_s 线对应温度约为 230 ℃）。由于转变温度低，Fe 原子和 C 原子都不能扩散，奥氏体向马氏体转变时只发生 $\gamma\text{-Fe}\rightarrow\alpha\text{-Fe}$ 的晶格改组，所以这种转变属于非扩散型转变。马氏体中碳含量就是转变前奥氏体中的碳含量。由 Fe-Fe$_3$C 相图可知，α-Fe 最大溶碳能力只有 0.0218%（在 727 ℃时），因此，马氏体实质上是 C 在 α-Fe 中的过饱和固溶体。马氏体转变时，体积会发生膨胀，钢中碳含量越高，马氏体中过饱和的 C 也越多，奥氏体转变为马氏体时的体积膨胀也越大，这就是高碳钢淬火时容易变形和开裂的原因之一。

6.2.3.1　钢中马氏体的晶体结构

马氏体是 C 在 α-Fe 中的过饱和间隙式固溶体，具有体心立方点阵（碳含量极低的钢）或体心正方（淬火亚稳相）点阵。随碳含量提高，马氏体点阵常数 c 增大，a 减小，正方度 c/a 增大，见图 6-20。C 原子处于 Fe 原子组成的扁八面体间隙中心（图 6-21），此间隙在短轴方向的半径为 0.019 nm，碳原子半径为 0.077 nm，室温下 C 在 α-Fe 中的溶解度为 0.006%，但钢中马氏体的碳含量远远高于此值。C 原子溶入 α-Fe 后使体心立方变成体心正方，并造成 α-Fe 非对称畸变。

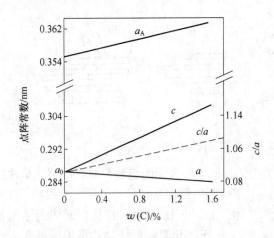

图 6-20　奥氏体和马氏体的点阵常数与碳含量的关系

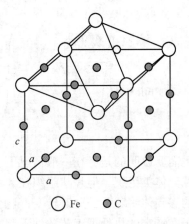

图 6-21　C 原子在马氏体点阵中的可能位置

6.2.3.2　马氏体相变特点

马氏体的转变过程也是一个形核长大的过程，但它有许多不同于珠光体的特点，了解这些特点和转变规律对指导生产实践具有重要意义。马氏体转变除了具有非扩散性外，主要还有以下几个特点。

A 切变共格性和表面浮凸现象

马氏体转变时，在预先磨光的试样表面上可以出现倾动，形成表面浮凸，这表明马氏体转变是通过奥氏体均匀切变进行的。奥氏体中已转变为马氏体的部分发生宏观切变而使点阵发生改组，且带动靠近界面的还未转变的奥氏体也随之发生弹塑性变形，如图 6-22 所示。若相变前在试样磨面上刻一直线划痕 *STR*，则相变后产生浮凸时该直线变成折线 *S'T'TR*。在显微镜光线照射下，浮凸两边呈现明显的山阴和山阳。由此可见，马氏体的形成是以切变方式进行的，同时马氏体和奥氏体之间界面上的原子是共有的，既属于马氏体，又属于奥氏体，而且整个相界面是互相牵制的。这种界面称为切变共格界面，它是以母相的切变来维持共格关系的，故称为第二类共格界面。在具有共格界面的新旧两相中，原子位置有对应关系，新相长大时，原子只作有规则的迁动而不改变界面的共格状态。

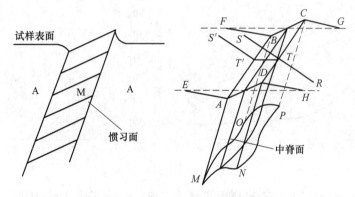

图 6-22 马氏体形成时引起的表面倾动

B 降温形成

马氏体转变是在 M_s 线至 M_f 线对应温度范围内不断降温的过程中进行的，冷却中断，转变也随即停止，只有继续降温，马氏体转变才能继续进行。需要指出，在一些材料中，人们发现马氏体也可在等温条件下形成或爆发式形成大量马氏体。

C 高速形核和长大

当奥氏体过冷至 M_s 线温度以下时，不需要孕育期，马氏体晶核瞬间形成，并以极快的速度迅速长大。例如高碳（片状）马氏体的长大速度为 $(1 \sim 1.5) \times 10^5$ cm/s。每个马氏体片形成的时间很短，因此通常情况下看不到马氏体片的长大过程。在不断降温过程中，马氏体数量的增加是靠一批批新的马氏体片不断产生，而不是靠已形成的马氏体片的长大，如图 6-23 所示。

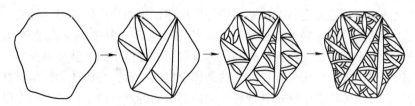

图 6-23 片状马氏体的形成过程示意图

D　马氏体转变的不完全性

除低碳钢外，许多钢种在常温条件下的马氏体转变往往不能进行彻底，或多或少总有一部分未转变的奥氏体残留下来，这部分奥氏体称为残余奥氏体，用符号 A_R 表示。

残余奥氏体的数量主要取决于钢的 M_s 线和 M_f 线的位置，而 M_s 线和 M_f 线主要由奥氏体的成分决定，基本上不受冷却速度及其他因素的影响。凡是使 M_s 线和 M_f 线位置降低的合金元素都会使残余奥氏体数量增多。图 6-24、图 6-25 所示分别是奥氏体碳含量对马氏体转变温度的影响及奥氏体碳含量对残余奥氏体量的影响曲线。

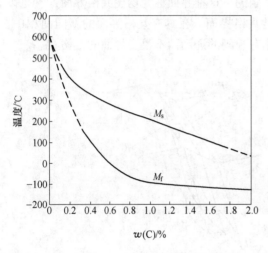
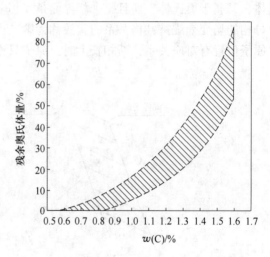

图 6-24　奥氏体碳含量对马氏体转变温度的影响　　　图 6-25　奥氏体碳含量对残余奥氏体量的影响

如图 6-24 所示，钢中碳含量越高，M_s 线和 M_f 线就越低，C 的质量分数超过 0.6% 的钢，其 M_f 线对应温度就低于 0 ℃。因此，一般高碳钢淬火后，组织中都有一些残余奥氏体。钢中碳含量越大，残余奥氏体也越多。

残余奥氏体不仅会降低淬火钢的硬度和耐磨性，而且在工件的长期使用过程中由于残余奥氏体会继续转变为马氏体，使工件发生微量胀大，从而将降低工件的尺寸精度。生产中对一些高精度的工件（如精密量具、精密丝杠、精密轴承等），为了保证它们在使用期间的精度，可将淬火工件冷却到室温后，随即放到零度以下的冷却介质（如干冰）中冷却，以最大限度地消除残余奥氏体，达到增加硬度、耐磨性与稳定尺寸的目的，这种处理方法称为"冷处理"。

E　马氏体转变的可逆性

在某些非 Fe 合金（如 Fe-Ni、Fe-Mn、Cu-Al）中，奥氏体冷却转变为马氏体，重新加热，已形成的马氏体通过逆转变机制转变为奥氏体，称为马氏体的可逆转变。把马氏体直接向奥氏体的转变称为逆转变，逆转变的开始温度为 A_s，转变结束温度为 A_f。钢中马氏体是亚稳相，极不稳定，反向加热时马氏体分解，一般得不到逆转变奥氏体。

此外，钢中奥氏体、马氏体保持一定的晶体学位向关系，马氏体的析出具有惯习面。

综上所述，马氏体转变区别于其他转变的最基本的特点有两个：一是转变以切变共格方式进行；二是转变的无扩散性。其他特点均可由这两个基本特点派生出来。

6.2.3.3 钢中马氏体的主要形态

马氏体的组织形态取决于钢的成分和热处理条件。目前，已经发现的钢中马氏体的组织形态有：板条马氏体、蝶状马氏体、片状马氏体、薄片状马氏体等。工业用钢淬火后主要可见到板条马氏体、片状马氏体两种。

A 板条马氏体

板条马氏体由成群平行板条组成（图6-26）。单个板条空间形态为细长扁平柱状。尺寸大致相同、平行排列的板条构成一个板条束（也叫板条群），一个晶粒内可形成3~5个板条束。在一个板条束内又包含几个基本平行、有大角度晶界的板条块。碳含量低的钢，板条块、束容易分辨。碳含量高的钢，板条块、束不易分辨。每个板条之间有薄薄（15~17 nm）的残余奥氏体薄膜。

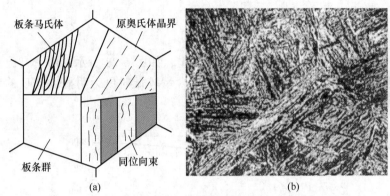

图6-26 板条马氏体的组织形态
（a）板条马氏体示意图；（b）低碳板条马氏体

板条马氏体亚结构为高密度位错，大量位错缠结成位错胞。位错密度为 10^{11} ~ 10^{12} cm^{-2}（珠光体中铁素体为 10^7 ~ 10^8 cm^{-2}）。因此板条马氏体也称为位错马氏体。

板条马氏体一般常见于低中碳（合金）钢、不锈钢中，因此也称为低碳马氏体。

B 片状马氏体

片状马氏体空间形态呈凸透镜片形状，亦称透镜片状马氏体，与试样磨面相截，在显微镜下呈针状或竹叶状，又称针状马氏体或竹叶状马氏体。片状马氏体的亚结构为孪晶，也称为孪晶马氏体。大多数马氏体针有中脊。

相变时，首先形成第一个马氏体针贯穿奥氏体晶粒，其后大小不一（图6-27（a））。因此，奥氏体晶粒粗大马氏体针也粗大，依据马氏体针大小可判断加热温度。图6-27（b）所示为粗大的片状马氏体形态，这是一种"过热"组织，在正常加热温度下，片状马氏体组织很细小，在光学显微镜下看不清其形态，所以称为"隐晶马氏体"。

片状马氏体常见于淬火中、高碳钢及 Fe-Ni-C 钢，又称为高碳马氏体。

钢中奥氏体碳含量越高，淬火组织中片状马氏体就越多，板条马氏体就越少。试验表明，奥氏体中 C 的质量分数大于 1%，淬火后得到的全部是片状马氏体。奥氏体中 C 的质量分数小于 0.2%，淬火后得到的是板条状马氏体。当奥氏体中 C 的质量分数介于两者之间时，则得到两种马氏体的混合组织。

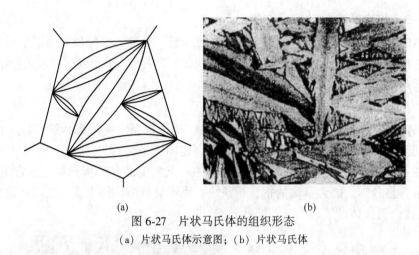

(a)   (b)

图 6-27   片状马氏体的组织形态

（a）片状马氏体示意图；（b）片状马氏体

6.2.3.4 马氏体的力学性能

马氏体的力学性能取决于马氏体中的碳含量，如图 6-28 所示，随着马氏体中碳含量的增加，其强度和硬度也随之提高，尤其是碳含量较低时更为明显，但 C 的质量分数超过 0.6% 以后，改变就趋于平缓。

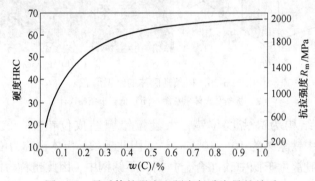

图 6-28   马氏体的强度和硬度与碳含量的关系

造成马氏体强度、硬度提高的主要原因有两个：一是 C 原子的固溶强化作用；二是相变后，在马氏体晶体中存在着大量的微细孪晶和位错结构，它们提高了塑性变形抗力，从而产生了相变强化。一般高碳片状马氏体内部的微细结构以孪晶为主，并且因碳含量大，晶格畸变严重，淬火内应力大等原因，其塑性和韧度都很差（甚至出现显微裂纹），而以位错微细结构为主的低碳板条状马氏体具有较好的塑性和韧性。

片状马氏体的性能特点是硬度高而脆性大，而板条状马氏体不仅具有较高的强度和硬度，而且还具有较好的塑性和韧性，即具有高的强韧性。所以，低碳马氏体组织在结构零件中得到越来越多的应用，并且使用范围逐步扩大。

6.2.4 贝氏体转变

钢中贝氏体是过冷奥氏体在中温区转变的产物。其转变温度位于珠光体转变温度和马氏体转变温度之间，因此称为中温转变。这种转变的动力学特征和产物的组织形态，兼有扩散型转变和非扩散型转变的特征，称为半扩散型相变。

一般将具有一定过饱和度的 F 相和 Fe_3C 组成的非层状组织称为贝氏体,用符号"B"表示。

6.2.4.1 贝氏体的组织形态

贝氏体按金相组织形态的不同可区分为上贝氏体、下贝氏体、无碳化物贝氏体、粒状贝氏体、反常贝氏体以及柱状贝氏体等。这里主要介绍上贝氏体、下贝氏体和粒状贝氏体。

A 上贝氏体

上贝氏体是过饱和的平行条状 F 相和夹于 F 相条间的断续条状 Fe_3C 的混合物。形状如羽毛,又称羽毛状贝氏体(图 6-29)。以共析钢为例,上贝氏体形成温度为 350 ~ 550 ℃,处于贝氏体转变区间上部,所以称"上贝氏体"。

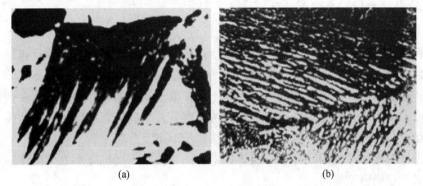

(a)   (b)

图 6-29 上贝氏体形态

(a)光学显微照片(500×);(b)电子显微照片(5000×)

光镜观察,上贝氏体形成时沿奥氏体晶界一侧或两侧向晶内长大,成排形核长大呈羽毛状。但要指出,上贝氏体的羽毛状是特定条件下制取的,即在此温度区间等温较短时间,形成一部分上贝氏体,然后淬火未转变为奥氏体。淬火时形成马氏体,侵蚀时,单相马氏体耐腐蚀呈亮白色,上贝氏体是两相混合物,不耐腐蚀呈灰白色,衬托出羽毛状。若过冷奥氏体全部转变为上贝氏体,大量上贝氏体聚集在一起,则不易辨别羽毛状。

通过电镜观察,可以发现大致平行的铁素体条(6°~18°位向差),板条间为不连续的条状渗碳体。上贝氏体中的碳化物均为渗碳体型碳化物。碳化物的形态取决于奥氏体的碳含量,碳含量低时,碳化物沿条间呈不连续的粒状或链珠状分布,随钢中碳含量的增加,上贝氏体板条变薄,渗碳体量增多并呈粒状、链状过渡到短杆状,甚至可分布在铁素体板条内。

形成温度对上贝氏体组织形态影响显著,随形成温度的降低,铁素体板条变薄、变小,渗碳体也更细小和密集。

B 下贝氏体

下贝氏体为过饱和的片状 F 相和其内部沉淀的 Fe_3C 的混合物。对于共析钢来说,下贝氏体的转变温度区间为 350 ℃ ~ M_s,位于贝氏体转变区间下部,故称为"下贝氏体"。

光镜观察,碳含量较低时,下贝氏体铁素体呈短条状;碳含量较高时,呈细小针状或片状,相互之间不平行有一定夹角,散乱分布(图 6-30)。如上贝氏体一样,短时间保温水淬后可清晰显示出形态,若全部转变为下贝氏体时,无数下贝氏体聚集一起,不易辨别其形态。

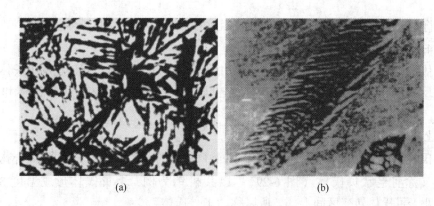

(a)　　　　　　　　　　　(b)

图 6-30　下贝氏体形态

(a) 光学显微照片 (500×)；(b) 电子显微照片 (12000×)

电镜观察，在铁素体条片内部析出碳化物粒子，碳化物本身为极细片状或颗粒状，平行成行排列，排列方向与铁素体长轴呈 55°~60°。

因为转变温度低，原子扩散能力低，碳不能扩散到铁素体片外面，只能在铁素体片内部沉淀析出。由于碳化物极为细小，光镜无法观察到，故只能观察到与回火马氏体相似的细小黑针状，只有在电镜下才能观察到碳化物粒子形态及分布。

下贝氏体铁素体过饱和度比上贝氏体铁素体高，位错密度也高于上贝氏体铁素体。且随温度下降，位错密度增高。

C　粒状贝氏体

低、中碳合金钢以一定速度冷却或在一定温度范围等温时，如正火、热轧空冷、焊接热影响区可产生粒状贝氏体。粒状贝氏体的形成温度范围稍高于上贝氏体形成温度。

粒状贝氏体的组织形态 (图 6-31) 为铁素体基体+岛状富碳奥氏体区，其中富碳奥氏体区为岛状颗粒状，形状不规则，边界清晰，可散乱分布或近似平行分布。其转变过程为，在一定冷却或等温条件下奥氏体分解为 F+富碳小岛，富碳小岛的碳含量比钢平均碳含量高 3~4 倍，铁素体基体碳含量接近平衡态，位错密度比平衡态高一个数量级。富碳小岛在继续冷却过程中，由于冷却速度不同及奥氏体稳定性不同，小岛可发生进一步转变：分解为珠光体或贝氏体；未发生分解保留下来，成为残余奥氏体；发生马氏体转变，转变为孪晶马氏体加残余奥氏体 (因碳含量高)，因此习惯称其为 M-A 区或 M-A 小岛。

30μm

6.2.4.2　贝氏体形成过程

过冷奥氏体冷却到贝氏体转变温度区，在贝氏体转

图 6-31　粒状贝氏体形态

变开始前，过冷奥氏体内部 C 原子产生不均匀分布，出现许多局部贫碳区和富碳区，在贫碳区产生 F 相晶核，当其尺寸大于该温度 (贝氏体转变温度) 下的临界晶核尺寸时，F 相晶核不断长大，由于过冷奥氏体所处的温度较低，Fe

原子的自扩散困难，只能按共格切变方式长大。C 原子从 F 相长大的前沿向两侧奥氏体中扩散，而且 F 相内过饱和 C 原子不断脱溶。高温时 C 原子穿过 F 相界扩散到奥氏体中或在相界面沉淀成碳化物；低温时 C 原子在 F 相内部一定晶面上聚集并沉淀成碳化物；或同时在 F 相界面和 F 相内部沉淀成碳化物。因此，贝氏体的形成取决于形成温度和过冷奥氏体碳含量。

A　上贝氏体的形成过程

相变时，首先在过冷奥氏体晶界处或晶界附近贫碳区生成贝氏体 F 相晶核，如图 6-32(a) 所示，并且成排地向晶粒内长大。已经长大的条状 F 相前沿的 C 原子不断向两侧扩散，而且 F 相多余的 C 也将通过扩散向两侧的界面移动。由于 C 在 F 相中的扩散速度大于在奥氏体中的扩散速度，在较低温度下，C 在晶界处发生富集，如图 6-32(b) 所示，当富集的 C 浓度相当高时，在条状 F 相间形成 Fe_3C，而转变为典型的上贝氏体，如图 6-32(c) 和图 6-32(d) 所示。

当上贝氏体的形成温度较低或钢的碳含量较高时，上贝氏体形成时于 F 相条间沉淀碳化物的同时，在 F 相条内也沉淀出少量的多向分布的 Fe_3C 小颗粒，如图 6-32(c′) 和图 6-32(d′) 所示。

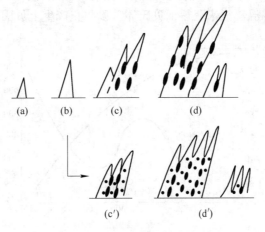

图 6-32　上贝氏体的形成过程

B　下贝氏体的形成过程

在中高碳钢中，如果贝氏体转变温度比较低时，首先在奥氏体晶界或晶粒内部某些贫碳区形成 F 相晶核（图 6-33(a)），并按切变共格方式长大成片状或透镜状（图 6-33(b)）。由于转变温度较低，C 原子扩散困难，较难迁移至晶界，和 F 相共格长大的同时，C 原子只能在 F 相的某些亚晶界或晶面上沉淀为细片状碳化物（图 6-33(c)）。与马氏体转变相似，当一片 F 相长大时，会促发其他方向片状 F 相形成（图 6-33(d)），从而形成典型的下贝氏体。

如果钢的碳含量相当高，而且下贝氏体的转变

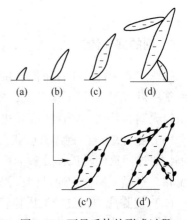

图 6-33　下贝氏体的形成过程

温度又不过低时，形成的下贝氏体不仅在片状 F 相中形成碳化物，而且在 F 相边界上也有少量碳化物形成，如图 6-33(c′) 和图 6-33(d′) 所示。

　　C　粒状贝氏体的形成过程

　　一般认为某些低合金钢中出现的粒状贝氏体是由无碳化物贝氏体演变而来的。当无碳化物贝氏体的条状铁素体长大到彼此汇合时，剩下的岛状富碳奥氏体便为铁素体所包围，沿铁素体条间呈条状断续分布。因为钢的碳含量低，岛状奥氏体中的碳含量不至于过高而析出碳化物，这样就形成粒状贝氏体。如果延长等温时间或进一步降低温度则岛状富碳奥氏体将有可能分解为珠光体或转变为马氏体，也有可能保留到室温。

6.2.4.3　贝氏体的力学性能

　　贝氏体的性能取决于贝氏体的形态、尺寸大小和分布，以及贝氏体与其他组织的相对量等。由于铁素体和渗碳体是贝氏体中最主要的组成相，且铁素体又是基本相，因此铁素体的强度是贝氏体强度的基础。

　　下贝氏体与上贝氏体相比较，不仅具有较高的硬度和耐磨性，而且强度、韧性和塑性均高于上贝氏体。图 6-34 所示为共析钢的力学性能与等温转变温度的关系。由图可见，在 350~550 ℃ 的中温区，上贝氏体硬度越低，其韧性也越低，而下贝氏体则相反。所以工业生产中，常采用等温淬火来获得下贝氏体，以防止产生上贝氏体。

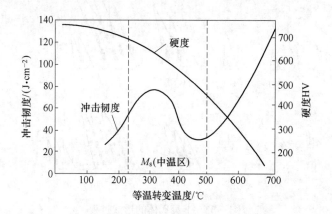

图 6-34　共析钢的力学性能与等温转变温度的关系

6.2.5　钢的回火转变

　　工业生产中淬火工件不能直接使用，淬火后必须回火。何为回火？回火是指淬火钢加热到临界点 (A_{c_1}) 以下某温度，保温一段时间，然后冷却到室温的工艺方法。

　　淬火钢为什么必须回火呢？也就是回火目的，可以从以下三方面去分析：

　　(1) 稳定组织。钢淬火后获得马氏体，马氏体是碳在 α-Fe 过饱和组织极不稳定易于分解，通过回火使马氏体分解。中高碳钢淬火后组织中还有未转变残留奥氏体，奥氏体是高温相，室温下不稳定通过回火使残余奥氏体发生转变。

　　(2) 消除应力。过冷奥氏体转变为马氏体，比容增大，产生组织应力，高温加热件在冷却介质（水、油）中急剧快速冷却也产生热应力，特别是片状马氏体本身有大量显微裂纹，淬火件在淬火过程中及直接使用极易变形开裂，因此必须通过回火消除应力，避免变形开裂。

（3）调整性能。钢淬火获得马氏体，特别是片状马氏体强度硬度高，但塑、韧性差，通过回火降低硬度，提高塑、韧性，满足不同工况条件下工件的性能需要，即同种钢通过淬火回火调整，可具有多种性能，满足不同工件需要。

6.2.5.1 回火组织转变

淬火组织中不稳定的马氏体、奥氏体（有时还有一些未溶的碳化物）经不同温度（低温→高温）回火，逐渐转变为平衡状态的 $F+Fe_3C$，但在不同温度区间及转变方式不同分成五个阶段进行分析。

A 碳原子偏聚（25~100 ℃）

淬火后的马氏体是过饱和固溶体，极不稳定，在淬火冷却过程中（M_s 较高的钢）及在室温停留时，碳原子即可从马氏体八面体间隙位置向缺陷处扩散，在位错孪晶界面处偏聚，形成富碳区。金相组织观察不到这种偏聚，但通过电阻、硬度变化可以间接证实这种晶内碳原子偏聚区的存在。

B 马氏体分解（100~250 ℃）

随着回火温度升高，马氏体内的富碳区析出碳化物，由单相变成两相。此时马氏体碳浓度在不断下降，正方度不断减小。下面就片状马氏体、板条马氏体分别叙述。

（1）片状马氏体的分解：随着回火温度的升高和回火时间的延长，在碳原子偏聚区（富碳区）析出碳化物，此时碳化物不同于 Fe_3C，为ε-碳化物（$Fe_{2~3}C$），具有密排六方结构。由于细小，光镜观察不到，电镜可见。与碳化物析出相对应，此时基体马氏体碳浓度下降，正方度 c/a 减小，回火温度越高，分解越充分，马氏体的碳浓度越低，$c/a→1$。

回火温度不同，碳原子扩散能力不同，因此马氏体分解方式也有所不同。在 20~150 ℃时是二相式分解。马氏体内富碳区析出ε-碳化物，但在 20~150 ℃温度区间，由于温度低，碳扩散能力低，只在ε-碳化物周围吸收到碳原子，因此只在ε-碳化物周围马氏体的碳含量下降，形成贫碳区，而远处马氏体的碳浓度未变，这样马氏体片内部即有两种浓度、两种正方度，所以称此阶段为二相式分解（双相分解），如图 6-35 所示。

温度大于 150 ℃时是连续式分解。回火温度升高，碳原子扩散能力增强，可进行长距离扩散。马氏体内碳浓度连续均匀下降，不再存在两种不同碳含量的 α 相，因此称为"连续式分解"，又称单

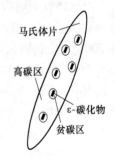

图 6-35 马氏体的
二相式分解示意图

相分解。所谓α相，指马氏体未分解时为单相，当分解析出碳化物后，变成两相，其基体人们习惯称"α相"，表示与未分解的马氏体相区别。

马氏体分解是个逐渐连续变化过程，主要在 100~250 ℃温度区间进行，但碳钢直到 350 ℃左右才充分分解，α相内碳原子浓度接近于平衡态，c/a 接近于 1。

（2）板条马氏体的分解：板条马氏体在淬火过程中已经自回火析出碳化物（M_s点较高），因此在 150 ℃以下回火时，继续偏聚，不析出ε-碳化物（碳含量低，不足以形成碳化物）。当温度超过 200 ℃时，才通过连续分解析出碳化物。

综上所述，随着回火温度的提高，马氏体中的过饱和碳将不断以碳化物的形式析出，使马氏体中的碳含量不断下降，且原始碳含量不同的马氏体，随着碳的不断析出，碳含量均将趋于一致，即向平衡状态过渡。这种经过在低温（<250 ℃）分解以后的马氏体称为回火马氏体。

C　残余奥氏体转变（200~300 ℃）

回火过程残余奥氏体转变主要发生在中高碳（合金）钢残余奥氏体较多情况下。残余奥氏体转变在100 ℃甚至更低温度即开始发生，只是200 ℃后明显。残余奥氏体是高温相，室温为不稳定组织，有转变的倾向，当回火加热时，过饱和马氏体开始逐渐分解，因此马氏体的 c/a 减小，比容减小，从而减小了马氏体对局部残余奥氏体的多向压应力，使残余奥氏体有转变的可能性，而随回火温度升高，碳原子扩散能力增强，使残余奥氏体转变可以进行。

残余奥氏体转变过程与过冷奥氏体冷却时转变过程基体一样，从回火温度逐渐升高逐次分析如下。

（1）20 ℃~M_s：在此温度范围加热回火，残余奥氏体转变为马氏体，但随之形成的马氏体又发生分解。对于共析钢，其 M_s 为230 ℃。

（2）200~300 ℃：该温度区间相当于贝氏体转变区间，残余奥氏体通常转变为下贝氏体，随之再发生分解，形成回火组织。

（3）>300 ℃：如果回火温度升高则可发生残余奥氏体向珠光体转变的过程。碳钢的残余奥氏体在300 ℃左右转变基本完成。合金钢的残余奥氏体转变可能提高到400 ℃或500~600 ℃。

D　碳化物转变（250~400 ℃）

马氏体分解时析出ε-碳化物（100~250 ℃），随回火温度升高碳化物本身也发生转变（ε-碳化物转变为 Fe_3C）。低碳（合金）钢碳含量小于0.2%C 时，淬火获板条马氏体，在200 ℃以上回火时，从富碳区（碳原子偏聚区）直接析出 Fe_3C。而中等碳含量（>0.2%,<0.4%~0.6%）钢淬火后的马氏体，在回火时首先析出ε-碳化物与马氏体基体保持共格关系，随回火温度升高，ε-碳化物转变为 Fe_3C。大于0.6%C 的高碳钢，马氏体分解时首先析出亚稳定ε-$Fe_{2~3}C$，随回火温度升高，250 ℃以上ε-$Fe_{2~3}C$转化为较稳定的 χ-Fe_5C_2。当回火温度升至300 ℃以上时 χ-Fe_5C_2又开始转变为 Fe_3C，以致到450 ℃以上时，全部转变为 Fe_3C。

不同结构的碳化物相互转化时，可能有两种方式。一种是原位转变，在ε-碳化物上发生成分及点阵的变化而转化为 Fe_3C。另一种是离位转变，即原ε-碳化物溶解，消失到基体中，Fe_3C 从基体中重新独立形核析出长大。

E　α相回复再结晶（400~700 ℃）

将回火开始马氏体分解析出碳化物，一直到得到平衡态铁素体之间的基体都称为 α相。不同于马氏体，也不同于平衡态铁素体，α 相是一个泛称。

对于板条马氏体，随回火温度升高，板条内位错逐渐减少，400 ℃左右板条内位错重新排列，构成亚晶粒，外形仍为板条（回复阶段），超过600 ℃再结晶成等轴状。

对于片状马氏体，回火温度250~400 ℃时孪晶消失，出现位错，400 ℃发生回复，

600 ℃再结晶成等轴状。

有必要指出的是，回火组织变化五个阶段是人为划分的，便于讨论分析问题。实际上回火过程各种组织转变是连续进行的，不是突变是渐变过程。各种转变不是截然分开，无严格界限，相互交叉重叠。一般情况下，淬火钢在300 ℃以下回火时，淬火马氏体分解为回火马氏体。回火温度为400 ℃左右时，在碳钢和低合金钢中将得到板条状或片状铁素体和细粒状的碳化物组织的混合物，称为回火屈氏体。如果在500 ℃以上回火时，粒状碳化物进一步聚集，铁素体回复，马氏体板条或针逐步消失，得到的组织为等轴铁素体和大颗粒碳化物的混合物，称为回火索氏体。

6.2.5.2 合金元素对回火转变的影响

合金钢是在碳钢基础上加入合金元素构成的，淬火组织在回火过程的组织转变规律基本相同，但由于合金元素对不同组织转变的影响，使得合金钢回火转变过程更为复杂，特别是高合金钢回火转变有其特殊性。

A 马氏体分解

合金元素中碳化物形成元素和碳有较强的亲和力，因此在马氏体分解的转变过程中阻碍碳的扩散，阻碍碳原子从马氏体析出，减缓碳化物聚集长大，即降低马氏体分解速度。与碳钢相比，在同样回火温度下，马氏体的碳浓度下降缓慢，或者说马氏体分解推迟到更高温度。

如果某碳钢与某合金钢淬火后硬度相同，但经过同样回火温度回火后，合金钢具有较高的回火稳定性。如W18Cr4V钢采用560 ℃回火，仍属于低温回火。

B 残余奥氏体转变

由于合金钢中加入合金元素的种类和数量不同，合金元素对残余奥氏体转变的影响各不相同。与前文所述碳钢残余奥氏体转变过程基本一样，合金钢回火过程中残余奥氏体可以转变为马氏体或下贝氏体。对于合金钢，存在残余奥氏体转变被推迟到更高温度区间进行的情况，相应转变为贝氏体或珠光体。对于某些高碳高合金钢，由于碳多、合金元素多、淬火后残余奥氏体多且稳定，因此残余奥氏体在回火加热保温时不发生转变，只是析出合金碳化物。但由于合金碳化物代表了碳及合金元素，使残余奥氏体内合金化程度降低而残余奥氏体稳定性降低，因此在回火冷却过程中部分残余奥氏体转变为马氏体。

这种回火保温时未转变的残余奥氏体，在空冷时转变为马氏体的现象称为"二次淬火"。二次淬火获得的马氏体是新鲜马氏体，未经过回火，所以必须再回火。而再回火时又可能有部分残余奥氏体，又发生二次淬火，因此又需再回火。比如：W18Cr4V钢1280 ℃淬火后，需进行560 ℃×1 h，3~4次回火。

C 碳化物转变

碳钢回火时马氏体分解析出的碳化物主要为ε-碳化物、χ-Fe_5C_2和Fe_3C，而合金钢马氏体分解析出的碳化物除ε-碳化物、合金渗碳体、$Fe(Me)_3C$外，合金渗碳体还可能为特殊碳化物（$Cr_{23}C_7$、Cr_7C_3、VC、TiC等）。

合金钢在回火时，随回火温度升高，回火时间延长，合金元素将发生重新分布，非碳化物形成元素（Si、Al等）逐渐扩散到α相中，碳化物形成元素（Cr、W、Mo、V、Ti）将富集到合金渗碳体内。随碳化物内合金元素含量增多，有可能转化为特殊碳化物，如：

$Fe_3C\rightarrow$合金渗碳体（Fe,Cr）$_3C\rightarrow$特殊碳化物（Cr,Fe）$_7C_3$。

合金渗碳体转化为特殊碳化物也可以两种方式进行：原位转变、离位转变。若以离位转变方式进行，在合金渗碳体溶解、特殊碳化物析出的初期，特殊碳化物高度弥散且与基体 α 相共格，可引起硬度升高（析出强化）。合金钢淬火后随回火温度升高，硬度逐渐下降，但在发生特殊碳化物弥散析出时，硬度反而升高，这种现象称为"二次硬化"。回火温度再升高，特殊碳化物聚集长大，硬度又逐渐降低。如图6-36所示，回火温度对低碳钼钢马氏体硬度的

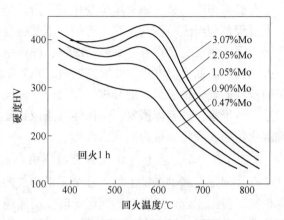

图6-36 回火温度对低碳钼钢马氏体硬度的影响

影响说明了这一现象。需要注意，高碳高合金钢在回火时会发生二次淬火和二次硬化现象，二者均可使回火硬度升高，但本质不同。

D α 相回复再结晶

合金钢回火时，合金元素自身扩散慢，碳化物形成元素又阻碍碳的扩散，回火时又可能析出特殊碳化物，碳化物又难以聚集长大。受多种因素影响，α 相回复再结晶温度及整个回火过程被推迟到更高温度。前面已提到 W18Cr4V 钢 560 ℃回火相当于碳钢低温回火（150~250 ℃）过程。

6.2.5.3 回火过程力学性能的变化

淬火钢回火的主要目的是提高韧性和塑性，获得韧性、塑性与强度、硬度间的良好配合，以满足不同工件对性能的要求。随着回火温度和时间的变化，力学性能将发生变化，这种变化与以上讨论的显微组织变化存在密切的联系。

A 回火过程力学性能变化的总趋势

随着回火温度升高，硬度下降，塑性、韧性提高。因此，可以说淬火是个强化过程，回火是个软化过程。回火是牺牲强度、硬度换取塑性、韧性。

回火过程之所以引起硬度强度下降，原因有三。其一，马氏体内碳浓度逐渐下降，即固溶强化作用减弱；其二，碳化物颗粒逐渐聚集长大、粗化，即析出强化作用减弱；最后，α 相回复再结晶，即位错强化作用减弱。

B 硬度变化

以碳钢为例。小于 200 ℃回火时，由于马氏体分解，固溶强化作用减弱，引起硬度下降，而ε-碳化物弥散析出，弥散强化作用，又可引起硬度升高。因此，此阶段回火，硬度变化不大。高碳钢ε-碳化物析出数量多，还可引起硬度略有上升。在 200~300 ℃回火时，马氏体分解引起硬度下降，但此时残余奥氏体转变为马氏体或下贝氏体，有一定强化作用，又可使硬度升高，综合作用结果，该阶段硬度下降减缓。

回火温度超过 300 ℃后，由于马氏体充分分解、Fe_3C 长大粗化、α 相回复再结晶等原因，使硬度明显降低。

对于合金钢来说，上述转变过程被推迟到较高温度，因此硬度下降较碳钢缓慢。经相同温度回火后合金钢回火硬度高于碳钢，对于某些高碳高合金钢，在一定温度回火时，由于二次淬火、二次硬化作用，硬度显著升高。如 W18Cr4V 钢淬火后，硬度为 62～65 HRC，若 300 ℃回火可降到 58 HRC，但经 560 ℃×1 h、3 次回火后可达到 63～66 HRC。

C 塑、韧性变化

随回火温度升高，钢内热应力、组织应力逐渐减小，马氏体的过饱和度、正方度 c/a 逐渐降低，片状马氏体显微裂纹被焊合减少，这些因素均使塑性、韧性提高。

综合上述回火过程力学性能变化，工业生产中根据不同需要进行相应回火。比如，低碳钢淬火后获板条马氏体，板条马氏体具有良好的强韧性，因此一般仅进行低温回火，在于消除工件内应力。中高碳钢采用低温回火，其性能为硬而耐磨，但塑性、韧性较低，多适用于高碳钢制备的工具、模具等耐磨件。中温回火后具有较高弹性，多适用于弹簧零件。高温回火后强度、硬度虽降低，但塑性、韧性好，即具有良好的综合力学性能，多适用于中碳钢制备机械结构零件，如轴、销等。

D 回火脆性

回火时随回火温度升高，强度硬度下降，韧性提高，但在某些温度范围回火，韧性反而降低，此现象称为"回火脆性"。

a 低温回火脆（第一类回火脆，不可逆回火脆）

回火温度范围为 250～400 ℃时，回火可出现第一类回火脆性。

第一类回火脆性特点有：（1）几乎所有钢在此范围回火均出现回火脆，但合金元素不同，温度范围有些差别。如 GCr15 钢为 200～240 ℃，CrWMn 钢为 250～300 ℃，Cr12MoV 钢为 290～330 ℃。（2）在此温度回火后产生回火脆，再在高温回火可消除脆性。若再在此温度重新加热回火，也不发生回火脆，即此回火脆是不可逆的。（3）在此温度范围回火，回火后快冷慢冷均有回火脆。

采用下面的措施，可以防止第一类回火脆：（1）提高钢冶金质量，降低杂质元素含量；（2）采用等温淬火代替淬火回火工艺；（3）不在此温度范围内回火。前面已提到钢在低温回火采用 150～250 ℃，中温回火采用 350～500 ℃范围。

b 高温回火脆（第二类回火脆，可逆回火脆）

高温回火脆性的发生温度范围为 450～650 ℃。具有如下特点：（1）回火加热保温后，慢冷（炉冷、空冷）有脆性，回火后快冷（水冷、油冷）没有脆性或大大减轻；（2）回火时长时间保温，回火后快冷也有回火脆；（3）已有回火脆工件，再在此温度范围加热后快冷，则无脆性。而没有回火脆工件，在此温度范围加热后慢冷，又将出现回火脆，因此称其为"可逆回火脆"。

防止第二类回火脆办法有：（1）提高冶金质量，减少杂质；（2）加入 Mo、W 合金元素（或者说选用含 Mo、W 的合金钢）；（3）回火后快冷，但大件不适宜，只有中小型简单件可达到快冷效果（生产中回火快冷后需要去应力回火）；（4）可采用等温淬火、亚温淬火代替常规淬火。

6.2.5.4 回火时内应力变化

工件淬火后必然产生内应力，其包括热应力、组织应力。热应力是由于淬火时高温快速冷却造成的热胀冷缩，特别是工件内外温度不一致而形成的应力。组织应力则是由于 A 向 M 转变，马氏体比容大造成的体积膨胀以及相变不同步性（工件表面、芯部，厚截面、薄截面处相变先后时间不同）所形成的组织应力。

对工件内应力，人们根据内应力存在范围习惯分成三类：（1）第一类内应力，为宏观区域性内应力；（2）第二类内应力，为几个晶粒内微观区域内应力；（3）第三类内应力，由于溶质原子或共格关系引起晶格弹性畸变内应力。

随回火温度升高，原子活动能力增强，晶体缺陷及内应力逐渐下降消失。第一类内应力在 150 ℃回火时仅减少 25%～30%，300 ℃时仍有 5%，550～600 ℃回火基本消除。第二类内应力在 150 ℃回火时下降很小，200～300 ℃回火时下降缓慢，400～500 ℃回火时接近消除。第三类内应力在 300 ℃马氏体分解完毕时也随之消失。

最后要指出，回火时硬度下降较快，一般 0.5 h 左右，硬度即可达到所要硬度值，但应力消除需随时间延长逐渐降低，要有足够的时间，因此一般回火至少保温 1 h，不可太短。回火目的不单是达到硬度要求，还有稳定组织、消除应力的目的。

6.3　钢的退火与正火

钢的热处理工艺就是通过加热、保温和冷却的方法改变钢的组织结构以获得工件所要求性能的一种热加工技术。钢在加热和冷却过程中的组织转变规律为制定正确的热处理工艺提供了理论依据，为使钢获得限定的性能要求，其热处理工艺参数的确定必须使具体工件满足钢的组织转变规律性。

根据加热、冷却方式及获得的组织和性能的不同，钢的热处理工艺可分为普通热处理（退火、正火、淬火和回火）、表面热处理（表面淬火和化学热处理）及形变热处理等。

按照热处理在零件整个生产工艺过程中位置和作用的不同，热处理工艺又分为预备热处理和最终热处理。本节主要介绍退火与正火。

6.3.1　退火

退火和正火是生产上应用很广泛的预备热处理工艺。在机器零件加工过程中，退火和正火是一种先行工艺，具有承上启下的作用。大部分机器零件及工、模具的毛坯经退火或正火后，不仅可以消除铸件、锻件及焊接件的内应力及成分和组织不均匀性，而且也能改善和调整钢的力学性能和工艺性能，为下道工序作好组织性能准备。对于一些受力不大、性能要求不高的机器零件，退火和正火亦可作为最终热处理。对于铸件，退火和正火通常就是最终热处理。

退火是将钢加热至适当温度（临界点 A_{c_1} 以上或以下），保温以后缓慢冷却（一般为随炉冷却）以获得近于平衡状态组织的热处理工艺。其主要目的是均匀钢的化学成分及组织，细化晶粒，调节硬度，消除内应力和加工硬化，改善钢的成型及切削加工性能，并为淬火做好组织准备。

退火工艺种类很多，按加热温度可分为在临界温度（ A_{c_1} 或 A_{c_3} ）以上或以下的退火。前者又称相变重结晶退火，包括完全退火、扩散退火、不完全退火和球化退火；后者包括再结晶退火及去应力退火。各种退火方法的加热温度范围和工艺曲线如图 6-37 所示。按照冷却方式，退火可分为等温退火和连续退火。

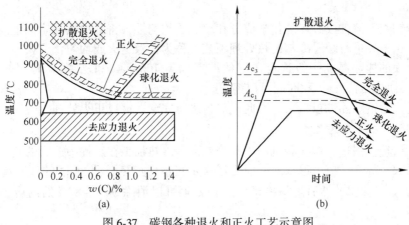

图 6-37　碳钢各种退火和正火工艺示意图
（a）加热温度范围；（b）工艺曲线

6.3.1.1　完全退火

完全退火又称重结晶退火，主要用于亚共析钢。是把钢加热至 A_{c_3} 以上 20 ~ 30 ℃，保温一定时间后缓慢冷却（随炉冷却或埋入石灰和砂中冷却），以获得接近平衡组织的热处理工艺。亚共析钢经完全退火后得到的组织是 F+P。

完全退火的目的：通过重结晶，使热加工造成的粗大、不均匀的组织均匀化和细化，以提高性能；或使中碳以上的碳钢和合金钢得到接近平衡状态的组织，以降低硬度、改善切削加工性能。由于冷却速度缓慢，还可消除内应力。

过共析钢不宜采用完全退火，因为加热到 $A_{c_{cm}}$ 以上慢冷时，二次渗碳体会以网状形式沿奥氏体晶界析出，使钢的韧性大大下降，并可能在以后的热处理中引起裂纹。

6.3.1.2　等温退火

等温退火是将钢件或毛坯加热到高于 A_{c_3}（或 A_{c_1}）的温度，保温后较快地冷却到珠光体转变区的某一温度并等温保持，奥氏体等温转变，然后缓慢冷却的热处理工艺。

等温退火的目的与完全退火相同，但转变较易控制，能获得均匀的组织。对于奥氏体较稳定的合金钢，可缩短退火时间。

6.3.1.3　球化退火

球化退火是使钢中碳化物球状化的热处理工艺。

球化退火主要用于过共析钢、共析钢，如工具钢、滚珠轴承钢等，目的是使二次渗碳体及珠光体中的渗碳体球状化（球化退火前需先进行正火使网状二次渗碳体溶解破碎），以降低硬度，改善切削加工性能，并为以后的淬火做组织准备。图 6-18 为共析钢球化退火后的显微组织，铁素体基体上分布着细小均匀的球状渗碳体。

球化退火一般采用随炉加热，加热温度略高于 A_{c_1}，以便保留较多的未溶碳化物粒子和较大的奥氏体碳浓度分布的不均匀性，促进球状碳化物的形成。若加热温度过高，二次渗碳体易在慢冷时以网状的形式析出。球化退火需要较长的保温时间来保证二次渗碳体的自发球化。保温后随炉冷却，在通过 A_{r_1} 温度范围时，应足够缓慢，以使奥氏体进行共析转变时，以未溶渗碳体粒子为核心形成粒状渗碳体。

6.3.1.4　扩散退火

为减少钢锭、铸件或锻坯的化学成分和组织不均匀性，将其加热到略低于固相线的温度，长时间保温并进行缓慢冷却的热处理工艺，称为扩散退火或均匀化退火。

扩散退火的加热温度一般选定在钢的熔点以下 $100 \sim 200 ℃$，保温时间一般为 $10 \sim 15 h$。加热温度提高时，扩散时间可以缩短。

扩散退火后钢的晶粒很粗大，因此一般再进行完全退火或正火处理。

6.3.1.5　去应力退火

为消除铸造、锻造、焊接和机加工、冷变形等冷热加工在工件中造成的残余应力而进行的低温退火，称为去应力退火。去应力退火是将钢件加热至低于 A_{c_1} 的某一温度（一般为 $500 \sim 650 ℃$）保温，然后随炉冷却，这种处理可以消除 $50\% \sim 80\%$ 的内应力，不引起组织变化。

6.3.2　正火

钢材或钢件加热到 A_{c_3}（对于亚共析钢）、A_{c_1}（对于共析钢）或 $A_{c_{cm}}$（对于过共析钢）以上 $30 \sim 50 ℃$，保温适当时间后，在自由流动的空气中均匀冷却的热处理称为正火。正火后的组织亚共析钢为 F+S，共析钢为 S，过共析钢为 $S+Fe_3C_{II}$。

正火既可以作为预先热处理，也可以作为最终热处理。

截面较大的合金结构钢件，在淬火或调质处理（淬火加高温回火）前进行正火，以消除魏氏组织和带状组织，并获得细小而均匀的组织。对于过共析钢可减少二次渗碳体，并使其避免形成连续网状，为球化退火做组织准备。

低碳钢或低碳合金钢退火后硬度太低，不便于切削加工。正火可提高其硬度，改善其切削加工性能。

正火可以细化晶粒，使组织均匀化，减少亚共析钢中铁素体含量，使珠光体含量增多并细化，从而提高钢的强度、硬度和韧性。对于普通结构钢零件，力学性能要求不很高时，可把正火作为最终热处理。

6.4　钢 的 淬 火

钢的淬火与回火是热处理工艺中最重要，也是用途最广泛的工序。淬火可以显著提高钢的强度和硬度。为了消除淬火钢的残余内应力，得到不同强度、硬度和韧性配合的性能，需要配以不同温度的回火。所以淬火和回火又是不可分割的、紧密衔接在一起的两种热处理工艺。淬、回火作为各种机器零件及工、模具的最终热处理是赋予钢件最终性能的关键性工序，也是钢件热处理强化的重要手段之一。

将钢加热到相变温度以上，保温一定时间，然后快速冷却以获得马氏体组织的热处理工艺称为淬火。淬火是钢的最重要的强化方法。

6.4.1　淬火工艺

6.4.1.1　淬火温度的选定

在一般情况下，亚共析钢的淬火加热温度为 A_{c_3} 以上 $30 \sim 50 ℃$；共析钢和过共析钢的

淬火加热温度为 A_{c_1} 以上 30~50 ℃（图 6-38）。

亚共析钢加热到 A_{c_3} 以下时，淬火组织中会保留铁素体，使钢的硬度降低。过共析钢加热到 A_{c_1} 以上时，组织中保留少量二次渗碳体，而有利于提高钢的硬度和耐磨性，此时奥氏体中的碳含量不太高，可降低马氏体的脆性。此外，还可减少淬火后残余奥氏体的含量。若淬火温度太高，会形成粗大的马氏体，使力学性能恶化；同时也增大淬火应力，使变形和开裂倾向增大。

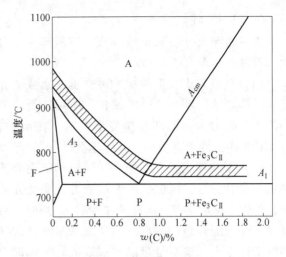

图 6-38　钢的淬火温度

6.4.1.2　加热时间的确定

加热时间包括升温和保温两个阶段。通常以装炉后炉温达到淬火温度所需时间为升温阶段，并以此作为保温时间的开始，保温阶段是指钢件内外温度均匀并完成奥氏体化所需的时间。保温时间根据钢件直径或厚度决定。一般保温时间为 15 min/mm。

6.4.1.3　淬火冷却介质

常用的冷却介质是水和油。

水在 550~650 ℃ 范围冷却能力较大，在 200~300 ℃ 范围也较大，因此易造成零件的变形和开裂，这是它的最大缺点。提高水温能降低 550~650 ℃ 范围的冷却能力，但对 200~300 ℃ 的冷却能力几乎没有影响。这既不利于淬硬，也不能避免变形，所以淬火用水的温度控制在 30 ℃ 以下。水在生产上主要用于形状简单、截面较大的碳钢零件的淬火。

淬火用油为各种矿物油（如机油、变压器油等）。它的优点是在 200~300 ℃ 范围冷却能力低，有利于减少工件的变形；缺点是在 550~650 ℃ 范围冷却能力也低，不利于钢的淬硬，所以油一般作为合金钢的淬火介质。

为了减少零件淬火时的变形，可用盐浴作为淬火介质。常用碱浴和盐浴的成分、熔点及使用温度见表 6-4。这些介质主要用于分级淬火和等温淬火。其特点是沸点高，冷却能力介于水和油之间。常用于处理形状复杂、尺寸较小、变形要求严格的工具等。

表 6-4　热处理常用碱浴和盐浴的成分、熔点及使用温度

熔盐	成分（质量分数）/%	熔点/℃	使用温度/℃
碱浴	KOH 80+NaOH 20，外加 H$_2$O 6	130	140~250
硝盐	KNO$_3$ 55+NaNO$_2$ 45	137	150~500
硝盐	KNO$_3$ 55+NaNO$_3$ 45	218	230~550
中性盐	KCl 30+NaCl 20+BaCl$_2$ 50	560	580~800

6.4.1.4　淬火方法

常用的淬火方法有单液淬火、双液淬火、分级淬火和等温淬火等（图6-39）。

（1）单液淬火：工件在一种介质（水或油）中冷却。操作简单，易于实现机械化，应用广泛。但在水中淬火，应力大，工件容易变形开裂；在油中淬火，冷却速度小，淬透直径小，大件淬不硬。

（2）双液淬火：工件先在较强冷却能力介质中冷却到300 ℃左右，再在一种冷却能力较弱的介质中冷却，如先水淬后油淬，可有效减少热应力和相变应力，减小工件变形开裂的倾向。用于形状复杂、截面不均匀的工件淬火。缺点是难以掌握双液转换的时刻，转换过早易淬不硬，转换过迟易淬裂。

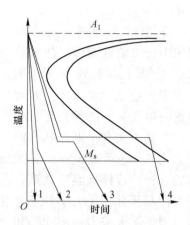

图6-39　不同淬火方法示意图
1—单液淬火；2—双液淬火；
3—分级淬火；4—等温淬火

（3）分级淬火：工件迅速放入低温盐浴或碱浴炉（盐浴或碱浴的温度略高于或略低于 M_s 点）保温 2～5 min，然后取出空冷进行马氏体转变，这种冷却方式称为分级淬火。可大大减小淬火应力，防止变形开裂。分级温度略高于 M_s 点的分级淬火适合小件的处理（如刀具）。分级温度略低于 M_s 点的分级淬火适合大件的处理，在 M_s 点以下分级的效果更好。例如，高碳钢模具在 160 ℃的碱浴中分级淬火，既能淬硬，变形又小。

（4）等温淬火：工件迅速放入盐浴（盐浴温度在贝氏体区的下部，稍高于 M_s 点）中，等温停留较长时间，直到贝氏体转变结束，取出空冷获得下贝氏体组织。等温淬火用于中碳以上的钢，目的是获得下贝氏体组织，以提高强度、硬度、韧性和耐磨性。低碳钢一般不采用等温淬火。

6.4.2　钢的淬透性与淬硬性

对钢进行淬火希望获得马氏体组织，但一定尺寸和化学成分的钢件在某种介质中淬火能否得到全部马氏体则取决于钢的淬透性。淬透性是钢的重要工艺性能，也是选材和制定热处理工艺的重要依据之一。

6.4.2.1　淬透性的基本概念

对钢进行淬火时形成马氏体的能力叫作钢的淬透性。不同成分的钢淬火时形成马氏体的能力不同，容易形成马氏体的钢淬透性高（好），反之则低（差）。

淬透性的大小用钢在一定的条件下淬火获得的淬透层的深度表示。一定尺寸的工件在某介质中淬火，其淬透层的深度与工件截面各点的冷却速度有关。如果工件截面中心的冷却速度高于钢的临界淬火速度，工件就会淬透。然而工件淬火时表面冷却速度最大，芯部冷却速度最小，由表面至芯部冷却速度逐渐降低（见图6-40（a））。只有冷却速度大于临界淬火速度的工件外层部分才能得到马氏体（图6-40（b）中阴影部分），这就是工件的淬透层。而冷却速度小于临界淬火速度的芯部只能获得非马氏体组织，这就是工件的未淬透区。

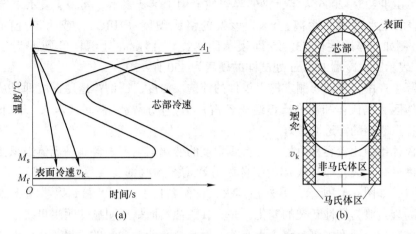

图 6-40　工件截面不同冷却速度（a）与未淬透区示意图（b）

6.4.2.2　淬透性的测定方法

测定淬透性的方法有临界淬火直径法（GB/T 1299—2014）和末端淬火试验法（GB/T 225—2006）。用这两种方法表示钢的淬透性必须保证在相同试样尺寸和相同淬火介质条件下进行比较，以消除试样截面尺寸和介质冷却能力对淬透层深度的影响。

将标准试样（$\phi25$ mm×100 mm）加热奥氏体化后，迅速放入末端淬火试验机的冷却孔中，喷水冷却。规定喷水管内径为 12.5 mm，水柱自由高度为（65 ± 10）mm，水温为（20 ± 5）℃，如图 6-41（a）所示。显然，喷水端冷却速度最大，距末端沿轴向距离增大，冷却速度逐渐减小，其组织及硬度亦逐渐变化。在试样测量面沿长度方向磨一深度 0.4～0.5 mm 的窄条平面，然后从末端开始，每隔一定距离测量一个硬度值，即可测得试样沿长度方向上的硬度变化，所得曲线称为淬透性曲线（图 6-41（b））。

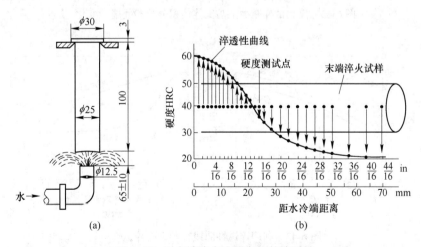

图 6-41　用末端淬火法测定钢的淬透性

（a）试样尺寸及冷却方法；（b）淬透性曲线的测定

实验测出的各种钢的淬透性曲线均收集在相关手册中。同一牌号的钢，由于化学成分和晶粒度的差异，淬透性曲线实际上为有一定波动范围的淬透性带。

　　根据 GB/T 225—2006 规定，钢的淬透性值用 J××-d 表示。其中 J 表示末端淬火的淬透性，d 表示距水冷端的距离，×× 为该处的洛氏硬度（HRC），或为该处的维氏硬度（HV30）。例如，淬透性值 J35-15 即表示距水冷端 15 mm 处试样的硬度为 35 HRC。J HV450-10 表示距水冷端 10 mm 处试样的硬度为 450 HV 30。

　　在实际生产中，往往要测定淬火工件的淬透层深度，所谓淬透层深度即是从试样表面至半马氏体区（马氏体和非马氏体组织各占一半）的距离。在同样淬火条件下，淬透层深度越大，反映钢的淬透性越好。

　　半马氏体组织比较容易由显微形貌或硬度的变化来确定。含非马氏体组织体积分数不大时，硬度变化不大，非马氏体组织体积分数增至 50% 时，硬度陡然下降，曲线上出现明显转折点，如图 6-42 所示，另外在淬火试样的断口上，也可看到以半马氏体为界，发生由脆性断裂过渡为韧性断裂的变化，并且其酸蚀断面呈现明显的明暗界线。半马氏体组织和马氏体一样，硬度主要与碳含量有关，而与合金元素含量的关系不大，如图 6-43(a) 所示。

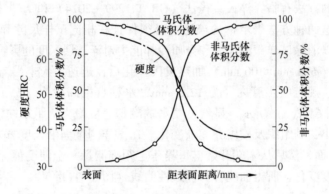

图 6-42　淬火试样断面上马氏体体积分数和硬度的变化

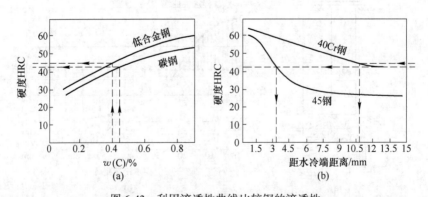

图 6-43　利用淬透性曲线比较钢的淬透性
(a) 半马氏体硬度与碳质量分数的关系曲线；(b) 45 钢和 40Cr 钢的淬透性曲线

　　需要指出，钢的淬透性与实际工件的淬透层深度并不相同。淬透性是钢在规定条件下的一种工艺性能，而淬透层深度是指实际工件在具体条件下淬火得到的表面马氏体到半马氏体处的距离，它与钢的淬透性、工件的截面尺寸和淬火介质的冷却能力等有关。淬透性好、工件截面小、淬火介质的冷却能力强则淬透层深度越大。

钢淬火后硬度会大幅提高，能够达到的最高硬度称为钢的淬硬性，它主要取决于马氏体的碳质量分数。碳质量分数小于 0.6% 的钢淬火后硬度可用下式估算：

$$洛氏硬度(HRC) = 60\sqrt{C} + 16 \tag{6-2}$$

式中，C 为钢的碳含量去掉百分号的数字。如 40 钢水淬后的硬度约为 54 HRC。

6.4.2.3 影响淬透性的因素

钢的淬透性由其临界冷却速度决定。临界冷却速度越小，即奥氏体越稳定，则钢的淬透性越好。因此，凡是影响奥氏体稳定性的因素，均影响钢的淬透性。

（1）碳含量：对于碳钢，碳质量分数影响钢的临界冷却速度。亚共析钢随碳质量分数减少，临界冷速增大，淬透性降低。过共析钢随碳质量分数增加，临界冷速增大，淬透性降低。在碳钢中，共析钢的临界冷却速度最小，其淬透性最好。

（2）合金元素：除钴以外，其余合金元素溶于奥氏体后，降低临界冷却速度，使 C 曲线右移，提高钢的淬透性，因此合金钢往往比碳钢的淬透性要好。

（3）奥氏体化温度：提高奥氏体化温度，将使奥氏体晶粒长大，成分均匀，可减少珠光体的形核率，降低钢的临界冷却速度，增加其淬透性。

（4）钢中未溶第二相：钢中未溶入奥氏体中的碳化物、氮化物及其他非金属夹杂物，可成为奥氏体分解的非自发核心，使临界冷却速度增大，降低淬透性。

6.4.2.4 淬透性曲线的应用

利用淬透性曲线，可比较不同钢种的淬透性。淬透性是钢材选用的重要依据之一。利用半马氏体硬度曲线和淬透性曲线，找出钢的半马氏体区所对应的距水冷端距离。该距离越大，则淬透性越好（图6-43(b)）。从图 6-43（b）中可知 40Cr 钢的淬透性比 45 钢要好。

淬透性不同的钢材经调质处理后，沿截面的组织和力学性能差别很大（图6-44）。图中 40CrNiMo 钢棒整个截面都是回火索氏体，力学性能均匀，强度高，韧性好。而 40Cr、40 钢芯部都为片状索氏体+铁素体，表层为回火索氏体，芯部强韧性差。截面积较大、形状复杂以及受力较苛刻的螺栓、拉杆、锻模、锤杆等工件，要求截面力学性能均匀，应选用淬透性好的钢。而承受弯曲或扭转载荷的轴类零件，外层受力较大，芯部受力较小，可选用淬透性较低的钢种。

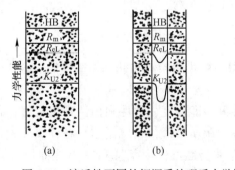

图6-44　淬透性不同的钢调质处理后力学性能的比较

（a）40CrNiMo 全淬透；（b）40Cr 钢淬透较大厚度；（c）40 钢淬透较小厚度

6.5 钢的回火

钢件淬火后，为了消除内应力并获得所要求的组织和性能，将其加热到 A_{c_1} 以下某一温度，保温一定时间，然后以适当方式冷却到室温的热处理工艺叫作回火。

淬火钢一般不直接使用，必须进行回火。其目的有三：第一，淬火后得到的是性能很脆的马氏体组织，并存在内应力，容易产生变形和开裂；第二，淬火马氏体和残余奥氏体都是不稳定组织，在工作中会发生分解，导致零件尺寸的变化，这对精密零件是不允许的；第三，获得要求的强度、硬度、塑性和韧性，以满足零件的使用要求。

对于一般碳钢和低合金钢，根据工件的组织和性能要求，回火有低温回火、中温回火和高温回火等。

6.5.1 低温回火

回火温度为 150～250 ℃。在低温回火时，从淬火马氏体内部会析出 ε-碳化物薄片（$Fe_{2.4}C$），马氏体的过饱和度减小。部分残余奥氏体转变为下贝氏体，但量不多。大部分残余奥氏体保留下来。所以低温回火后组织为回火马氏体+残余奥氏体。下贝氏体量少可忽略。其中回火马氏体（回火 M）由极细的 ε-碳化物和低过饱和度的 α 固溶体组成。在显微镜下，高碳回火马氏体为黑针状，低碳回火马氏体为暗板条状，中碳回火马氏体为两者的混合物。图 6-45 是 T12 钢淬火+低温回火后的组织（高碳回火马氏体+粒状渗碳体+残余奥氏体）。

低温回火的目的是降低淬火应力，提高工件韧性，保证淬火后的高硬度（一般为 58～64 HRC）和高耐磨性。主要用于处理各种高碳钢工具、模具、滚动轴承以及渗碳和表面淬火的零件。

6.5.2 中温回火

回火温度为 350～500 ℃，得到铁素体基体与大量弥散分布的细粒状渗碳体的混合组织，叫作回火屈氏体（回火 T）。铁素体仍保留马氏体的形态，渗碳体比回火马氏体中的碳化物粗。

回火屈氏体具有高的弹性极限和屈服强度，同时也具有一定的韧性，硬度一般为 35～45 HRC。中温回火主要用于处理各类弹簧。

6.5.3 高温回火

回火温度为 500～650 ℃，得到粒状渗碳体和铁素体基体的混合组织，称回火索氏体（回火 S）（图 6-46）。

回火索氏体综合力学性能最好，即强度、塑性和韧性都比较好，硬度一般为 25～35 HRC。通常把淬火加高温回火称为调质处理，它广泛用于各种重要的机器结构件，如连杆、轴、齿轮等受交变载荷的零件，也可作为某些精密工件如量具、模具等的预先热处理。

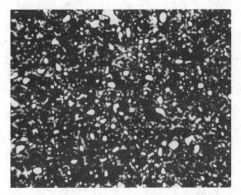

图 6-45　高碳回火马氏体+粒状渗碳体+残余奥氏体

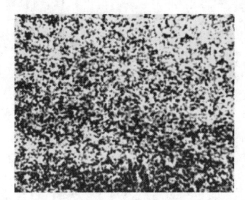

图 6-46　回火索氏体

　　钢调质处理后的力学性能和正火后的力学性能相比，不仅强度高，而且塑性和韧性也较好（表 6-5）。这和它们的组织形态有关。正火得到的是索氏体+铁素体，索氏体中的渗碳体为片状。调质得到的是回火索氏体，其渗碳体为细粒状。均匀分布的细粒状渗碳体起到了强化作用，因此回火索氏体的综合力学性能好。

表 6-5　45 钢（$\phi 20 \sim 40$ mm）调质和正火后力学性能的比较

工艺状态	力学性能				组织
	抗拉强度 R_m/MPa	伸长率 A/%	吸收能量 K_{V2}/J	硬度 HBW	
调质	750~850	20~25	60~100	210~250	回火索氏体
正火	700~800	15~20	40~65	160~220	索氏体

　　淬火钢回火过程中马氏体的碳质量分数、残余奥氏体体积分数、内应力随回火温度的提高而降低，碳化物粒子尺寸随回火温度的提高而增大。随着回火温度的升高，碳钢的硬度、强度降低，塑性提高。但回火温度太高，则塑性会有所下降（图 6-47、图 6-48）。

　　图 6-49 为淬火钢回火过程中马氏体的碳质量分数、残余奥氏体体积分数、内应力和碳化物粒子尺寸随回火温度的变化。

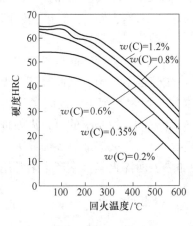

图 6-47　钢的硬度随回火温度的变化

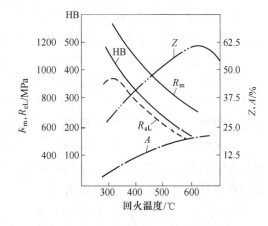

图 6-48　40 钢力学性能与回火温度的关系

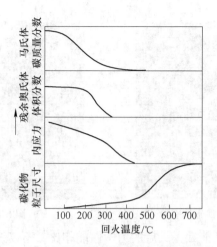

图 6-49　淬火钢组织及相关参数与回火温度的关系

6.6　钢的表面热处理

对于一些承受弯曲、扭转、冲击、摩擦等动载荷的零件，如齿轮、曲轴、凸轮轴等，性能上就要求表面层具有高的强度、硬度、耐磨性和疲劳极限，而芯部应具有足够的韧性。为了满足这一要求，可以进行多种表面强化处理，热处理工艺上有表面淬火处理和表面化学热处理两种方法。

表面淬火处理广泛应用于中碳钢、中碳合金或调质钢、球墨铸铁制造的机械零件。低碳钢表面淬火后强化效果不显著，很少用；高碳钢表面淬火后，虽然表面硬度提高，但芯部韧性仍较差，因此应用也不多，主要应用于交变载荷下的工具、量具等零件。

6.6.1　表面淬火

表面淬火是一种不改变钢件表层化学成分和芯部组织的前提下，改变表面层组织的局部淬火方法，目的是使零件表层在一定深度范围内获得高硬度和高耐磨性的回火马氏体，而芯部仍为淬火前的原始组织，保持足够的强度和韧性。表面淬火工艺简单、生产效率高、强化效果显著，热处理后变形小，生产中容易实现自动化，应用较广。

由于表面淬火时，零件的表面层加热速度较快，过热度大，奥氏体晶粒可细化，同时加热时间较短，使得奥氏体成分不均匀，淬火后马氏体成分也不均匀，因此表面淬火前进行预先热处理（调质或正火）有利于碳化物或铁素体分布均匀且细小，同时奥氏体成分也易均匀化。对于性能要求较高的重要零件要选用调质处理，一般要求的可正火处理。

根据加热方法的不同，表面淬火可分为感应加热表面淬火、火焰加热表面淬火、电接触加热表面淬火、激光与电子束表面淬火、高频脉冲加热表面淬火等。生产中最常用的是感应加热表面淬火和火焰加热表面淬火。

6.6.1.1　感应加热表面淬火

感应加热表面淬火是以交变电磁场作为加热介质，利用电磁感应现象，由工件在交变磁场中所产生的感应电流（涡流）使工件表层迅速被加热到淬火温度，随后立即进行快速冷却的一种淬火方法。

A　感应加热表面淬火的基本原理

如图 6-50 所示，将工件放入由空心铜管制成的感应器内，感应器通入一定频率的交流电产生交变磁场，工件内就会产生同频率的感应电流，感应电流在工件内形成回路，即涡流。涡流在被加热工件内沿截面的分布是不均匀的，由表层至芯部呈指数规律衰减。因此，表层电流密度较大，而芯部几乎没有电流通过，这种现象称为集肤效应。由于集肤效应使工件表层被迅速（几秒内）加热到淬火温度，随即喷水冷却，合金钢则需浸油冷却。

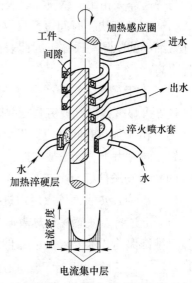

图 6-50　感应加热表面淬火

感应加热的深度取决于交流电的频率，交流电频率越高，感应加热深度越浅，即淬硬层越浅，而交流频率太低，消耗的功率较大，因此在生产中必须根据钢件的表面淬硬层深度要求来选择合适的感应加热设备。

目前，感应加热设备按输出电流频率的大小不同可分为高频、中频、低频和超音频四种，见表 6-6，最佳频率公式为：

$$最佳感应交流频率 f(Hz) = \frac{6 \times 10^4}{\delta^2} \tag{6-3}$$

式中，δ 为淬硬层深度，mm。

表 6-6　感应加热设备及其应用范围

感应加热设备	频率范围/kHz	应　用　范　围
高频感应设备	100~500	应用较广，淬硬层深度为 0.5~2 mm，适用于中小模数（$m<5$）齿轮及中小轴类等零件的表面淬火
中频感应设备	1~10	淬硬层深度为 2~10 mm，适用于大模数齿轮、较大尺寸轴类、钢轨表面及轴承套圈等零件的表面淬火
低频感应设备	0.05	淬硬层深度为 10~15 mm，适用于大直径零件、大型轧辊等零件的表面淬火
超音频感应设备	20~40	兼有高频和中频加热的优点，淬硬层沿轮廓均匀分布，淬硬层深度为 2.5~3.5 mm，适用于中小模数齿轮、花键表面、凸轮轴和曲轴等零件的表面淬火

实践表明，钢的轴类零件淬硬层深度一般为其半径的 1/10 就可以了，小直径的（10~20 mm）的钢类零件淬硬层深度可为其半径的 1/5。

为了保证工件表面淬火后的表面硬度和芯部的强韧性，一般选用中碳非合金钢和中碳合金钢。其表面淬火前的原始组织应为调质态或正火态。表面淬火后，进行低温回火以降低残余应力和脆性，保证表面的高硬度和高耐磨性。

一般来说，增加淬硬层深度可提高零件的耐磨性，但零件的塑性、韧性会降低。因此确定淬硬层深度，除了耐磨性要考虑外，还应考虑零件的综合力学性能。

B　感应加热表面淬火的特点

与普通淬火相比，感应加热表面淬火具有如下一些特点：

（1）热速度快，时间短，仅数秒就完成，使表层获得细小的奥氏体，淬火后表层得到非常细小的隐晶马氏体，因此表面硬度比普通淬火提高 2~3 HRC，故其耐磨性也比普通淬火高。

（2）由于马氏体转变产生体积膨胀，使工件表面产生很大的残余压应力，因此，感应加热淬火显著提高其疲劳强度并降低缺口敏感性。

（3）由于加热时间极短，无保温时间，工件一般不会产生氧化、脱碳等缺陷，表面质量好，同时由于芯部未被加热，淬火变形小。

（4）劳动条件好，生产率高，易实现机械化与自动化，适于大批量生产。

（5）感应加热表面淬火后需进行低温回火或自回火。

由于上述特点使感应加热表面淬火技术在生产中获得了广泛的应用，但由于设备比较昂贵，维修保养技术要求高，零件形状复杂的感应器制造困难，因而不适于单件小批量生产。

6.6.1.2　火焰加热表面淬火

如图 6-51 所示，火焰加热表面淬火是利用乙炔-氧或煤气-氧等混合气体燃烧的火焰对工件表面加热到淬火温度，并随即喷水快速冷却，从而获得表面硬化层的表面淬火方法。乙炔-氧火焰温度可达 3100 ℃，煤气-氧火焰温度可达 2000 ℃。

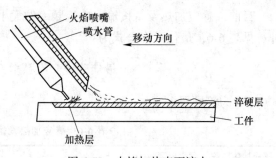

图 6-51　火焰加热表面淬火

火焰加热表面淬火的淬硬层深度一般为 2~6 mm，过深的淬硬层深度要求会引起钢件表层严重过热，从而产生淬火裂纹。淬火后的工件需立即回火，以消除应力防止开裂，回火温度一般为 180~200 ℃，回火保温时间为 1~2 h。

根据火焰嘴与零件的相对运动情况，火焰加热表面淬火可固定工件或旋转工件进行加热处理，也可固定工件让火焰喷嘴一起移动等方法进行加热。火焰加热表面淬火与感应加热表面淬火相比，具有操作简单、工艺灵活、无须特殊设备、成本低等优点。但加热温度和淬硬层深度不易控制，淬火质量不稳定，容易使工件表面产生过热，因此，适于单件、小批量生产，大型零件的表面淬火和需要局部淬火的零件。

6.6.2　化学热处理

化学热处理是将工件置于某种介质中进行加热和保温，使介质中分解析出的某些元素的活性原子渗入工件表层，从而改变工件表层的化学成分和组织以获得所需性能的一种热处理工艺，也称表面合金化。

与表面淬火等其他表面改性技术相比，它不仅使表层的组织发生变化，而且表层的化学成分也发生变化，因而能更有效地提高表面层的性能，并能获得许多新的性能。同时，它能使渗层分布与钢件轮廓形状相似，性能不受原始成分的限制。因此，在许多情况下，可以用廉价的非合金钢或低合金钢，经过适当的化学热处理，代替昂贵的高合金钢。化学热处理是目前发展最快的一种热处理工艺，且得到越来越广泛的应用。一般根据所渗入元素的不同来命名化学热处理的种类，如渗碳、渗氮（氮化）、碳氮共渗、渗金属等，常用化学热处理方法及其使用范围见表 6-7。

表 6-7 常用化学热处理方法及其使用范围

名称	渗入元素	使 用 范 围
渗碳	C	提高材料的表面硬度、耐磨性、疲劳强度。用于低碳钢零件，渗层较深，一般为 1 mm 左右
氮化	N	提高材料的表面硬度、耐磨性、耐蚀性、疲劳强度。中碳钢耐磨结构零件、不锈钢、模具钢、铸铁等也广泛采用氮化，渗层为 0.3 mm 左右。氮化层有较高的热稳定性
碳氮共渗	C、N	提高工具的表面硬度、耐磨性、疲劳强度。高温碳氮共渗以渗碳为主，低温碳氮共渗以渗氮为主
渗硫	S	提高工件耐磨性和抗咬合磨损能力
硫氮共渗	S、N	兼有渗硫和氮化的性能。适用范围及钢种与氮化相同
硫氮碳共渗	S、N、C	兼有渗硫和碳氮共渗的性能。适用范围及钢种与碳氮共渗相同
渗硼	B	提高工件的表面硬度、耐磨性及红硬性
碳氮硼共渗	C、N、B	高硬度、高耐磨性及一定的耐腐蚀性。适用于各种非合金钢、合金钢及铸铁
渗铝	Al	提高工件高温抗氧化能力和抗含硫介质腐蚀能力
渗铬	Cr	提高工件抗高温氧化能力、抗腐蚀能力及耐磨性
渗硅	Si	提高工件的表面硬度、抗腐蚀和氧化的能力
渗锌	Zn	提高工件抗大气腐蚀能力
铬铝共渗	Cr、Al	工件具有比单独渗 Cr 或渗 Al 更好的耐热性能

化学热处理种类很多，任何化学热处理过程都经过分解、吸收以及扩散三个基本过程完成。渗剂在一定温度下通过化学反应分解出渗入元素的活性原子，活性原子由钢的表面进入铁的晶格中，即被工件表面吸收。继而由工件表面向内部进行扩散迁移，形成一定深度的扩散层。在这三个基本过程中，扩散是最慢的一个过程，整个化学热处理速度受扩散速度所控制。

6.6.2.1 钢的渗碳

渗碳是将工件（一般是低碳非合金钢和合金钢）置于渗碳的活性介质中加热和保温足够长的时间，使得碳原子渗入工件表层，并形成一定浓度梯度的高碳层的化学热处理工艺。

渗碳处理的目的就是使低碳钢或低碳合金钢工件的表层有高的碳质量分数，芯部仍是低碳钢的化学成分，这样通过淬火、低温回火之后，就可使工件表层获得高硬度和高耐磨性，而芯部仍保持强而韧的性能特点。这样，工件就能承受服役条件下的复杂应力的使用性能要求。

与高频表面淬火相比，渗碳件的表面硬度较高，因而具有更高的耐磨性。同时，芯部也具有比高频表面淬火件高的强度和塑性。因此渗碳件有更高的弯曲疲劳强度，且能承受更高的挤压应力。零件服役过程中表层不崩裂、不压陷、不点蚀。而芯部则保持良好的强韧性。因此，渗碳是应用最广泛的一种化学热处理工艺，各种机器设备上许多重载荷、耐磨损的零件，如汽车、拖拉机的传动齿轮、内燃机的活塞销、轴类等，都要进行渗碳处理。

渗碳用钢一般选用碳质量分数为 0.1% ~ 0.25% 的低碳非合金钢和低碳合金钢，如 15、20、20Cr、20CrMnTi、20SiMnVB、18Cr2Ni4WA、20CrMnMoVBA 钢等。

A　渗碳方法

根据渗碳剂状态的不同，渗碳方法分为固体渗碳、液体渗碳和气体渗碳三种。其中气体渗碳由于生产率高，渗碳过程容易控制，故在生产中被广泛应用。

（1）气体渗碳：如图 6-52 所示，工件放入密封的专用井式渗碳炉或贯通式渗碳炉内，通入渗碳剂，加热到 900 ~ 950 ℃，使工件在高温的渗碳气氛中进行。

目前，气体渗碳法有两种工艺：滴注式和通气式。滴注式渗碳法就是滴入有机液体如煤油、乙醇、丙酮或甲醇等渗碳剂；通气式渗碳法就是通入煤气、丙烷、丁烷及天然气等。

在高温下渗碳剂裂解形成渗碳气氛，并产生活性碳原子，活性碳原子被工件表面吸收，溶入奥氏体中，并向内部扩散迁移形成一定深度的渗碳层，从而达到渗碳的目的。

渗碳层的深度在一定渗碳温度下取决于保温时间。保温时间越长，渗碳层越深，如表 6-8 所示，生产中一般按每小时 0.100 ~ 0.150 mm 估算或用试棒实测而定。

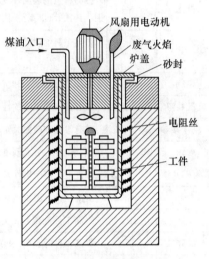

图 6-52　井式气体渗碳示意图

（图中标注：风扇用电动机、废气火焰、炉盖、砂封、电阻丝、工件、煤油入口）

表 6-8　920 ℃下渗碳时渗碳层深度与时间的关系

渗碳时间/h	3	4	5	6
渗碳层深度/mm	0.4 ~ 0.6	0.6 ~ 0.8	0.8 ~ 1.2	1.0 ~ 1.4

气体渗碳具有生产效率高、渗层质量好、便于直接淬火、劳动条件好、易实现机械化与自动化等优点，但需专用设备，设备投资大，不宜单件小批量生产。

（2）固体渗碳：固体渗碳就是将工件埋入四周填满固体渗碳剂（木炭、焦炭和碳酸盐）的渗碳箱中，加盖并用耐火泥封住，加热到 900 ℃ 左右，保温一定时间后出炉（图6-53）。该方法操作简单，但劳动条件太差且渗碳质量不易控制，故基本已淘汰。

（3）液体渗碳：液体渗碳就是把零件浸入液体渗碳剂中加热渗碳，20 世纪 50 年代的液体渗碳剂采用 NaCN、KCN 等，这些渗碳剂有毒，虽然改进的液体渗碳剂——盐浴（NaCl+KCl+Na$_2$CO$_3$+(NH$_3$)$_2$CO$_3$+木炭粉）无毒，但盐浴中仍产生有毒物质污染环境，且渗碳质量不稳定，故液体渗碳方法已被淘汰。

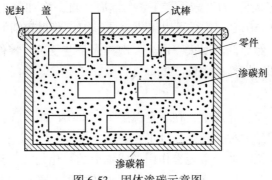

图 6-53　固体渗碳示意图

B　渗碳后的组织

低碳钢经渗碳后，表层碳的质量分数为 0.9% 左右，从表面到芯部碳含量逐渐减少，芯部则为原来低碳钢的碳质量分数。因此，低碳钢渗碳后缓冷至室温，由表层至芯部的组织依次为：过共析组织→共析组织→亚共析组织。

目前，一般低碳钢的渗碳层深度是指从表面到 $w(\mathrm{C})=0.4\%$ 处的深度，合金钢的渗碳层深度则指从表面一直到基体原始组织为止。工件经过渗碳热处理（淬火+低温回火）后的最终组织：表面为针状回火马氏体及二次渗碳体，还有少量的残余奥氏体，表面硬度可达 58~62 HRC。芯部组织随钢的淬透性而决定，碳钢芯部组织一般为珠光体和铁素体，合金钢一般为低碳马氏体和铁素体。

C　渗碳后的热处理

工件渗碳后必须进行淬火和低温回火，才能有效地发挥渗碳层的作用，中、高合金钢渗碳淬火后还要求进行冷处理。

D　渗碳件的淬火工艺

渗碳件的淬火工艺有多种，如图 6-54 所示。

（1）直接淬火：工件渗碳后出炉预冷到 800~850 ℃淬火，然后及时进行回火，一般采用低温回火，温度通常为 160~220 ℃，时间为 2~4 h。这种方法最简便，生产效率高，但由于渗碳后奥氏体晶粒长大，淬火后马氏体较粗大，残余奥氏体也较多，因此只用于组织、性能和变形要求不高、承载较低的零件，以及组织不易变粗大的细晶粒钢。

（2）一次淬火：渗碳件出炉缓冷（或空冷）后，再重新加热淬火并低温回火。目的是细化芯部组织和消除表层网状渗碳体。

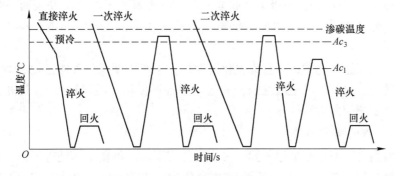

图 6-54　渗碳后的热处理工艺

（3）二次淬火：渗碳件出炉缓冷（或空冷）后，再二次加热，二次淬火，二次淬火加热温度为 A_{c_1} 以上 $30\sim50\,℃$，这样可以细化表层组织，获得较细的马氏体和均匀分布的粒状二次渗碳体组织，然后低温回火。由于二次淬火工艺复杂，零件变形大，故只用于表面要求高耐磨性、芯部高韧性的零件。

6.6.2.2　钢的氮化

氮化是将工件放入渗氮介质中，在一定温度下（$480\sim580\,℃$），保温一定时间，使活性氮原子渗入工件表层的一种化学热处理工艺。

氮化主要通过氮与钢中的合金元素作用形成弥散的氮化物，起到了强化的作用。因此氮化工艺主要应用于耐磨性要求高、疲劳强度好和热处理变形小的精密零件，如精密机床的主轴、丝杠、镗杆、精密齿轮以及阀门等零件。氮化可以使钢获得优异的性能，极高的表面硬度（$1000\sim1200\ \text{HV}$）和很高的耐磨性，并可保持到相当高的温度（$600\sim650\,℃$）而不明显下降。高的抗咬合性，很高的疲劳强度，低的缺口敏感性，相当好的耐蚀性，且热处理变形极小等。但其最大的缺点是工艺时间太长，要得到 $0.3\sim0.5\ \text{mm}$ 的氮化层，需要 $30\sim50\ \text{h}$，甚至长达 $100\ \text{h}$，且氮化层脆性大。所以，氮化零件不能承受较大的接触应力和较大的冲击载荷。

根据氮化介质的状态，氮化方法有气体氮化、离子氮化等。

A　气体氮化

气体氮化是将工件放入通有氨气流的井式氮化炉内，在 $500\sim570\,℃$ 使氨气分解出活性氮原子，反应式为：$2NH_3 = 3H_2 + 2[N]$。活性氮原子被工件表面吸收，并向内部扩散迁移形成一定深度的氮化层。

根据氮化的目的，有抗磨氮化和抗蚀氮化。抗磨氮化又称"硬氮化"或"强化氮化"，其氮化温度不宜过高，一般在 $500\sim570\,℃$ 进行，且采用专门的氮化钢，应用最多的是 38CrMoAlA 钢。抗蚀氮化是使工件表面形成厚度为 $0.015\sim0.06\ \text{mm}$ 的 ε 相致密层，以提高工件对自来水、湿空气、过热蒸汽以及碱性溶液的耐蚀性，但不耐酸液腐蚀。为加速氮化过程，也为使 ε 相致密，氮化温度可提高到 $590\,℃$ 以上，最高可达 $720\,℃$。抗蚀氮化可应用于低合金钢、碳钢以及铸铁件等，代替镀镍、镀锌等处理。

B　离子氮化

离子氮化是利用稀薄气体的辉光放电现象进行氮化的，在电场的作用下，被电离的氮离子以极高的速度轰击零件表面，使工件表面温度升高到所需的氮化温度（$450\sim650\,℃$）。一方面，氮离子在阴极上夺取电子后还原成氮原子渗入工件表面，并逐渐扩散形成氮化层；另一方面，工件表面的铁离子与氮离子形成 FeN、Fe_2N、Fe_3N 等化合物，形成氮化层。

离子氮化比气体氮化优越，首先氮化速度快，生产周期仅为气体氮化的 $1/4\sim1/2$，其次氮化层质量高，对材料的适应性强，故适用于各种齿轮、活塞销、气门、曲轴等零件，尤其对氮化层要求较薄的零件。

6.6.2.3　钢的碳氮共渗

碳氮共渗是将碳原子和氮原子同时渗入工件表层的一种化学热处理工艺。目前碳氮共渗的方法主要是气体碳氮共渗。按处理温度分为高温（$900\sim950\,℃$）碳氮共渗、中温

（780~880 ℃）碳氮共渗和低温（500~600 ℃）氮碳共渗。高温碳氮共渗以渗碳为主；低温碳氮共渗以氮化为主，而渗碳次之，又称软氮化。

A 气体碳氮共渗

气体碳氮共渗以渗碳为主，其工艺与渗碳相似，常用渗剂为"煤油+氨气"，加热温度为820~860 ℃，与渗碳相比，加热温度低，零件变形小，生产周期短，渗层具有较高的硬度、耐磨性和疲劳强度。但由于共渗层薄，故生产中主要用于要求变形小，耐磨及抗疲劳的薄件、小件，如自行车、缝纫机及仪表零件，以及汽车、机床变速齿轮和轴类。

B 气体氮碳共渗（软氮化）

气体氮碳共渗以氮化为主，目的是提高钢的耐磨性和抗咬合性。所用渗剂为"尿素+氨气+渗碳气体"的混合气体，共渗温度为520~570 ℃，由于活性碳原子和氮原子同时存在，使渗入速度大为提高，一般仅1~3 h就能达到0.01~0.02 mm的渗层深度。与一般氮化相比，渗层硬度较低（400~700 HV），脆性小，适用于任何钢种及铸铁件。但由于渗层薄，对在重载条件下工作的零件不适用。常用于处理高速刃具、各种模具及球墨铸铁曲轴等零件。

6.7 其他热处理工艺简介

如前所述，热处理是通过加热、保温和冷却来实施的。热处理发展的主要趋势是不断地改革加热和冷却技术。随着工业及科学技术的发展，热处理工艺在不断改进，发展了新的热处理工艺，如真空热处理、可控气氛热处理、形变热处理、激光热处理和电子束表面淬火等。

（1）真空热处理：真空热处理是指在低于一个大气压的环境中进行加热的热处理工艺。它包括真空淬火、真空退火、真空回火、真空渗碳等。工件在真空加热时，不会产生氧化、脱碳现象，工件的表面质量和疲劳强度将得到提高。目前主要用于工模具和精密零件的热处理。

（2）可控气氛热处理：可控气氛热处理是指在炉气成分可控制在预定范围内的热处理炉中进行的热处理。其目的是防止零件加热时的氧化、脱碳，有效地进行渗碳、碳氮共渗等化学热处理。

（3）形变热处理：形变热处理是指将塑性变形和热处理结合，获得形变强化和相变强化综合效果的热处理工艺。与普通热处理相比，不但提高了工件的强度，而且提高了塑性、韧性和疲劳强度。形变热处理的方法很多，主要包括高温形变热处理、低温形变热处理、等温形变热处理等。

（4）激光热处理：激光热处理是指以高能量激光作为能源以极快速度加热工件并自冷强化的热处理工艺。其特点是加热区域小，加热速度快；晶粒细小，工件变形小等。目前主要适用于精密零件和关键零件的局部表面淬火。

（5）电子束表面淬火：电子束表面淬火是指利用电子枪发射成束电子，使工件表面极速加热并自冷强化的热处理工艺。其能量利用率大大高于激光热处理。

本 章 小 结

　　热处理是采用适当的方式对金属材料或工件进行加热、保温和冷却，以获得预期的组织和性能的工艺。热处理能显著提高材料的力学性能，满足零件的使用要求并延长其使用寿命，还可以改善材料的加工性能，提高加工质量和劳动生产率。加热时 Fe-Fe$_3$C 相图、共析钢奥氏体形成示意图、共析钢等温转变曲线和连续转变曲线、钢冷却发生的珠光体、马氏体、贝氏体转变以及回火转变是本章重点内容，在此基础上，掌握普通热处理（退火、正火、淬火和回火）工艺规范的确定，熟悉经相应热处理后的材料组织与性能特点。了解钢的表面热处理及其他新型热处理工艺方法。

复习思考题

6-1　比较下列名词：奥氏体、过冷奥氏体及残余奥氏体；珠光体、屈氏体与索氏体；马氏体与回火马氏体，索氏体与回火索氏体，屈氏体与回火屈氏体；淬透性与淬硬性；完全退火与球化退火。

6-2　什么是钢的热处理？热处理在机械制造业中有何意义，它分哪些类型？

6-3　指出 A_1、A_3、A_{cm}、A_{c_3}、A_{c_1}、$A_{c_{cm}}$、A_{r_1}、A_{r_3}、$A_{r_{cm}}$ 各临界点的意义。

6-4　共析钢的奥氏体化过程分为哪几个阶段？

6-5　过冷奥氏体在不同温度等温转变时分别获得哪些产物，它们的性能如何？

6-6　退火热处理的目的是什么，退火热处理有哪几类？

6-7　什么是正火，正火的应用范围有哪几方面？

6-8　何谓临界冷却速度，它与钢的淬透性有何关系？

6-9　什么是淬火，淬火的目的是什么，淬火方法有几种？

6-10　什么是回火，回火的目的是什么，回火组织与退火、正火的组织在性能上有何区别？

6-11　何谓表面热处理？常用的表面热处理方法有哪些？

6-12　新近发展的热处理工艺方法有哪些？各自特点是什么？

7 钢铁材料

【本章学习要点】本章介绍了钢铁材料相关知识，主要内容包括钢铁的冶炼，钢的分类与牌号，各种类型的钢铁材料，包括工程结构钢、机械制造用钢、工具钢、特殊性能钢和铸铁等。要求了解炼铁、炼钢、钢材成型和钢材产品，了解钢的分类与牌号，熟悉各种类型钢铁材料的成分、性能特点与主要应用。

钢铁材料是工程应用中最重要的金属材料。钢铁材料是以铁碳合金为基础的材料，主要包括钢（合金钢、非合金钢）和铸铁。钢铁材料中的非合金钢（碳钢）与低合金钢，便于冶炼、容易加工、价格低廉，通过调整成分和工艺可以改善性能，能满足很多生产上的需求，因此至今仍是应用最广泛的钢铁材料。但由于其力学性能通常较低，淬透性差，以及不能满足一些特殊的物理、化学性能如耐腐蚀性等，使得在多数重要场合和某些特殊场合只能采用在非合金钢基础上有意添加合金元素而生产的合金钢。铸铁是以铁、碳和硅为主要成分，并有共晶转变的工业铸造合金的总称。与钢相比，铸铁熔点低，铸造性能好，原料成本低，生产设备要求低，生产流程短且技术难度小，材料利用率高，并因存在石墨相而具有良好的减震性和润滑性等独特优点，故而获得了广泛应用。但其也存在一些缺点，包括不能进行变形加工、焊接性能差、塑韧性等明显低于钢等。

7.1　钢铁冶炼

钢铁冶炼包括从开采铁矿石到使之变成供制造产品所使用的钢材和铸造生铁为止的过程，炼铁、炼钢、浇铸、轧钢均为其中的主要工艺环节。图 7-1 给出了其基本过程。

7.1.1　炼铁

炼铁的原料主要是铁矿石、焦炭和熔剂。使用的主要设备为高炉，由炉体本身及其附属系统（主要有供料系统、加料装置、送风系统等）组成。高炉炼铁过程见图 7-2。

高炉主要用于生产两类生铁：一类是炼钢生铁，占生铁总产量的 80%~90%，它专供炼钢之用，其碳含量一般为 4.0%~4.4%，硅含量通常低于 1.5%，有利于缩短炼钢吹炼时间。不同炼钢法对生铁的其他元素的含量也有不同的要求；另一类是铸造生铁，占生铁总产量的 10%~20%，它是供机械制造厂用于生产成型铸件的，与炼钢生铁相比，其成分的最大特点是硅含量较高，一般为 2.75%~3.25%，因为硅能促进生铁中碳的石墨化，使铁水有良好的填充性能，并有利于抗震减磨。

高炉中还可冶炼铁与其他元素的铁合金，如硅铁、锰铁等，用作炼钢时的脱氧剂和合金元素添加剂。

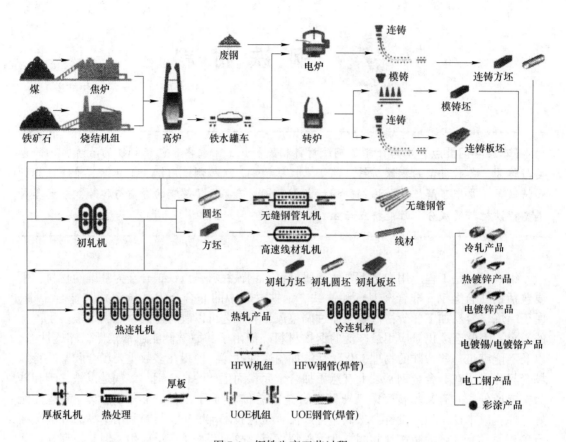

图 7-1 钢铁生产工艺过程

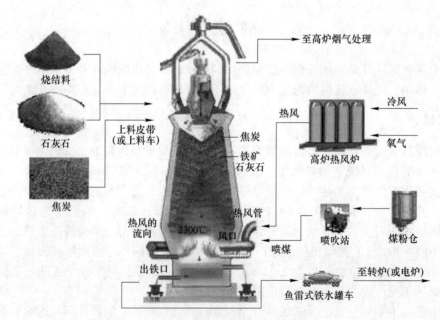

图 7-2 高炉炼铁工艺示意图

7.1.2 炼钢

炼钢的目的就是去除生铁中多余的碳和大量杂质元素，使其化学成分达到钢的标准。根据炼钢所用的设备不同，一般炼钢方法包括转炉炼钢、电弧炉炼钢和平炉炼钢，以及特种冶金方法。其中平炉炼钢法已被淘汰。

7.1.2.1 转炉炼钢

转炉炼钢法是最早的大规模生产液态钢的方法，几经改进，现在仍然是现代炼钢最主要的手段（转炉钢占总钢产量的90%甚至更高）。转炉炼钢以高炉冶炼出来的炼钢生铁作为主要原料。

转炉为梨形容器，因装料和出钢时需倾转炉体而得名。转炉炼钢过程如图7-3所示。冶炼时，将氧气（早期为空气）吹入直接由高炉或化铁炉提供的温度为1250~1400 ℃的液态生铁中，使其中的碳、硅、锰、磷等元素迅速氧化，并靠这些元素氧化反应时所放出的大量热来升高铁水的温度，熔化造渣材料，从而在熔渣和铁水间发生一系列物理化学反应，把碳氧化到一定范围，并去除铁液中的杂质元素。吹炼完毕后即可脱氧出钢。

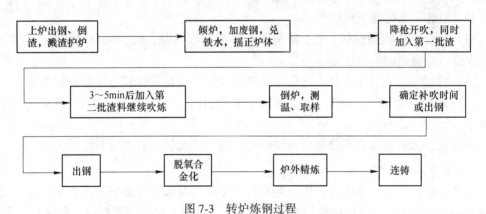

图7-3　转炉炼钢过程

目前，世界各国采用的转炉绝大多数是氧气转炉，其主要特点是生产率高、钢的质量好、可炼品种多、原料适应性强、成本低、投资少等。转炉炼钢模式也已由传统的单纯用转炉冶炼发展为铁水预处理—复吹转炉吹炼—炉外精炼—连铸这一新的工艺流程。氧气转炉已由原来的主导地位变为在新工艺流程中主要承担初炼任务（炉料熔化、脱磷、脱碳和主合金化），而脱气、脱氧、脱硫、去除夹杂物和进行成分微调等任务则放在炉外的"钢包"或者专用的容器中进行的精炼阶段完成。

7.1.2.2 电弧炉炼钢

电弧炉是利用电极电弧产生的高温熔炼矿石和金属的电炉，通过石墨电极向电弧炼钢炉内输入电能，以电极端部和炉料之间产生的电弧为热源进行炼钢。电弧炉炼钢所用的金属炉料主要是废钢。

电弧炉炼钢炉温和热效率高，电弧区温度高达3000 ℃以上，可以快速熔化各种金属炉料，并使钢液温度迅速加热到1600 ℃以上，且温度易调整和控制。其热效率一般可达65%以上。炉内气氛既可为氧化性气氛，又可为还原性气氛。有利于除去钢中有害元素和非金属夹杂，有利于钢的合金化和钢的成分的控制，更适合冶炼特殊钢和高品质合金钢。

但电弧炉炼钢电能消耗大，生产率低于转炉，炼钢的成本高于转炉。

7.1.2.3 平炉炼钢

用平炉以煤气或重油为燃料，在燃烧火焰直接加热的状态下，将生铁和废钢等原料熔化并精炼成钢液的一种炼钢方法。平炉炼钢法的最大缺点是冶炼时间长（一般需要 6 ~ 8 h），燃料耗损大（热能的利用率只有 20% ~ 25%）等。20 世纪 60 年代，平炉炼钢法失去其主力地位。至今，平炉已经被淘汰。

7.1.2.4 炉外精炼

为提高钢的纯净度、降低钢中有害气体和夹杂物含量，目前广泛采用炉外精炼技术，以实现一般炼钢炉内难以达到的精炼效果。

炉外精炼指将转炉或电弧炉中初炼过的钢液移到另一个容器中进行精炼的炼钢过程，又称为"钢包冶金""二次炼钢"等。目的是将初炼的钢液在真空、惰性气体或还原性气氛的容器中进行脱气、脱氧、脱硫，去除夹杂物和进行成分微调甚至钢液温度微调等。将炼钢分为初炼和精炼两步进行，可大幅提高冶金质量，并将钢中有害杂质大幅降低，缩短冶炼时间，简化工艺过程并降低生产成本。

炉外精炼可以完成下列任务：

（1）降低钢中的硫、氧、氢、氮和非金属夹杂物含量，改变夹杂物形态，以提高钢的纯净度，改善钢的力学性能。

（2）深脱碳，在特定条件下把碳降到极低含量，满足低碳和超低碳钢的要求。

（3）微调合金成分，将成分控制在很窄的范围内，并使其分布均匀，降低合金消耗，提高合金元素收得率。

（4）将钢水温度调整到浇铸所需的范围内，降低包内钢水的温度梯度。

7.1.2.5 特种冶金

特种冶金又称特种电冶金，是一类区别于转炉、电弧炉等通用冶炼方法的冶金方法，用于进一步提高钢或合金的冶金质量或熔炼在大气条件下不易熔炼的活泼金属与合金。一般分为电渣冶金、真空电弧重熔、电子束熔炼、等离子熔炼等数种。

特种冶金的产品总量不大，不到钢总产量的 1%，但在高新技术和国防尖端领域占有极为重要的地位。它们是生产高质量特殊钢及高温合金、难熔合金、活泼金属、高纯金属及近终形铸件的手段。

7.1.3 浇铸

将液态的钢水浇铸成固态的钢坯，称为浇铸，又分为模铸和连铸。

7.1.3.1 模铸

模铸是将钢水注入钢锭模内，待凝固脱模后成为钢锭。由于模铸工艺的凝固过程慢，且难以控制，故模铸钢锭偏析严重；同时模铸工艺为间歇生产，生产率低，随着连续浇铸技术的发展，其所占的比例已很小。但机械工业用大锻件还需用大的模铸锭（或经特殊处理，如电渣重熔等）来制造，电渣重熔等特种冶金用钢锭也仍需用模铸方法生产。

模铸时，随炼钢中脱氧方式不同，所得钢有镇静钢、半镇静钢和沸腾钢等之区分，其钢坯也有很大区别，其中，沸腾钢为脱氧不完全的钢，未经脱氧或未充分脱氧，浇铸时钢液中碳和氧会发生反应产生 CO 气体而发生沸腾现象，凝固后蜂窝气泡分布在钢锭中（图7-4(a) 中6~8号钢锭），在轧制过程中这种气泡空腔会被黏合起来。这类钢的优点是钢的收率高，生产成本低，表面质量和深冲性能好。缺点是钢的杂质多，成分偏析较大，所以性能不均匀。镇静钢在浇铸前钢水进行了充分脱氧，浇铸时钢液平静而不沸腾，但钢锭顶部可能会出现大的集中缩孔（图7-4(a) 中1号钢锭）。半镇静钢的脱氧程度介于镇静钢和沸腾钢之间，在浇铸过程中仍存在微弱沸腾现象。压盖沸腾钢或加盖钢则介于半镇静钢和沸腾钢之间。

如图7-4(b) 所示，模铸的镇静钢钢锭纵剖后从边缘到中心的宏观组织是：细小等轴晶带（又称激冷层）、柱状晶带、中心粗大等轴晶带（又称锭心带）。与沸腾钢和半镇静钢相比，镇静钢的收得率低，但组织致密，偏析小，质量更高。优质钢和合金一般都是镇静钢。

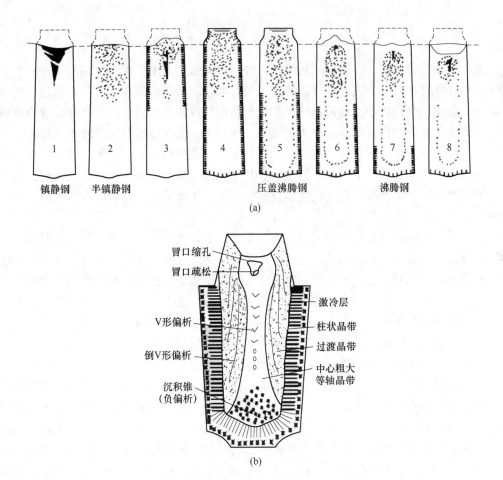

图 7-4　不同类型的模铸钢坯示意图

（a）不同脱氧程度的系列模铸钢坯；（b）镇静钢钢坯剖面宏观组织示意图

7.1.3.2　连铸

由钢包中浇出的钢水不断通过水冷结晶器，凝成硬壳后从结晶器下方出口连续拉出，经喷水冷却全部凝固成坯的铸造工艺过程，称为连续铸钢，简称连铸，见图7-5(a)。

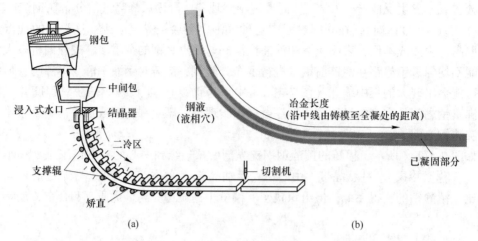

图 7-5 弧形连铸示意图

(a) 连铸工艺过程示意图；(b) 连铸坯凝固过程示意图

和传统的模铸相比，连铸可简化生产工序，提高生产效率；提高金属收得率；直接热送轧制以降低能耗；生产过程可控，易于实现自动化；铸坯内部组织均匀、致密，树枝晶间距小，化学成分偏析小，连铸坯轧出的板材横向性能优于模铸，深冲性能也有所改善。

连铸坯主要分为板坯和方坯（大方坯、小方坯）。板坯的截面宽高的比值较大，主要用来轧制板材。方坯的截面宽、高相等或差别不大，主要用来轧制型钢、线材。薄带坯连铸则可直接铸出厚度仅为 1~3 mm 的薄带，其冷却速度高、晶粒细化、偏析减轻，形状尺寸和性能都接近最终产品，是现代连铸技术发展的一个新方向。连铸坯全部是镇静钢，沸腾钢不能用连铸方法生产。

钢水连铸的凝固过程与钢锭模铸的有所不同。在连铸过程中，钢水浇入结晶器后边传热、边凝固、边运行，其凝固过程包括 3 个阶段：钢液注入结晶器后受到激冷形成初生坯壳；坯壳边向下移动，边放出热量，边向中心凝固。由于拉速通常都比结晶速度快，因此其内部有一相当长的呈倒锥形的未凝区，称为液芯或"液相穴"。带液芯的铸坯进入二冷区再经喷水或喷雾冷却后才完全凝固，形成连铸坯，见图 7-5(b)。结晶器内约有 20% 钢水凝固，带有液芯的坯壳从结晶器拉出来进入二冷区接受喷水冷却，喷雾水滴在铸坯表面带走大量热量，使表面温度降低，这样在铸坯表面和中心之间形成了大的温度梯度。垂直于铸坯表面散热最快，使树枝晶平行生长而形成了柱状晶。同时在液芯内的固液交界面的树枝晶被液体的强制对流运动而折断，打碎的树枝晶一部分可能重新熔化，加速了过热度的消失，另一部分晶体可能下落到液相穴底部，作为等轴晶的核心而形成等轴晶。铸坯在二冷区的凝固直至柱状晶生长与沉积在液相穴底部的等轴晶相连接、钢液完全凝固为止。

类似于模铸钢坯从表层到芯部的 3 个带，连铸坯典型的低倍组织（宏观组织）也是由 3 个带组成的。靠近表皮的是细小等轴晶带（激冷区），其次是像树枝状的晶体组成的柱状晶带，它的方向是垂直于表面，中心是粗大的等轴晶带。但是，由于连铸过程的自身特点，导致连铸坯的凝固及其内部组织结构及钢坯缺陷具有下列特点：

（1）在正常情况下，连铸坯凝固时，沿连铸机任一位置的凝固条件都不随时间变化，因此，除铸坯头尾两端外，铸坯沿长度方向内部组织均匀一致（由表层到芯部同样的三区分布）。

（2）由于使用水冷结晶器和二冷区喷水或喷雾冷却，连铸坯的冷却强度比钢锭的大，铸坯凝固速度快，铸坯的激冷层较厚，晶粒更细小，而且可以得到特有的无侧枝的细柱状晶，内部组织致密。

（3）连铸坯相对断面都较小，而液相穴很深（有的可达十几米），钢液如同在一个特大的高宽比的钢锭模内凝固。因此内部未凝固钢液的强制循环区小，自然对流也弱，加之凝固速度快，使铸坯成分偏析小，比较均匀；但其中心部位具有最后凝固的结晶特点且冷速较小，易出现中心偏析。

（4）由于连铸时钢水不断补充到液相中，故连铸坯中不会出现图7-4（a）中1号铸锭中那样的集中缩孔，但在连铸钢坯靠近中心位置钢液最后凝固体积收缩的区域，仍然可能出现缩孔与疏松。

（5）连铸时钢液的凝固过程可以控制，可以通过对冷却和凝固条件的控制和调整，获得健全的也比较理想的连铸坯内部结构，从而改善和提高铸坯的内在质量。

（6）连铸产生的特有应力状态导致连铸钢坯内部产生裂纹缺陷等。例如连铸方坯中的角部裂纹、边部裂纹（由细小等轴晶带与柱状晶带连接处沿柱状晶界向内扩展）、中间裂纹（在柱状晶区内产生并沿柱状晶扩展）、中心裂纹等。

7.1.4 轧钢与钢材品种

轧制是金属塑性变形加工（压力加工）方法中的一种。轧制也叫压延，它是指金属坯料通过转动轧辊间的缝隙，承受压缩变形，从而在长度上产生延伸的过程（图7-6）。

轧制的目的，一方面是为了得到所需要的形状，例如板带材、管材、各种型材以及线材等；另一方面是为了改善金属材料的内部质量，提高金属材料的力学性能。90%左右的钢材是用轧制方法成型的。

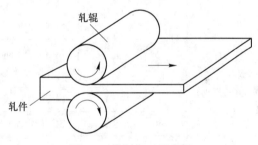

图7-6 轧制加工示意图

通过轧钢，可以将钢锭坯加工成为板、带、棒、线、管等不同形状的钢材。

由钢锭或钢坯轧制成一定规格和性能的钢材的一系列加工工序的组合，称为轧钢生产工艺过程。冶金行业的轧钢工艺，按轧钢产品的不同可分为初轧（将钢锭轧成钢坯）、粗轧（将钢坯轧成接近成品的毛坯）和精轧（将毛坯轧制成钢材成品）等不同工序；按机架数目的不同可分为单机架轧制和连轧（一根轧件在串列式轧机上同时在两个或两个以上的机架中进行的连续轧制）；按轧制温度不同可分为热轧与冷轧（常温下轧制为冷轧，在高于钢的再结晶温度的高温下进行的轧制则称为热轧）。液态金属连续通过水冷结晶器凝固后直接进入轧机进行塑性变形的工艺方法则称为连铸连轧。

热轧需要的轧制力较小，轧制成品几何尺寸不够精确，但可以破碎粗大的铸态组织，细化晶粒，焊合铸坯中的疏松等缺陷，有利于钢材性能的进一步改善。而冷轧需要的轧制力较大，通常是用热轧后经过酸洗和退火处理的钢卷作坯料，冷轧成品几何尺寸较精确，但仅适用于断面尺寸小的型材和厚度小的薄钢板带。冷轧钢材中存在冷轧导致的加工硬化（位错强化），强度高而塑性差，必要时需经过退火处理才能使用。

　　根据断面形状的不同，钢材一般分为型材、板材、管材和金属制品四大类。为使用方便，又可根据断面形状、尺寸、质量和加工方法等，进一步细分为更多钢材种类，见表7-1。

　　对于特殊钢，必要时亦需要利用锻锤或水压机将钢锭锻压成钢坯或钢材。

表 7-1　按产品形状分成的钢材品种举例

类别	品种	说　明
型材 （全长具有特定断面形状和尺寸的实心钢材）	重轨	每米重量大于 30 kg 的钢轨（包括起重机轨）
	轻轨	每米重量小于或等于 30 kg 的钢轨
	大型型钢	普通钢圆钢、方钢、扁钢、六角钢、八角钢、工字钢（含 H 型钢）、槽钢（U 型钢）、球扁钢、钢板桩、等边和不等边角钢及螺纹钢等。依型钢种类按尺寸大小分为大、中、小型型钢
	中型型钢	
	小型型钢	
	线材	直径 5~10 mm 的圆钢和盘条（亦可归属于小型型钢类）
	弯型钢	将钢材或钢带冷弯成型制成的型钢
	优质型材	优质钢圆钢、方钢、扁钢、六角钢等
	其他钢材	包括重轨配件、车轴坯、轮箍等
板带材 （宽/厚比值很大的扁平钢）	薄钢板	厚度等于和小于 4 mm 的钢板
	厚钢板	厚度大于 4 mm 的钢板。分为中板（厚度大于 4 mm，小于 20 mm）、厚板（厚度大于 20 mm，小于 60 mm）、特厚板（厚度大于 60 mm）
	钢带（带钢）	厚度 0.2 mm 以下，长而窄并成卷供应的薄钢板
	电工硅钢薄板	也叫硅钢片或矽钢片
管材 （全长为中空断面，且长度/周长比值较大的钢材）	无缝钢管	用热轧、热轧-冷拔或挤压等方法生产的管壁无接缝的钢管
	焊接钢管（焊管）	将钢板或钢带卷曲成型，然后焊接制成钢管的钢材
金属制品	金属制品	包括钢丝、钢丝绳、钢绞线等

7.2　钢的分类与牌号

　　由于钢材品种繁多，为了便于生产、保管、选用与研究，必须对钢材加以分类与编号。

7.2.1　钢的分类

　　按照不同的分类方法，如按用途、化学成分、冶金质量、微观组织的不同等，可将钢分为许多类。

（1）按用途分类：按钢材的用途可分为结构钢、工具钢、特殊性能钢三大类。

结构钢是指用于制造各种工程结构（船舶、桥梁、车辆、压力容器等）和各种机器零件（轴、齿轮等）的钢。其中用于制造工程结构的钢称为工程结构钢，用于制造机器零件的钢称为机械制造结构钢。机械制造结构钢又包括渗碳钢、调质钢、弹簧钢、滚动轴承钢等。

工具钢是用来制造各种工具的钢。根据工具用途不同可分为刃具钢、模具钢与量具钢。

特殊性能钢是具有特殊物理化学性能的钢。可分为不锈钢、耐热钢、耐磨钢、电工钢等。

（2）按化学成分分类：按钢材的化学成分可分为非合金钢和合金钢两大类。

非合金钢按碳含量又可分为低碳钢（$w(C) \leqslant 0.25\%$）、中碳钢（$w(C) = 0.25\% \sim 0.60\%$）和高碳钢（$w(C) \geqslant 0.60\%$）。此外，碳含量$<0.0218\%$的铁碳合金称为工业纯铁，有时也归于钢类。

根据合金钢中含合金元素总量的多少，可以把其分为低合金钢（含合金元素总量小于5%）、中合金钢（含合金元素总量在$5\% \sim 10\%$）和高合金钢（含合金元素总量在10%以上）。此外，根据钢中所含主要合金元素种类不同，也可分为锰钢、铬钢、铅镍钢、铬锰钴钢等。

（3）按冶金质量分类：主要是按钢材中有害杂质磷、硫的含量分，可分为普通钢（$w(S) \leqslant 0.055\%$，$w(P) \leqslant 0.045\%$）、优质钢（$w(S) \leqslant 0.035\%$，$w(P) \leqslant 0.035\%$）、高级优质钢（$w(S) \leqslant 0.030\%$，$w(P) \leqslant 0.030\%$）和特级优质碳素钢（$w(S) \leqslant 0.025\%$，$w(P) \leqslant 0.025\%$）。

此外还可按冶炼时脱氧程度，将钢分为沸腾钢（脱氧不完全）、镇静钢（脱氧比较完全）及半镇静钢。

（4）按微观组织分类：按平衡状态或退火状态的组织，可分为亚共析钢、共析钢、过共析钢和莱氏体钢。按钢正火态的组织，可分为珠光体钢、贝氏体钢、马氏体钢、奥氏体钢四种。

在对钢的产品命名时，往往把用途/成分、质量等几种分类方法结合起来，如碳素结构钢、优质碳素结构钢、合金结构钢、合金工具钢等。

7.2.2 钢的牌号

钢的牌号是按照牌号编制标准对钢进行的编号命名。原则上，牌号应当简明，通过牌号应能大致看出钢的成分和用途。世界各国钢的编号方法不一样，中国国家标准《钢铁产品牌号表示方法》（GB/T 221—2008）规定了我国钢铁产品牌号的表示方法，明确钢铁产品牌号通常采用大写汉语拼音字母、化学元素符号和阿拉伯数字相结合的方法表示，但不同钢种的牌号表示方法也不尽相同。另外，《钢铁及合金牌号统一数字代号体系》（GB/T 17616—2013）也规定了一套数字代号体系，以解决牌号表示烦琐、难记，提高牌号表示的实用性，以及与国际通用标准牌号的对照性。以下介绍GB/T 221—2008的规定。

7.2.2.1 碳素结构钢和低合金结构钢

碳素结构钢和低合金结构钢的牌号通常由四部分组成。

第一部分：前缀符号+强度值（以 N/mm^{2}或 MPa 为单位），其中通用结构钢前缀符号为代表屈服强度的拼音的字母"Q"，专用结构钢的前缀符号有专门规定，如热轧光圆钢筋为"HPB"。

第二部分（必要时）：钢的质量等级，用英文字母 A、B、C、D、E、F、…表示。

第三部分（必要时）：脱氧方式表示符号，即沸腾钢、半镇静钢、镇静钢、特殊镇静钢分别以"F""b""Z""TZ"表示。镇静钢、特殊镇静钢表示符号通常可以省略。

第四部分（必要时）：产品用途、特性和工艺方法表示符号，如用于锅炉或压力容器为"R"，用于锅炉钢管为"G"，用于桥梁为"Q"，等等。

举例说明，如碳素结构钢 Q235AF，是指最小屈服强度为 235 MPa 的 A 级沸腾钢；最小屈服强度为 355 MPa 的低合金高强度结构钢 D 级特殊镇静钢表示为 Q355D；HPB235 是屈服强度特征值为 235 MPa 的热轧光圆钢筋，等等。

7.2.2.2　优质碳素结构钢和优质碳素弹簧钢

优质碳素结构钢和优质碳素弹簧钢牌号通常由五部分组成。

第一部分：以两位阿拉伯数字表示平均碳含量（以万分之几计）。

第二部分（必要时）：较高锰含量的优质碳素结构钢，加锰元素符号 Mn。

第三部分（必要时）：钢材冶金质量，即高级优质钢、特级优质钢分别以 A、E 表示，优质钢不用字母表示。

第四部分（必要时）：脱氧方式表示符号，与碳素结构钢相同，但镇静钢表示符号通常可以省略。

第五部分（必要时）：产品用途、特性或工艺方法表示符号。

例如，45 表示平均碳含量为 0.45% 的优质碳素结构钢，65Mn 表示平均碳含量为 0.65% 的较高锰含量的优质碳素弹簧钢。

7.2.2.3　合金结构钢和合金弹簧钢

合金结构钢和合金弹簧钢牌号通常由四部分组成。

第一部分：与优质碳素钢相同，以二位阿拉伯数字表示平均碳含量（以万分之几计）。

第二部分：合金元素含量，以化学元素符号及阿拉伯数字表示。具体表示方法为：平均含量小于 1.50% 时，牌号中仅标明元素，一般不标明含量；平均含量为 1.50%~2.49%、2.50%~3.49%、3.50%~4.49%、4.50%~5.49%、…时，在合金元素后相应写成 2、3、4、5、…；化学元素符号的排列顺序一般按含量值递减排列。如果两个或多个元素的含量相等时，则相应符号位置按英文字母的顺序排列。

第三部分：钢材冶金质量，与优质碳素钢相同。

第四部分（必要时）：产品用途、特性或工艺方法表示符号。

例如，平均碳含量为 0.20%、平均锰含量在 1.50%~2.49% 之间的合金结构钢表示为 20Mn2，25Cr2MoVA 表示平均碳含量为 0.25%、平均铬含量在 1.50%~2.49% 之间、平均钼含量和钒含量均小于 1.50% 的高级优质合金结构钢，60Si2Mn 表示平均碳含量为 0.60%、平均硅含量在 1.50%~2.49% 之间、平均锰含量小于 1.50% 的合金弹簧钢。

7.2.2.4　工具钢

工具钢通常分为碳素工具钢、合金工具钢、高速工具钢三类。

碳素工具钢牌号通常由四部分组成。

第一部分：碳素工具钢表示符号"T"。

第二部分：阿拉伯数字表示平均碳含量（以千分之几计），例如，平均碳含量为1.0%的碳素工具钢，表示为T10。

第三部分（必要时）：较高锰含量碳素工具钢，加锰元素（符号Mn）。

第四部分（必要时）：钢材冶金质量标识，例如，平均碳含量为0.8%的较高锰含量高级优质碳素工具钢以T8MnA来表示。

合金工具钢牌号通常由两部分组成。

第一部分：平均碳含量小于1.00%时，采用一位数字表示碳含量（以千分之几计）。平均碳含量不小于1.00%时，不标明碳含量数字。

第二部分：合金元素含量，以化学元素符号及阿拉伯数字表示，表示方法同合金结构钢第二部分。

例如，9SiCr表示平均碳含量为0.9%、平均硅含量和铬含量小于1.5%的合金工具钢。

低铬（平均铬含量小于1%）合金工具钢，在铬含量（以千分之几计）前加数字"0"。如平均铬含量为0.6%的低铬工具钢的牌号为Cr06。

高速工具钢牌号表示方法与合金结构钢相同，但在牌号头部一般不标明表示碳含量的阿拉伯数字。如W18Cr4V、W6Mo5Cr4V2等。

为了区别牌号，在牌号头部可以加"C"，表示高碳高速工具钢，如CW6Mo5Cr4V2。

7.2.2.5　轴承钢

轴承钢分为高碳铬轴承钢、渗碳轴承钢、高碳铬不锈轴承钢和高温轴承钢等四大类。

高碳铬轴承钢牌号通常由两部分组成。

第一部分：（滚珠）轴承钢表示符号"G"，但不标明碳含量。

第二部分：合金元素"Cr"符号及其含量（以千分之几计）。其他合金元素含量，以化学元素符号及阿拉伯数字表示，表示方法同合金结构钢第二部分。

例如，GCr15SiMn表示平均铬含量为1.5%，硅、锰含量小于1.5%的高碳铬轴承钢。

渗碳轴承钢在牌号头部加符号"G"，采用合金结构钢的牌号表示方法，高级优质渗碳轴承钢在牌号尾部加"A"，如G20CrNiMoA。

高碳铬不锈轴承钢和高温轴承钢在牌号头部加符号"G"，采用不锈钢和耐热钢的牌号表示方法。

7.2.2.6　不锈钢和耐热钢

不锈钢和耐热钢牌号采用化学元素符号和表示各元素含量的阿拉伯数字表示。

碳含量用两位或三位阿拉伯数字表示碳含量最佳控制值（以万分之几或十万分之几计）。

只规定碳含量上限者，当碳含量上限不大于0.10%时，以其上限的3/4表示碳含量；当碳含量上限大于0.10%时，以其上限的4/5表示碳含量。如碳含量上限为0.08%，碳含量以06表示；碳含量上限为0.20%，碳含量以16表示；碳含量上限为0.15%，碳含量以12表示。

对碳含量不大于0.030%的超低碳不锈钢，用三位阿拉伯数字表示碳含量最佳控制值

（以十万分之几计）。如碳含量上限为 0.030%时，其牌号中的碳含量以 022 表示；碳含量上限为 0.020%时，其牌号中的碳含量以 015 表示。

对规定碳含量上、下限者，以平均碳含量×100 表示。如碳含量为 0.16%~0.25%时，其牌号中的碳含量以 20 表示。

合金元素含量以化学元素符号及阿拉伯数字表示，表示方法同合金结构钢第二部分。钢中有意加入的铌、钛、锆、氮等合金元素，虽然含量很低，也应在牌号中标出。

例如，碳含量不大于 0.08%、铬含量为 18.00%~20.00%、镍含量为 8.00%~11.00%的不锈钢，牌号为 06Cr19Ni10。碳含量不大于 0.030%、铬含量为 16.00%~19.00%、钛含量为 0.10%~1.00%的不锈钢，牌号为 022Cr18Ti。碳含量为 0.16%~0.25%、铬含量为 12.00%~14.00%的不锈钢，牌号为 20Cr13。碳含量不大于 0.25%、铬含量为 24.00%~26.00%、镍含量为 19.00%~22.00%的耐热钢，牌号为 20Cr25Ni20。

需要说明的是，上述不锈钢与耐热钢的牌号表示方法是 GB/T 221—2008 与《不锈钢和耐热钢牌号及化学成分》（GB/T 20878—2007）开始规定的牌号表示方法，与以前版本的标准不相同。不同点主要表现在碳含量的表示上。老牌号的碳含量一般用一位阿拉伯数字表示平均碳含量（以千分之几计），当平均碳含量不小于 1.00%时，用两位阿拉伯数字表示，当碳含量上限不大于 0.08%时，以"0"表示碳含量，当碳含量不大于 0.03%时，以"00"表示碳含量。从上述规定可知，新旧牌号极易相互推知，为此本书尽量采用新牌号，若钢没有对应新牌号，则仍采用原牌号。

7.3   工程结构钢

工程结构钢是指用来制造工程结构件的一类钢种。它广泛应用于冶金、矿山、石油、化工、建筑、车辆、造船、军工等领域，如制造矿井架、石油井架、建筑钢结构、桥梁、船体、高压容器、输送管道等。在钢总产量中，工程结构钢占 90%左右。

依据成分划分，工程结构钢可以分为碳素钢和低合金高强度钢两大类。前者属于非合金钢，后者属于合金钢。

根据工程结构件的一般服役条件，工程结构钢主要的性能要求为具有足够的强度和韧性、良好的焊接性、良好的成型工艺性以及一定的耐蚀性。

工程结构件服役时，主要是承受较大的载荷并能减轻整个金属结构的质量，提高结构的安全可靠性，因此对于工程构件，首先要求钢材具有尽可能高的屈服强度。工程结构件通常的使用温度范围为−50~100 ℃，特别是在低温使用时，不仅要求工件具有足够高的强度，同时还要求工程结构钢具有较高的低温韧性。另外，某些特殊的工程结构钢还要求有较高的疲劳强度。

焊接是构成钢结构的常用方法，故要求工程结构钢具有良好的焊接性能，即焊接后焊缝性能不低于或很少低于母材，焊缝热影响区的性能变化要小，不致产生裂纹。工程结构钢的另一个重要性能需求就是能用普通方法进行加工成型，要求其具有良好的冷热加工性和成型性等工艺性能。

工程结构件大多在大气或海洋大气中服役，因而要求钢材具有抗大气腐蚀和抗海水腐蚀的能力。另外，根据使用情况还可以提出其他特殊性能要求。同时，这类钢用量大，还必须要考虑到其生产成本。

常用的工程结构钢是热轧态或正火态使用的低碳钢，其显微组织是铁素体+珠光体。为了能承受更大的载荷并减轻结构的质量，要求钢材有较高的强度和良好的塑性。因此，通过加入合金元素来提高强韧性。主要合金元素为 C、Si、Mn、V、Nb、Ti、Al 等。合金元素通过固溶强化、析出强化、细晶强化和增加珠光体含量等强化机制来提高钢的强度。少量的微合金化元素 V、Nb、Ti、Al 等可明显提高钢的强度等级，形成了微合金钢。当合金元素逐渐增多、强度级别逐渐提高时，工程结构钢的组织逐渐变为贝氏体与马氏体，从而形成低碳贝氏体钢与低碳马氏体钢。

7.3.1 碳素工程结构钢

碳素工程结构钢中大部分用作结构件，少量用作机器零件。由于碳素钢易于冶炼，价格低廉，性能也基本满足一般构件的要求，所以工程上用量很大。碳素工程结构钢通常轧制成板材、型材等，一般不需要进行热处理，在供应状态下直接使用。

7.3.1.1 碳素工程结构钢的分类、成分及性能特点

国家标准 GB/T 700—2006 规定，碳素工程结构钢按屈服强度分为四级，即 Q195、Q215、Q235 和 Q275。这类钢的特点是碳含量低；除 Q195 不分等级外，其余三类均按 S、P 含量高低分成若干质量等级，A、B 相当于普通碳素钢，C、D 相当于优质碳素钢；规定了各种钢的脱氧方法。

碳素结构钢的力学性能主要取决于钢的碳含量，碳含量提高，珠光体数量增加，材料强度提高，塑性降低。碳的质量分数在 0.12% ~ 0.24% 范围内增加时，屈服强度从 195 MPa 上升到 275 MPa，伸长率从 33% 下降到 22%。

碳素工程结构钢中的基本元素是 Fe、C、Mn、Si、S 和 P。

7.3.1.2 常用碳素工程结构钢

（1）Q195 钢。此类钢中碳、锰含量低，强度不高，而塑性、韧性高，具有良好的焊接性能及其他工艺性能，广泛用于轻工机械、运输车辆、建筑等一般结构件，如自行车、农机配件、五金制品、输水及煤气用管、拉杆、支架及机械用一般结构零件。

（2）Q215 钢。此类钢中碳、锰含量低，塑性好，具有良好的韧性、焊接性及其他工艺性能。用于厂房、桥梁等大型结构件，建筑框架、铁塔、井架及车船制造结构件，轻工、农业机械零件，以及五金工具、金属制品等。

（3）Q235 钢。此类钢中碳含量适中，是最通用的工程结构钢之一，具有一定的强度和塑性，焊接性良好。适用于受力不大而韧性要求很高的工程构件，用于建造厂房、高压输电铁塔、桥梁、车辆等。

（4）Q275 钢。此类钢中碳、硅、锰含量较高，具有较高的强度及硬度、较好的塑性及耐磨性，而韧性较低；具有一定的焊接性能和较好的机加工性能。可用于替代 30、35 优质碳素结构钢，制造承受中等应力的机械结构，如齿轮、销轴、链轮、螺栓、垫圈、农机型材、机架等。

7.3.2 低合金高强度结构钢

低合金高强度结构钢（HSLA 钢），是指在碳的质量分数低于 0.25% 的碳素工程结构

钢的基础上，通过添加一种或多种少量合金元素（总的质量分数低于 3%），使钢的强度显著提高的一类工程结构用钢。这里的"低合金"和"高强度"是指相对于合金元素含量较高的合金钢和较低强度的碳素工程结构钢而言的。碳素工程结构钢的屈服强度可达到 275 MPa，而低合金高强度钢的屈服强度可达到 690 MPa。这种高强度是通过加入少量合金元素（主要是 Mn、Si 和微合金化元素 V、Nb、Ti、Al 等）而产生的固溶强化、细晶强化和沉淀强化的综合作用获得的。同时，利用细晶强化使钢的韧-脆转变温度降低，以此来抵消由于碳氮化物析出强化而导致的钢的韧-脆转变温度升高。

7.3.2.1　低合金高强度结构钢的分类、成分及性能特点

根据国家标准 GB/T 1591—2018，低合金高强度结构钢按屈服强度分为 Q355、Q390、Q420、Q460、Q500、Q550、Q620、Q690 等 8 个级别，各牌号按质量分为 B、C、D、E、F 等级。上述 8 个等级的牌号均可按热机械轧制供货外，Q355、Q390、Q420、Q460 4 个等级牌号还可按热轧、正火或正火轧制状态供货。

我国低合金高强度结构钢的基本特点是：以锰为主，铬、镍含量较低；微合金化元素有钒、铌、钛、钼、硼等；利用少量磷提高耐大气腐蚀性；加入微量稀土元素，以便脱硫、去气、消除有害杂质、改善夹杂物的形态与分布，提高钢的力学性能，对工艺性能也有好处。

由于合金元素的作用，低合金钢不仅具有较高的强度和韧性，而且工艺性能较好，如良好的焊接性能，有的低合金钢还具有耐腐蚀、耐低温等特性。同时，它们的生产成本也不高。

低合金高强度结构钢大多可直接使用，常用于铁路、桥梁、船舶、汽车、压力容器、焊接结构件和机械构件等，在南京长江大桥和国家体育场"鸟巢"建筑中的应用是非常典型的实例。

7.3.2.2　常用低合金高强度结构钢

（1）Q355 钢。GB/T 1591—2008 版本中称为 Q345 钢。代替 GB/T 1591—1988 中的 12MnV、14MnNb、16Mn、16MnRE、18Nb 等钢。此类钢强度较高，具有良好的综合力学性能和焊接性能。主要用于建筑结构、桥梁、压力容器、化工容器、重型机械、车辆、锅炉等。

16Mn 钢是发展最早、使用最多、最有代表性的钢种，强度较高，同时具有良好的综合力学性能和焊接性，比使用碳钢可节约钢材 20%~30%。

（2）Q390 钢。代替 GB/T 1591—1988 中的 15MnV、15MnTi、16MnNb 等钢。钢中加入 V、Nb、Ti 使晶粒细化，提高强度。具有良好的力学性能，工艺性能和焊接性能。该钢号的 C、D、E 等级钢材亦具有良好的低温性能。该类钢适用于制造中高压锅炉、高压容器、车辆、起重机械设备、汽车、大型焊接结构等。

（3）Q420 钢。代替 GB/T 1591—1988 中的 15MnVN、14MnVTiRE 等钢。此类钢强度高、焊接性能好，在正火或正火+回火状态具有较高的综合力学性能。用于大型桥梁、船舶、电站设备、锅炉、矿山机械、起重机械及其他大型工程和焊接结构件。

（4）Q460 钢。此类钢强度高，在正火、正火回火或淬火加回火的状态下有很高的综合力学性能。该钢号的 C、D、E 等级钢材可保证良好的韧性。适用于制造各种大型工程结构及要求强度高、载荷大的轻型结构中的部件。

（5）Q500 钢。在该系列中的 14MnMoVBRE 钢，正火后可得到大量贝氏体组织，屈服强度显著提高。RE 不仅净化钢材，而且使钢材表面的氧化膜致密，因而使钢材具有一定的耐热性，可在 500 ℃以下使用，多用于石油、化工的中温高压容器。

在 18MnMoNb 钢中含有少量的铌，显著地细化了晶粒。钢的沉淀硬化作用使屈服强度提高。同时，Nb 和 Mo 都能提高钢的热强性。这种钢经过正火和回火或调质后使用，强度高、综合力学性能和焊接性能好，适合作化工石油工业用的中温高压厚壁容器和锅炉等，可在 500 ℃以下工作。此钢还用于大锻件，如水轮机大轴。

（6）Q690 钢。该系列的 14CrMnMoVB 钢在 14MnMoVBRE 钢的基础上加入了一定量的 Cr，因而强度进一步提高。它在正火后也能得到低碳下贝氏体组织，强度、韧性及焊接性都比较令人满意；也多用于高温中压（400～560 ℃）容器。

7.3.3　微合金钢

微合金钢是 20 世纪 70 年代以来发展起来的一大类低合金高强度钢，其强化方式主要是细化晶粒和沉淀强化。为了充分发挥微合金化元素钒、铌、钛的作用，同时发展了与之配套的控制轧制和控制冷却生产工艺。

微合金钢首先限定在低碳和超低碳的范围内，保证其良好的成型性和焊接性；其次要获得更高的屈服强度，通常为加入质量分数小于 0.1% 的氮、铌、钒、钛，形成碳化物、氮化物或碳氮化物等硬质析出相，以发挥其析出强化和细晶强化的作用。微合金钢一般在热轧退火或正火状态下使用，且不需热处理。它广泛用于船舶、车辆、桥梁、高压容器、锅炉、油管、挖掘机械、拖拉机、汽车、起重机械、矿用机械以及钢结构件等。

微合金钢具有以下基本特点：

（1）添加了 V、Nb、Ti 等强碳氮化物形成元素，且加入量很少（单独或复合加入量小于 0.10%（质量分数）），钢的强化机制主要是晶粒细化和析出强化；

（2）钢的微合金化和控轧控冷技术相辅相成，是微合金化钢设计和生产的重要前提；

（3）钢的屈服强度较碳素钢和碳锰钢提高 2～3 倍，故又称为微合金化高强度低合金钢；

（4）根据特定用途可以添加其他合金元素，所添加元素或对力学性能有影响，或对耐蚀性、耐热性起有利作用。

7.4　机械制造用结构钢

机械制造用结构钢用来制造各种机械零件，例如各种轴类、齿轮、高强度结构，广泛应用于汽车、拖拉机、各类机床、工程机械、飞机及火箭等装置上。这些零件承受了多种载荷，在 -50～100 ℃之间工作。机械零件要求有良好的服役性能，如足够高的强度、塑性、韧性和疲劳强度等。机械制造用结构钢为获得高强度，一般采用淬火得到马氏体组织，因而钢的淬透性有十分重要的意义。淬成马氏体的钢可以获得高强度和高屈强比。通用机械制造结构钢包括渗碳钢、调质钢、弹簧钢、滚动轴承钢及淬火低温回火状态的结构钢、高合金超高强度钢等。

7.4.1　渗碳钢

要求表面高疲劳强度和耐磨性的机械零件，需要进行表面化学热处理。适应这种需要的钢种主要是用于渗碳热处理的渗碳钢。渗碳钢主要用于制造齿轮、销杆及轴类等，这些零件承受弯曲、冲击、交变等多种负荷，而且相互之间的表面接触应力产生较强的摩擦磨损，整体要求高强度，表面要求高硬度和耐磨性以及高接触疲劳强度。为达到这一性能需求，这些零件采用低碳合金钢表面渗碳、淬火的热处理工艺，零件表面渗碳层获得高碳马氏体，芯部获得低碳马氏体，使整体有足够高的屈服强度和冲击韧性。

7.4.1.1　渗碳钢的成分特点

渗碳钢的碳含量决定渗碳零件芯部的强度和韧性。过高的碳含量将降低整个零件的韧性，故一般采用低碳钢，碳含量一般不超过 0.25%。

渗碳合金结构钢的合金化主要保证钢有足够高的淬透性和强韧性。合金元素要保证整个零件有足够高的淬透性。常用的有锰、铬、钼、镍以及钨、钒、钛、硼等。钒和钛阻止钢在高温渗碳过程中奥氏体晶粒长大，获得细晶粒组织。

此外，还要考虑合金元素对渗碳工艺性能的影响。强碳化物形成元素钼、钨、铬由于增大钢表面对碳原子的吸收能力，增加表面碳浓度，也增加渗碳层厚度。钛能阻碍碳在奥氏体内的扩散，从而减少渗碳层的厚度。非碳化物形成元素硅和镍则相反，降低钢表面对碳原子的吸收能力，减少表面碳浓度和渗碳层厚度。钢中碳化物形成元素含量过高，渗碳层内会形成较多块状碳化物，造成表面脆性。锰对渗碳钢来说，是一个合适的合金元素，既可以加速增厚渗碳层，又不过多地增加表面碳浓度。硅引起钢渗碳时奥氏体晶界氧化加剧，对零件的接触疲劳强度有较大负面影响，故应尽可能降低硅的含量。

7.4.1.2　常用渗碳钢种类

渗碳合金结构钢按淬透性分为低淬透性渗碳钢、中淬透性渗碳钢和高淬透性渗碳钢。

（1）低淬透性渗碳合金结构钢。主要用作不重要的齿轮、轴件、活塞销等。对活塞销等小件采用碳素钢，如 15 钢和 20 钢。齿轮、轴件等用低合金元素含量的 20MnV、20Cr、20Mn 等。20MnV 钢经 880 ℃ 油淬及 200 ℃ 回火，$R_{p0.2} \geqslant 637$ MPa、$R_m \geqslant 833$ MPa、$A \geqslant 10\%$、$Z \geqslant 50\%$。

（2）中淬透性渗碳合金结构钢。主要用于汽车、拖拉机主齿轮、后桥和轴等承受高速中载荷抗冲击耐磨的零件。主要钢种为 20CrMnTi、20MnVB 等。20CrMnTi 钢经 870 ℃ 油淬、200 ℃ 回火后，$R_{p0.2} \geqslant 837$ MPa、$R_m \geqslant 980$ MPa、$A \geqslant 10\%$、$Z \geqslant 45\%$、$K_{U2} \geqslant 86$ J。

（3）高淬透性渗碳合金结构钢。用于承受重载荷的大型重要的齿轮、轴件和铁路机车轴承等渗碳件。主要有 20CrNi3、20CrNi2Mo、20Cr2Ni4、18Cr2Ni4W 等。18Cr2Ni4W 钢经 880 ℃ 油淬、180 ℃ 回火，$R_{p0.2} \geqslant 1000$ MPa、$R_m \geqslant 1170$ MPa、$A \geqslant 12\%$、$Z \geqslant 55\%$、$K_{U2} \geqslant 125$ J。

为获得综合性能更优越的钢种，发展了超低氧的渗碳钢，采用真空熔炼和真空自耗获得氧含量（质量分数）小于 10×10^{-6} 的钢种。低硅抗晶界氧化渗碳钢系列将硅含量降低到 0.15% 以下，提高接触疲劳性能一倍以上。超细晶粒渗碳钢用钒和铌复合合金化，获得超细晶粒，奥氏体晶粒度达 12~13 级，提高了渗碳后零件的疲劳强度。

7.4.2　调质钢

结构钢经调质处理（即淬火和高温回火）后，有较高的强度、良好的塑性和韧性，即有良好的综合力学性能，适合这种热处理的结构钢称为调质钢。调质钢是机械制造钢中的主要钢种，常用于各种机械中的重要部件，例如机床主轴、汽车半轴、连杆等。

7.4.2.1 调质钢的组织、成分与性能特点

调质钢淬火后得到的马氏体经高温（500~650 ℃）回火后，在 α 相基体上分布有极细小弥散的颗粒状碳化物。不同合金元素造成回火稳定性的差别以及不同回火温度，可以得到回火屈氏体或回火索氏体，其主要区别是 α 相基体是否完全再结晶和碳化物颗粒聚集长大的程度。

不同化学成分的调质钢只要淬火得到马氏体，再回火到相同的抗拉强度，都可以得到相近的屈服强度、伸长率和断面收缩率。这说明，只要淬透性相当，不同的调质钢可以互换应用。但碳素调质钢与合金调质钢经调质后达到相同的抗拉强度和硬度，在屈服强度和伸长率上相近，在断面收缩率上偏低，而且强度越高，偏差偏低越明显。但由于碳素调质钢价格便宜，在满足淬透性的情况下仍被广泛应用。

合金元素对合金调质钢的韧性有着不同的影响。在回火后快冷抑制第二类回火脆性的情况下，钢中加入质量分数在 1.0%~1.4% 之间的锰，钢的冲击韧性有所提高并能稍降低钢的韧-脆转化温度。钢中镍含量增加能使韧-脆转化温度不断下降。硅降低调质钢的冲击韧性，升高韧-脆转化温度。钢中杂质元素磷对调质钢冲击韧性危害甚大，升高韧-脆转化温度，故调质钢中应尽量降低磷的含量。

调质钢按淬透性的高低分级，即根据它是否含合金元素或合金元素含量的高低分级。同一级别的钢种在使用中可以互换。调质钢经调质处理后，其力学性能为 $R_{p0.2} = 800 \sim 1200$ MPa、$R_m = 1000 \sim 1400$ MPa、$A \geqslant 10\%$、$Z \geqslant 45\%$、$K_{U2} \geqslant 75$ J。

7.4.2.2 常用调质钢

（1）碳素调质钢。如 45 钢，用来制造截面尺寸较小或不要求完全淬透的机械零件。由于淬透性低，淬火介质为水或盐水。

（2）低淬透性合金调质钢。如 40Cr、45Mn2、40MnB、35SiMn、40MnV 等。通常制造承受中等负荷、中等截面的机械零件。其中 40Cr 是用量最大的低淬透性合金调质钢，淬火介质为油，其油淬的临界直径为 30~40 mm，主要用于制造机床主轴、齿轮、花键轴等，汽车的后半轴、转向节等。

（3）中淬透性合金调质钢。如 35CrMo、40MnMoB、40CrMnMo、40CrNi、42CrMo 等。由于有较高的淬透性，淬火介质为油，其油淬临界直径为 40~60 mm。这类钢用于制造截面较大及高负荷下工作的结构件，例如 35CrMo 制造高负荷传动轴、大型电机轴、紧固件、汽轮发电机主轴、叶轮、曲轴等。

（4）高淬透性合金调质钢。如 40CrNiMo、34CrNi3MoV 等。具有高淬透性，油淬临界直径大于 60 mm。经调质处理后获得高强度和高韧性，用作要求强度高韧性好的、承受高负荷大截面的零件。其中 40CrNiMo 是最重要的钢种之一，广泛用于中型和重型机械、机车和重载卡车的轴类、连杆、紧固件等。

7.4.3 弹簧钢

弹簧钢就是指用以制造各种弹簧的钢。弹簧是机械上的重要部件，利用其弹性变形来吸收和释放外力。为保证承受重载荷时不发生塑性变形，弹簧钢要求具有高的屈服强度（弹性极限）；为防止在交变应力下发生疲劳和断裂，弹簧钢应有高的疲劳强度和足够的

韧性及塑性。弹簧钢通常是高碳的优质碳素钢或合金钢。

7.4.3.1　弹簧钢成分特点

碳素弹簧钢碳含量一般为 0.6% ~ 0.9%，以保证得到高的弹性极限与疲劳极限。由于合金元素使 S 点左移，故合金弹簧钢的碳含量减为 0.45% ~ 0.7%。

在合金弹簧钢中，主加合金元素为锰、硅、铬等，主要目的是增加钢的淬透性，使淬火与中温回火后，整个截面上获得均匀的回火屈氏体，同时又使屈氏体中铁素体强化，因而有效地提高钢的力学性能。尤其是硅的加入可使屈强比提高。主加元素还有提高回火稳定性的作用，使弹簧在较高温度回火后仍能得到高的弹性极限与韧性。

辅加元素是少量的铜、钨、钒，它们可减少硅锰弹簧钢易产生的脱碳与过热的倾向，同时也可进一步提高弹性极限、屈强比与耐热性。钒还能提高冲击韧性。合金元素都可增加奥氏体稳定性，使大截面弹簧可在油中淬火，减少其变形与开裂倾向。

7.4.3.2　常用弹簧钢

（1）碳素弹簧钢。常用碳素弹簧钢有 65、70、85、65Mn 等。这类钢价格较合金弹簧钢便宜，热处理后具有一定强度，但淬透性差，当直径大于 12 ~ 15 mm 时，油淬不能淬透，使得弹性极限和屈强比降低，弹簧的寿命显著降低。如用水淬又易开裂与变形。故碳素弹簧钢只适宜作直径小于 10 mm 的不太重要的弹簧。这类弹簧能承受静载荷及有限次数的循环载荷。其中以 65Mn 在热成型弹簧中应用最广。

（2）合金弹簧钢。60Si2Mn 钢是合金弹簧钢中最常用的钢号，它比碳素弹簧钢有较高的淬透性，油淬临界淬透直径为 20 ~ 30 mm；弹性极限高，屈服强度可达 1200 MPa，屈强比与疲劳极限也较高；工作温度一般在 230 ℃ 以下。主要用于铁路机车、汽车、拖拉机上的钢板弹簧。

50CrVA 钢的力学性能与硅锰弹簧钢相近，但淬透性更高，油淬临界淬透直径为 30 ~ 50 mm。常用作大截面的承受应力较高的或工作温度低于 300 ℃ 的弹簧。

7.4.4　滚动轴承钢

滚动轴承钢用来制造各种机械传动部分的滚动轴承套圈和滚动体，承受着多种交变应力的复合作用。由于滚动体和套圈之间接触面积很小，因而接触面的单位面积上承受的应力非常高。工作条件要求滚动轴承具有高硬度和耐磨性，高弹性极限和尺寸稳定性。轴承在高应力下长时间运转，套圈和滚动体表面产生接触疲劳，裂纹形成和扩展导致接触疲劳剥落。对滚动轴承钢的基本要求是组织均匀和纯净度高。

7.4.4.1　滚动轴承钢的成分特点

常用的滚动轴承钢种是高碳铬轴承钢。其碳含量为 0.95% ~ 1.15%，以保证钢具有高的硬度及耐磨性。铬为主要合金化元素，铬一方面可以提高淬透性，另一方面还可以形成合金渗碳体，使钢中的碳化物非常细小均匀，从而大大提高钢的耐磨性和接触疲劳强度。铬还可提高钢的耐蚀性，其含量一般控制在 1.65% 以下。制造大型轴承时，可进一步加入硅和锰，以提高钢的淬透性。

由于轴承的接触疲劳性能对钢材的微小缺陷十分敏感，所以非金属夹杂物对钢的使用寿命有很大影响。它们的多少主要取决于冶炼质量及铸锭操作，因此在冶炼和浇铸时必须严格控制其数量。

7.4.4.2　常用滚动轴承钢种类

常用高碳铬轴承钢有 GCr15、GCr15SiMn 等，其中 GCr15 钢的用量占滚动轴承用钢总量的90%以上。对大型和特大型重载轴承选用含钼和硅的非标准高淬透性钢 GCr15SiMo。

在不同工作条件专用的钢种还有渗碳轴承钢 G20CrNi2MoA、G20Cr2Ni4A 和 G20Cr2Mn2MoA 等，用于制造铁路车辆、汽车、轧钢机等高冲击载荷的大型或特大型轴承的套圈。不锈轴承钢 G9Cr18、G9Cr18Mo 等用于制造化学工业和食品工业中要求耐腐蚀的轴承零件。高温轴承钢 GCr4Mo4V、GCr15Mo4V2 等用于制造工作温度在 200～430 ℃ 范围的轴承。

7.4.4.3　高碳铬轴承钢的热处理工艺

高碳铬轴承钢 GCr15 的热处理对获得长寿命的滚动轴承有很重要的作用。由于 GCr15 是过共析钢，因此应首先通过球化退火得到淬火前合格的原始组织。

GCr15 油淬后获得隐晶马氏体基体，其上分布着细小碳化物颗粒，此外还有少量残留奥氏体。这种显微组织得到最高硬度、弯曲强度和一定的韧性。淬火后应立即回火。对精密轴承，为保证其尺寸稳定性，要消除残留奥氏体，一般淬火后应立即进行冷处理，然后低温回火。

7.4.5　其他通用机械制造结构钢

在机械制造工程中，一些特定用途的钢也常被用来加工机器零件，如低淬透性钢、易切削钢、冷镦钢、氮化钢等，这里介绍一些通用的高强度机械制造结构钢。

7.4.5.1　低碳马氏体结构钢

调质钢的显微组织是淬火高温回火的回火索氏体，没有充分发挥碳在提高钢强度方面的潜力。而碳在低温回火马氏体中的固溶强化才是最有效的，同时还有 ε-碳化物与基体共格产生的沉淀强化和马氏体相变产生的相变冷作硬化都对钢的强度做出了贡献。钢中碳的质量分数低于 0.3% 时，淬火后得到的低碳马氏体的微观结构是位错型的板条马氏体。低碳马氏体钢的力学性能优于中碳调质钢，特别是冷脆倾向小。

为了保证获得低碳马氏体组织，提高低碳钢的淬透性，必须保证足够的合金元素总量。一般采用低碳合金钢，如 15MnVB、10Mn2MoNb、20SiMnVBRE、20SiMnMoV 等。要求强度和韧性配合更高的、受力更复杂的零件采用中合金钢如 18Cr2Ni4W，可以获得既有高强度又有低缺口敏感性和高疲劳强度的性能。

7.4.5.2　低合金超高强度结构钢

低合金超高强度结构钢是在合金调质钢的基础上发展起来的一种高强度、高韧性的合金钢，以满足要求更高比强度的航空、航天器结构的需求，减轻飞行器自重，取得高速度。这类钢主要是将调质钢的热处理工艺改变为淬火加低温回火或等温淬火得到中碳回火马氏体或贝氏体加马氏体组织。这类钢的抗拉强度在 1600 MPa 以上，冲击吸收能量在 8 J 以上，断裂韧性 K_{IC} 在 70 MN/m$^{3/2}$ 以上，主要用在飞机起落架、机翼主梁、火箭发动机外壳、火箭壳体等。

低合金超高强度结构钢的强度主要取决于马氏体中固溶碳的浓度，钢中碳的质量分数在 0.27%~0.45%范围内。合金元素在这类结构钢中的作用主要是提高钢的淬透性、细化晶粒、改善韧性和提高回火马氏体的稳定性。为了有效提高钢的淬透性，采用多元少量合金元素。目前广泛应用的低合金超高强度结构钢是 30CrMnSiNiA、40CrNi2MoA、40CrNi2Si2MoVA、45CrNiMo1VA、35Si2Mn2MoVA 等。

7.4.5.3 高合金超高强度结构钢

低合金超高强度结构钢靠碳来强化，随着强度要求增加，钢的碳含量也需要增加，但碳的质量分数高于 0.45%，钢的塑性、韧性和断裂韧性下降，出现钢的早期脆性破坏。为克服这些缺陷发展了无碳的马氏体时效钢作为超高强度结构钢使用。它在 Fe-Ni 合金无碳马氏体基础上加入强化元素形成金属间化合物，以产生沉淀强化，同时获得高强度和高韧性。通用的马氏体时效钢的化学成分为：$w(Ni) = 10\%~19\%$、$w(Co) = 0~18\%$、$w(Mo) = 3.0\%~14\%$、$w(Ti) = 0.2\%~1.6\%$、$w(Al) = 0.1\%~0.2\%$、$w(C) < 0.03\%$。实际应用的马氏体时效钢的标准牌号为 18Ni(200)、18Ni(250)、18Ni(300)、18Ni(350) 等。

马氏体时效钢的热处理工艺为固溶温度 820~840 ℃得到奥氏体，保温时间按其截面厚度每 25mm 保温 1h 计算，大截面工件空冷时可获得全部马氏体组织。155~100 ℃之间发生马氏体转变，冷到室温形成大部分马氏体及少量残留奥氏体。此时钢的硬度为 28~32 HRC。再经 480 ℃时效处理，保温 3~6 h 后空冷。在马氏体基体上析出大量弥散的金属间化合物，形成沉淀强化，硬度上升到 52 HRC。

7.5 工 具 钢

工具钢主要用来制造各种工具，加工各种材料。按其用途可分为三类，包括刃具钢、模具钢和量具钢。按照化学成分，可分为碳素工具钢、低合金工具钢、高速钢。

7.5.1 刃具钢

刃具钢主要制作切削工具，如车刀、铣刀、刨刀、钻头、丝锥、板牙等。在切削过程中，刃具承受复杂应力并使刃部因摩擦而升温，直到 600 ℃甚至更高，同时刃部也发生磨耗。所以刃具要求高硬度和高耐磨性以及热硬性（红硬性）。热硬性是刀刃在高温下保持高硬度（大于 60 HRC）的能力。

制造刃具的刃具钢有碳素工具钢、低合金工具钢和高速钢。

7.5.1.1 碳素工具钢

碳素工具钢是碳含量在 0.65%~1.35%间的优质或高级优质碳素钢。高的碳含量可保证淬火后有足够高的硬度。由于碳素工具钢较脆，硅、锰元素稍有增加就会增大淬火时开裂倾向，同时它的淬透性一般均较差，如硅、锰含量变动较大，对淬透性也会产生较大的影响。因此，碳素工具钢中硅含量和锰含量限制较严。只有 T8Mn、T8MnA 等为提高淬透性，锰含量才适当提高。碳素工具钢的硫、磷含量也比优质碳素结构钢限制更严。

碳素工具钢淬火后硬度相近，但随着碳含量的增加，未溶渗碳体增多，钢的耐磨性增加、韧性降低。T7、T8 钢适于制造承受一定冲击而要求韧性较高的刃具，如木工工具。T9、T10、T11 钢用于制造冲击较小而要求高硬度与耐磨的刃具，如小钻头、丝锥、车刀、手锯条等。T12、T13 钢，硬度及耐磨性最高，但韧性最差，用于制造不承受冲击的刃具，如锉刀、精车刀、铲刮刀等。高级优质的 T7A～T13A 比相应的优质碳素工具钢的淬火开裂倾向小，适于制造形状较复杂的刃具。

碳素工具钢在锻压后进行球化退火，以改善切削加工性，并为后续淬火作组织准备。淬火冷却时，由于其淬透性较低，为了得到马氏体组织，一般都选用冷却能力较强的冷却介质（水、盐水等）。

7.5.1.2　低合金工具钢

低合金工具钢是在碳素工具钢基础上加入少量合金元素发展起来的，主要用于制作切削用量不大的、形状较复杂的刃具，也可兼作冷作模具与量具。低合金工具钢比碳素工具钢的淬透性好，适于制造截面较大的刃具，特别是修磨较困难的刃具（铣刀、钻头、铰刀等）；有较小的淬火变形，适于作形状较复杂的刃具；有较高的热硬性（达 300 ℃），适于作切削用量稍大的刃具；有较高的强度与耐磨性，适于作受力较大、耐磨性较好的刃具。

低合金工具钢的碳含量为 0.75%～1.5%，以保证钢淬火后具有高硬度（不低于 62 HRC），并可形成适当数量的合金碳化物，以增加耐磨性。

低合金工具钢中常加入的合金元素有铬、锰、硅、钼、钨、钒等，其总含量小于 5%。铬、锰、硅、钼的主要作用是提高淬透性，作为碳化物形成元素的铬、钼、钨、钒等在钢中形成合金渗碳体和特殊碳化物，从而提高钢的硬度和耐磨性。

低合金工具钢主要的钢种有 Cr2、9SiCr、CrMn、CrWMn、CrW5 等。Cr2 钢可用于制作切削工具，如铣刀、车刀及量规。9SiCr 钢用于制作板牙、丝锥、铰刀、钻头。CrWMn 钢用于制作拉刀、长丝锥、长铰刀、专用铣刀和板牙等。

低合金工具钢的热处理与碳素工具钢基本相同。预先热处理采用球化退火，机械加工后的最终热处理采用淬火、低温回火。由于合金钢导热性较低，所以形状复杂或截面较大刃具淬火加热时要进行一次预热（600～650 ℃）。淬火加热温度的选择，应使碳化物不完全溶解，以阻止奥氏体晶粒的粗化和保证钢具有较高的耐磨性。

7.5.1.3　高速钢

高速钢属于高合金工具钢，由于含有大量碳化物形成元素钨、钼、铬、钒，出现大量合金碳化物，属于亚共晶莱氏体钢。因为钢的合金度高，又含有大量特殊合金碳化物，经过特定热处理，可以使钢保持在 600～650 ℃ 范围的热硬度在 50 HRC 以上，能承受高速切削加工。

A　高速钢成分特点

高速钢碳含量较高，为 0.7%～1.65%，并有大量（大于 10%）的钨、钼、铬、钒等碳化物形成元素。较高的碳含量可保证形成足够的合金碳化物，通过适当热处理，可以提高高速钢的硬度、耐磨性与热硬性。

钨是提高热硬性的主要元素，它在高速钢中形成很稳定的碳化物 Fe_4W_2C。淬火加热时碳化物部分溶于奥氏体，使淬火后形成含大量钨（及其他合金元素）的马氏体，具有很高的回火稳定性，并在 560 ℃ 左右析出弥散的特殊碳化物 W_2C，造成二次硬化使高速钢具有高的热硬性。

钼在高速钢中的作用与钨相似，可用 1% 的钼取代 1.5% 的钨。铬在高速钢含量均为4%，它在加热时几乎全部溶入奥氏体，明显地提高钢的淬透性，使高速钢空冷也能形成马氏体。钒是强碳化物形成元素。淬火加热时，部分溶入奥氏体，并在淬火后存在于马氏体中，从而增加了马氏体的回火稳定性。回火时钒以 VC 形式析出，并呈弥散质点分布在马氏体基体上，产生二次硬化。

B　常用高速钢种类

高速钢按用途可分为通用高速钢和特种用途高速钢两大类。通用高速钢的综合性能较好，广泛用于各种切削刀具，如车刀、铣刀、铰刀、拉刀及钻头、丝锥、锯条等。加工的材料硬度不超过布氏硬度 300 HBW。通用高速工具钢可分为钨系高速钢、钨钼系高速钢、钼系高速钢，其中 W6MoCr4V2 钢是用量最高的高速钢。特种用途高速钢多用作难切削加工材料的刀具。其中一类是高钒高速钢，如 W6Mo5Cr4V3 等，钢的硬度较高，耐磨性好，适于制造要求特别耐磨的刀具如车刀等。另一类是用于切削难加工的材料如高温合金、钛合金、超高强度钢和碳纤维复合材料等。这类钢是超硬高速钢，如 W9Mo3Cr4V3Co10、W2Mo9Cr4V2Co8、W12Mo3Cr4V3N 等。

C　高速钢的热处理与热硬性

锻轧后的高速钢钢材需要经过退火热处理，以获得颗粒状碳化物并降低硬度，便于机械加工成各种切削工具。退火后 W18Cr4V 钢中总的碳化物体积分数约为 30%，W6Mo5Cr4V2 钢中碳化物的体积分数约为 28%。

高速钢通过高温淬火加热获得高合金度的奥氏体，使得随后高温淬火及回火后获得高硬度和高红硬性，利于高速切削。正常淬火温度下，未溶共晶碳化物阻碍奥氏体晶粒长大，使晶粒度保持在 9 级细晶粒。高速钢在正常淬火温度下有高的淬透性，一般采用油淬。淬火到室温获得体积分数为 70%的马氏体和 20%左右的残留奥氏体、10%未溶碳化物。由于奥氏体晶粒细小，转变生成的马氏体为隐晶马氏体。

高速钢淬火后需在 560 ℃回火三次。在 450 ℃以上时，马氏体中析出弥散的 M_2C 型碳化物和 MC 型碳化物，产生二次硬化，并在 560 ℃达到硬度峰值63~65 HRC。同时，基体中仍保留质量分数为 0.25%的碳和一定含量的钨、钼、铬。这种回火马氏体组织有很高的稳定性，在 600 ℃以上仍能保持高硬度。残留奥氏体回火到 500~600 ℃间要析出碳化物，导致残留奥氏体的合金度降低，冷却时部分残留奥氏体发生马氏体转变，残留奥氏体总量体积分数从 20%减少到 10%。但这还不够，还需进一步降低残余奥氏体量、降低新生马氏体造成的内应力。只有经过三次 560 ℃回火，才能基本消除残留奥氏体和新生马氏体造成的内应力。

7.5.2　模具钢

模具钢根据工作状况可分为热作模具钢、冷作模具钢和塑料模具钢。热作模具钢用于加工赤热金属或液态金属，使之成型，模具温度呈周期升降，并承受高压和摩擦。要求高温下的硬度、强度、热疲劳以及良好的韧性。冷作模具钢制作冷加工模具，对金属进行冲压、冷镦、剪切、冷轧等，故要求高硬度高耐磨性。塑料模具钢制作对塑料热模压成型的模具，一般用合金结构钢制作。

7.5.2.1　冷作模具钢

冷作模具包括冷冲模（冲裁模、弯曲模、拉延模等）及冷挤压模等。它们都要使金属在模具中产生塑性变形因而受到很大压力、摩擦或冲击。冷作模具正常的失效一般是磨损过度，有时也可能因脆断、崩刃而提前报废。因此，冷作模具钢与刃具钢相似，主要是要求高硬度、高耐磨性及足够的强度与韧性。当然，也要求较高的淬透性与较低的淬火变形倾向。

尺寸小、形状简单、负荷轻的冷作模具，如小冲头、剪薄钢板的剪刀可选用 T10A 等碳素工具钢制造；尺寸较大、形状复杂、淬透性要求较高的冷作模具，一般选用 9SiCr、9Mn2V、CrWMn 等低合金工具钢或 GCr15 轴承钢；尺寸大、形状复杂、负荷重、变形要求严的冷作模具，须采用中合金或高合金模具钢，高铬和中铬模具钢是经典钢种。

高铬模具钢是铬含量 12% 左右的高碳亚共晶莱氏体钢，其碳含量在 1.4%~2.3% 之间。钢中的碳化物为高硬度的 Cr_7C_3，在钢中的体积分数达 16%~20%。这是一类高耐磨冷作模具钢，代表钢种有 Cr12、Cr12MoV、Cr12Mo1V1 等，它们是各类模具钢中热处理变形最小的一类钢种。由于加热时，奥氏体内溶入大量合金元素，钢有很高的淬透性，模具截面厚度在 400mm 以下均可完全淬透，可以做大型复杂的并承受冲击的模具。常用的 Cr12MoV 和 Cr12Mo1V1 钢是在高碳 Cr12 钢的基础上适当降碳，增加钼和钒。这两种钢减少了共晶碳化物并细化了碳化物和奥氏体晶粒，增加了韧性。高铬模具钢的热处理工艺一般采用淬火后低温回火，也可采用高温回火以产生"二次硬化"。

中铬模具钢与高铬模具钢相比，碳含量稍微降低，铬含量为中等铬量，退火后显微组织为过共析钢，碳化物的体积分数约 15%，以 Cr_7C_3 型为主。常用钢为 Cr5Mo1V、Cr4W2MoV 等。Cr4W2MoV 钢除含有 3.50%~4.00% 铬外，还有较高的钨、钼和钒，不但提高了钢的淬透性，而且细化奥氏体晶粒。其优点是碳化物分布均匀，耐磨性好，淬透性高，热处理变形小，可以制作形状复杂高精度的冷作模具，如冷冲模、冷挤压模、冷镦模、拉延模。

高速钢 W18Cr4V、W6Mo5Cr4V2 也满足冷作模具性能要求，但选用高速钢主要是利用其高淬透性和高耐磨性，而不用其高热硬性，故常采用低温淬火，以提高钢的韧性。相应的，另外一类冷作模具钢是从高速钢转化来的低碳高速钢和基体钢。低碳高速钢常用的是 6W6Mo5Cr4V 钢，其碳和钒含量都降低了。由于有较高的韧性和耐磨性，加工性也得到改善。基体钢的化学成分取自通用高速钢淬火后基体的化学成分，消除了由于过多的剩余未溶共晶碳化物带来的脆性，有良好的韧性和工艺性能。基体钢 50Cr4Mo3W2V 钢取自 W6Mo5Cr4V2 高速钢的基体成分，用作模具钢比对应的高速钢模具有较长的使用寿命。

7.5.2.2 热作模具钢

用于金属热成型的模具有两种工作状况：第一种是对红热的固态金属进行压力加工成型，如热挤压模和锤锻模，在红热固态金属接触下模具的型腔内表面温升可达 600~650 ℃；第二种是在模具型腔内对熔融金属进行压铸成为固态，模具表面温升可达 800 ℃，如压铸模。这两种情况模具型腔周期性地交替升温和降温，热应力使型腔产生热疲劳，型腔表面产生龟裂，型腔工作部位受应力作用会产生塑性变形。所以热作模具钢的主要特性是抗回火稳定性好，在热态能保持较高的强度和硬度，有较好的抗热疲劳性和韧性。

为满足上述性能要求，热作模具钢一般采用中碳钢，既保证钢的塑性、韧性和导热性，又不降低钢的硬度、强度和耐磨性。加入合金元素铬、钨、钼、硅以提高钢的高温硬度、强度、回火稳定性和抗热疲劳性能；加入铬、镍、硅、锰提高钢的淬透性。

锤锻模具钢的显微组织要求在 600~650 ℃范围有良好的稳定性，回火索氏体能承受高的冲击载荷并保持高强度。此外，钢要求高淬透性并防止高温回火脆性。模具高度小于 400 mm 的中型模具可采用 5CrMnMo 等中等淬透性钢种，模具高于 400 mm 的大型模具可采用 5CrNiMo 和 3Cr2MoWVNi，而后者有更高的高温强度、韧性和热稳定性。

热挤压模和压铸模与热态金属接触时间长，承受应力大，温升高，要求模具钢热强度高，有良好的抗热烧蚀性。这种工作条件应采用中铬系钢，加入钼、钨、钒、硅等强化元素和抗烧蚀元素。通用钢种为 4Cr5MoSiV、4Cr5MoSiV1 等。

7.5.3 量具钢

量具钢用于制造各种量具，如量规、卡尺等。对量具的性能要求是：高硬度（62~65 HRC）、高耐磨性、高的尺寸稳定性。此外，还需有良好的磨削加工性，使量具能达到很高的光洁度。形状复杂的量具还要求淬火变形小。

对高精度、形状复杂的量具，一般都采用微变形合金工具钢制造，如 CrWMn、CrMn 钢等。滚动轴承钢 GCr15 也是良好的制造精密量具的钢材。对形状简单、尺寸较小、精度要求不高的量具也可用碳素工具钢 T10A、T12A 制造。对要求耐蚀的量具可用不锈工具钢制造。

量具钢热处理基本与刃具钢相同。为获得高的硬度与耐磨性，其回火温度还应低些。量具热处理主要问题是保证尺寸稳定性。为了提高量具尺寸的稳定性，可在淬火后立即进行冷处理，然后再进行低温回火（150~160 ℃）。高精度量具（如块规等）在淬火、低温回火后，还要进行一次人工时效，以尽量使淬火组织转变为较稳定的回火马氏体并消除淬火内应力。在精磨后再进行一次人工时效以消除磨削应力。

7.6 特殊性能钢

特殊性能钢具有特殊物理或化学性能，用来制造除要求有一定的力学性能外还要求具有特殊性能的制品。其种类很多，主要包括不锈耐酸钢、耐热钢、耐磨钢等。

7.6.1 不锈耐酸钢

不锈耐酸钢包括不锈钢与耐酸钢。能抵抗大气腐蚀的钢称为不锈钢。而在一些化学介质（如酸类等）中能抵抗腐蚀的钢称为耐酸钢。通常也将这两类钢统称为不锈钢。一般不锈钢不一定耐酸，而耐酸钢则一般都具有良好的耐蚀性能。

7.6.1.1 金属的腐蚀

材料表面受到外部介质作用而逐渐破坏的现象称为腐蚀或锈蚀。对于金属材料来说，腐蚀可分为化学腐蚀与电化学腐蚀两类。金属在干燥气体和非电解质溶液中的腐蚀称为化学腐蚀（如金属在高温下产生的氧化）。电化学腐蚀是金属与电解质（酸、碱、盐）溶液接触时发生的腐蚀，腐蚀过程中有电流产生。

大部分金属的腐蚀属于电化学腐蚀。当两种电极电位不同的金属互相接触，而且有电解质溶液存在时，将形成微电池，使电极电位较低的金属成为阳极并不断被腐蚀，电极电位较高的金属为阴极而不被腐蚀。在同一合金中，也有可能产生电化学腐蚀。例如，钢中珠光体是由铁素体和渗碳体两相组成的，铁素体的电极电位比渗碳体低，当有电解液存在时，铁素体成为阳极而被腐蚀。

为了提高钢的耐蚀性，主要采取以下措施：

（1）在钢中加入大量的合金元素（常用铬），使其表面形成一层致密的氧化膜（又称钝化膜如 Cr_2O_3 等），使钢与外界隔绝而阻止进一步氧化。

（2）在钢中加入大量合金元素（如铬等），使钢基体（铁素体、奥氏体、马氏体）的电极电位提高，从而提高其抵抗电化学腐蚀的能力。如铁素体中溶解约 12% 的铬时，其标准电极电位将由 -0.56 V 跃升为 $+0.20$ V。

（3）加入大量铬、镍等合金元素，使钢能形成单相的铁素体或奥氏体组织，以免形成微电池，从而显著提高耐蚀性。加入锰及氮也有类似作用。

不锈钢发生腐蚀的主要形式有一般腐蚀、晶间腐蚀、应力腐蚀、点腐蚀等。其中晶间腐蚀、应力腐蚀和点腐蚀都是不允许发生的破坏严重的腐蚀。只要有其中一种，就认为这种不锈钢在其发生的介质中是不耐蚀的。而一般腐蚀，根据不同的使用条件对耐蚀性提出了不同要求的指标，分为两大类。第一类为在大气及弱腐蚀介质中耐蚀的普通不锈钢，腐蚀速度小于 0.01 mm/a 为"完全耐蚀"，腐蚀速度小于 0.1 mm/a 为"耐蚀"，腐蚀速度大于 0.1 mm/a 为"不耐蚀"。第二类为在各种强腐蚀介质中耐蚀的耐酸钢，腐蚀速度小于 0.1 mm/a 为"完全耐蚀"，腐蚀速度小于 1.0 mm/a 为"耐蚀"，腐蚀速度大于 1.0 mm/a 为"不耐蚀"。

7.6.1.2 不锈钢钢种与应用

根据不锈钢的基本组织可分为铁素体型不锈钢、奥氏体型不锈钢、奥氏体-铁素体型双相不锈钢、马氏体型不锈钢和沉淀硬化不锈钢。

A 铁素体型不锈钢

铁素体不锈钢的主要合金元素是铬，铬含量在 12%～30% 之间，还有少量碳。为了提高耐蚀性，有的钢中还加入钼、钛等。铁素体不锈钢多在退火状态下使用，其显微组织是单一的铁素体，由于具有体心立方结构，加热时原子扩散快，晶粒粗化温度低，在 600 ℃以上晶粒就开始长大。若加入一定量的钛以形成碳、氮化物，则可以起到细化晶粒的作用，并提高钢晶粒的粗化温度。由于铁素体不锈钢没有固态相变，因此不能通过热处理细化晶粒进行强化。

铁素体不锈钢存在 475 ℃ 脆性。其原因是在 475 ℃ 加热时，铁素体内的铬原子趋于有序化，形成许多富铬相，产生很大的晶格畸变与内应力，同时使滑移难以进行，导致钢脆化。高铬铁素体不锈钢在 520～820 ℃ 之间长时间加热，铁素体中会析出 FeCr 金属间化合物 σ 相，硬度高、脆性大，会使钢产生 σ 相脆性。防止产生 475 ℃ 脆性和 σ 相脆性的方法是快冷，将产生脆性的钢加热到富铬相和 σ 相重新溶入基体，随后快速冷却，可以消除脆性。

工业上常用的铁素体不锈钢牌号有 10Cr17、10Cr17Mo、022Cr18Ti、008Cr30Mo2 等，广泛用于硝酸、氮肥、磷酸等工业，也可作为高温下的抗氧化材料。

B 奥氏体型不锈钢

奥氏体不锈钢是应用最广的不锈钢，属镍铬钢。最典型的是含铬 18% 左右、镍 9% 左右的 18-8 型不锈钢，如 06Cr19Ni10、12Cr18Ni9、06Cr18Ni9Ti 等。这种钢碳含量很低，由于镍的加入，扩大了奥氏体区而获得单相奥氏体组织，有很好的耐蚀性和耐热性，广泛用于化工、石油、航空、民用等工业部门。

奥氏体不锈钢在 450~850 ℃温度时，在晶界析出碳化物 $(Cr,Fe)_{23}C_6$，从而使晶界附近的铬含量低于 11.7%，这样晶界附近就容易引起晶间腐蚀。有晶间腐蚀的钢，受力后容易沿晶界开裂或粉碎。防止晶间腐蚀的方法有降低碳含量，使钢中不形成铬的碳化物；加入能形成稳定碳化物的元素钛、铌等，使钢中优先形成 TiC、NbC，而不形成铬的碳化物，以保证奥氏体中铬含量。

奥氏体不锈钢退火状态下并非单相奥氏体，还含少量的碳化物。为了获得单相奥氏体，提高耐蚀性，可进行固溶处理。具体工艺为在 1100 ℃左右加热，使所有碳化物都溶入奥氏体然后水冷至室温。

C　奥氏体-铁素体型不锈钢

奥氏体-铁素体型不锈钢也称双相不锈钢。双相不锈钢在固溶处理后的组织中，铁素体和奥氏体相的体积分数大体相当。在控制好钢的化学成分后，双相不锈钢兼有铁素体不锈钢和奥氏体不锈钢的主要优点。比铁素体不锈钢的塑性和韧性更高，焊接性更好；比奥氏体不锈钢的强度明显提高，耐晶间腐蚀和应力腐蚀能力得到提高。双相不锈钢由于含铁素体组织，所以仍有 475 ℃脆性和 σ 相脆性倾向。双相不锈钢有 14Cr18Ni11Si4AlTi、022Cr19Ni5Mo3Si2、022Cr25Ni6Mo2N 等。双相不锈钢的屈服强度比 12Cr18Ni9 奥氏体不锈钢高一倍以上，室温的冲击值也不低。

D　马氏体型不锈钢

马氏体不锈钢的铬含量在 12%~18%范围内，含低碳或高碳，这类钢具有高强度和耐蚀性，其服役显微组织为淬火和不同温度回火组织，从回火马氏体到回火索氏体。由于铬含量较高，淬透性很好，淬火以后抗回火软化能力很强，500 ℃以下回火钢的硬度变化不大。

常用的马氏体不锈钢有三类，即 Cr13 型、高碳 Cr18 型、低碳 Cr17Ni2 型马氏体不锈钢。

Cr13 型马氏体不锈钢因碳含量不同而用途各异。其中 06Cr13、12Cr13 和 20Cr13 为结构钢，在弱腐蚀介质中耐蚀，用作耐蚀和高强度的结构，如蒸汽涡轮的叶片、轴、拉杆、水压机阀门、食品工业用具和餐具。钢经淬火、高温回火，得到回火索氏体组织。30Cr13 和 40Cr13 是工具钢，淬火、低温回火可保持高硬度，用来制造医用和日用刀具。若在 12Cr13 和 20Cr13 钢中加入钼、钨、钒等，可提高钢的热强性。

典型高碳 Cr18 型马氏体不锈钢 95Cr18（旧牌号 9Cr18）是亚共晶莱氏体钢，用大的锻压比来减轻碳化物的不均匀性。这类钢可加入钼来增加钢的耐蚀性和耐磨性。钢经淬火、-70 ℃冷处理和低温回火，硬度大于 55 HRC，用于制造优质刀剪具及在海水、硝酸、蒸汽等腐蚀介质中的不锈轴承。

典型低碳 G17Ni2 型马氏体不锈钢 17Cr16Ni2（旧牌号 1Cr17Ni2）用作工作温度低于 400 ℃以下温度耐蚀高强度钢，淬火、回火后具有较好的综合性能，广泛用于化学和航空工业，制作高强度又有耐硝酸和有机酸的零件、泵、阀等。

E 沉淀硬化型不锈钢

通过进一步加入合金元素，提高马氏体不锈钢的高温组织稳定性，发展了沉淀硬化型耐热不锈钢。这些强化合金元素有钼、钨、钒、铝、钛等，其中钼、钨可在较高温度下保持马氏体基体的强度，铝、钛、铌、钴等形成一系列金属间化合物，产生有效的沉淀硬化作用。沉淀硬化型不锈钢的铬含量应保持在 12%～18% 范围，保证足够的耐蚀不锈性；镍含量应保证在高温下获得奥氏体组织，其含量在 4%～8% 之间。

根据沉淀硬化型不锈钢的基体特征和热处理工艺上的差别，可分为马氏体沉淀硬化不锈钢、半奥氏体沉淀硬化不锈钢和奥氏体沉淀硬化不锈钢三类。

半奥氏体沉淀硬化不锈钢的特点是经固溶处理后，在室温下具有奥氏体组织，易于冷塑性成型、焊接。随后经过强化处理得到马氏体组织，并在马氏体基体上产生沉淀强化，进一步提高钢的强度。钢的沉淀强化相是 Ni_3Al。半奥氏体沉淀硬化不锈钢的典型钢种为 07Cr17Ni7Al 和 07Cr15Ni7Mo2Al。为了获得足够量的沉淀强化相 Ni_3Al，铝含量保持在 1.2%。这类钢的热处理工艺包括固溶处理、调整处理和时效处理。调整处理的目的是使 $Cr_{23}C_6$ 碳化物析出，降低奥氏体碳含量，提高 M_s 温度。半奥氏体沉淀硬化不锈钢主要用于制造飞机蒙皮、结构件、导弹压力容器和构件等。

马氏体沉淀硬化不锈钢经过固溶处理后其 M_s 点约为 150 ℃，M_f 点低于 30 ℃，马氏体转变程度受钢的化学成分和冷却方式的影响。这类钢中加入强化合金元素钼、钛、铝、铌，形成拉弗斯相 $Fe_2(Mo,Nb)$，富镍相如 $\gamma'-Ni_3(Al,Ti)$、Ni_3Ti、Ni_3Mo，还有 $\beta-NiAl$ 相和富铜相等沉淀强化相。为保证在高温获得单一奥氏体，需要加入奥氏体形成元素镍，镍含量控制在 4%～8%。典型的马氏体沉淀硬化不锈钢为 04Cr13Ni8Mo2Al、022Cr12Ni9Cu2NbTi 等。

7.6.2 耐热钢

耐热钢是根据在高温下工作的动力机械的要求而发展起来的一大类材料。它涉及航天、航空、舰船、石油和化工、发电、锅炉等工业部门。这类材料除了要求在高温下有高的强度和塑性，还要求有足够高的化学稳定性。在高温下工作，钢和合金中将发生原子扩散过程，并引起组织转变，这是与常温工作部件的根本不同点。

7.6.2.1 耐热钢的热强性与抗氧化性

材料在温度和应力共同作用下，它将发生连续而缓慢的变形，即蠕变。表示高温强度的指标有三种：其一为蠕变强度，它表示在规定温度下，在规定时间达到规定变形（如 1%）时所能承受的应力；其二为持久强度，它指定在规定温度和规定时间所能承受的最大应力；其三为持久寿命，它表示在规定温度和规定应力作用下材料拉断的时间。

钢和合金在高温空气中工作将发生氧化。钢在高温空气中不抗氧化，565 ℃ 以上钢表面出现 FeO 层后，钢的氧化速度剧增。氧化层的增厚靠铁离子向外扩散，氧离子向内层扩散。若加入能形成稳定而致密的氧化膜的合金元素，就能在钢表面形成保护膜。合金元素铬、铝、硅和镍就能提高 FeO 出现的温度。当铬和铝含量高时，钢和合金表面生成致密的 Cr_2O_3 或 Al_2O_3 保护膜。通常在钢表面生成尖晶石类型的氧化膜，如 $FeO \cdot Cr_2O_3$ 或 $FeO \cdot Al_2O_3$。含硅钢表面生成 Fe_2SiO_2。上述合金氧化膜都有很好的保护作用。铬是提高钢和合金高温抗氧化的主要元素，其次是铝。而硅只能做辅加元素，加入量多会使钢产生脆性。钨、钼将降低耐热钢和耐热合金的抗氧化性。少量稀土金属能提高耐热钢和耐热合金的抗氧化能力。特别在 1000 ℃ 以上可以防止晶界优先氧化。

耐热钢和耐热合金抗氧化和气体腐蚀能力分为五级。腐蚀速度 ≤0.1 mm/a 为未完全抗氧化，>0.1~1.0 mm/a 为抗氧化，>1.0~3.0 mm/a 为次抗氧化，>3.0~10.0 mm/a 为弱抗氧化，>10.0 mm/a 为不抗氧化。

7.6.2.2　耐热钢钢种与应用

耐热钢根据显微组织分为铁素体型和奥氏体型两大类。铁素体型耐热钢包括铁素体-珠光体耐热钢、马氏体耐热钢和铁素体耐热钢，一般在 350~650 ℃ 温度范围工作。奥氏体型耐热钢可以在 600~870 ℃ 温度范围工作。

A　铁素体-珠光体耐热钢

这类钢属低合金钢，代表性的牌号有 15CrMo、12Cr1MoV、12Cr2MoWVSiTiB 等，合金元素总量不超过 5%，退火后得到铁素体和珠光体组织，多用于锅炉蒸汽管道，在 450~620 ℃ 蒸汽介质中和应力状态下长期运转，工作时间以 10 万小时计算，要求有很好的组织稳定性来保证长时期的性能稳定性。这类钢的强化方法主要是通过合金元素强化 α-相基体，回火时析出合金碳化物产生沉淀强化以及通过热处理使 α-相得到比较稳定的强化亚结构。

固溶于 α-相中的钨和钼能显著提高基体的蠕变抗力，铬在 $w(Cr) \leq 0.5\%$ 时强化 α-相的作用很显著。锰和硅的固溶强化作用弱。实践证明，钼是提高 α-相高温强度最有效的元素，钨次之，铬又次之。铬和硅可以提高钢在 600 ℃ 抗气体腐蚀能力。

强碳化物形成元素加入钢中形成的合金碳化物是这类钢强化的主要途径。含钒、铌、钛的钢经过热处理在 500~750 ℃ 范围析出 MC 型碳化物时，产生持久的沉淀强化。其稳定性高，使钢保持较高的蠕变强度。钨和钼在钢中除部分溶于 α-相，还可以和碳形成 M_2C 和 M_6C 型碳化物，当钢淬火回火时 M_2C 碳化物 Mo_2C 和 W_2C 的沉淀强化作用稍差，而 M_6C 型碳化物容易聚集长大，强化效果差。

显微组织对铁素体-珠光体耐热钢的蠕变强度有很大影响。以 12Cr1MoV 钢为例，马氏体高温回火组织有最高的持久强度，粒状贝氏体高温回火组织次之，铁素体-珠光体组织最低。可以证实，通过热处理来改变铁素体-珠光体耐热钢的组织，是改变蠕变强度和持久强度的主要途径。

B　马氏体耐热钢

Cr12 型马氏体耐热钢是对低碳 Cr13 马氏体不锈钢进行多组元合金元素综合强化形成的一大类钢种。其特点是有较高的热强性、耐蚀性和振动衰减性能，与奥氏体耐热钢相比，导热性好，线膨胀系数小。可作 570 ℃ 汽轮机转子，593 ℃ 蒸气压 3087 MPa 的超临界压力大功率火力发电机组。一些新型 Cr12 系列和 Cr9 系列马氏体耐热钢把工作温度提高到 650 ℃。

Cr12 型马氏体耐热钢代表性牌号有 15Cr12WMoV、18Cr11NiWNbVN 等。钢中加入钒或铌，通过热处理淬火回火析出 VC 或 NbC，获得良好的沉淀强化作用。若再加入氮，能形成 $V(C,N)$ 或 $Nb(C,N)$，增加沉淀强化相的数量，增大沉淀强化相效应。钼、钨加入后，大部分溶于基体，起固溶强化作用。还有部分钼和钨溶于 $M_{23}C_6$ 和 M_6C，消除了 Cr13

马氏体不锈钢中的 Cr_7C_3 型碳化物，所出现的单一的成分复杂的 $(Cr,Mo,W,Fe)_{23}C_6$，由于钼和钨的溶入增大了稳定性，加大了它的弥散强化作用。钢中加入微量合金元素硼起晶界强化作用。

排气阀用钢的常用牌号有 42Cr9Si2、40Cr10Si2Mo 等，钢中的铬、硅量适当配合，可以获得较高的热强性。硅提高钢的 A_{c_1} 点，从而提高钢的使用温度；钼可提高钢的热强性和消除回火脆性。

C 奥氏体耐热钢

奥氏体型耐热钢在 600 ℃ 以上温度显示出面心立方点阵组织的优越性，能够获得高的蠕变强度和组织稳定性，良好的焊接性能，是在 600~1200 ℃ 温度范围应用最广的一类耐热钢，大量用于工业中加热炉构件及其他耐热部件。

最典型的铬镍奥氏体耐热钢是 12Cr18Ni9 和在此基础上演化的 06Cr18Ni11Ti、06Cr17Ni12Mo2 等，最高温度用于 850 ℃ 左右的石油化工用的各种板管，如加热炉炉管、燃烧室、炉罩等。为了在更高温度下长期工作，需要提高钢的抗氧化性，钢中铬可增加到 25%~30%、硅 2%。为了适当提高钢的高温强度，加入钨、钼、铌等强碳化物形成元素。为了增加钢液的流动性，碳含量适当提高到 0.3%~0.5%。通用的钢有 26Cr18Mn12Si2N、16Cr25Ni20Si2 等。高温高负荷条件下工作的钢有 45Cr14Ni14W2Mo、53Cr21Mn9Ni4N 等。

铬锰碳氮奥氏体耐热钢经固溶处理后得到单相奥氏体组织，氮在 700~900 ℃ 温度范围奥氏体将发生分解，析出大量氮化物和碳化物，并产生时效脆性，使钢在室温下的韧性下降，但高温下仍有足够的韧性。若钢中辅加一定镍后，铬锰镍氮钢的韧性有所提高。

由于碳、氮等间隙原子的固溶强化效应大于置换元素，而氮的强化效应最大，所以铬锰碳氮耐热钢有较高的高温强度。这种钢所制成的构件能承受较大负荷，适于制作高温下的受力构件，如锅炉吊挂、渗碳炉构件，其最高使用温度可达 1000 ℃。

7.6.2.3 耐热合金

耐热合金是在奥氏体耐热钢的基础上发展的高温材料，也称高温合金，主要用于航空发动机部件。按照成分特点可分为铁基耐热合金（沉淀强化奥氏体耐热钢）、镍基耐热合金等。

A 沉淀强化奥氏体耐热钢

沉淀强化奥氏体耐热钢是一类铁基的耐热合金。这类钢的沉淀强化相有两种，一种为碳化物，另一种为金属间化合物。

碳化物沉淀强化奥氏体耐热钢的强化相为 MC 型合金碳化物，辅以固溶强化元素钨和钼。常用的是以锰部分代镍的 4Cr13Mn8Ni8MoVNb（GH2036）钢，钢中形成以 VC 为主的、溶解部分铌的 $(V,Nb)C$。钢中另外一种碳化物是 $(Cr,Mn,Mo,Fe,V)_{23}C_6$，不能作为沉淀强化相。$M_{23}C_6$ 在较低温度时效时，析出量很小，其最高析出量在 900 ℃。钼在钢中少部分溶入 $M_{23}C_6$，大部分溶于基体起固溶强化作用。此外，还有以 NbC 为沉淀强化相的 Fe-Cr-Ni-Co-基的碳化物沉淀强化耐热钢（4Cr20Ni20Co20W4Mo4Nb4）。

金属间化合物沉淀强化奥氏体耐热钢以有序相 γ'-$Ni_3(Ti,Al)$ 作为主要沉淀强化相，用于温度在 650~750 ℃ 甚至更高温度运转的燃气轮机部件。由于加入了大量铁素体形成元素作为强化元素，如钨、钼、钛、铝和铌等，为保证奥氏体基体组织的稳定性而加入大量镍。根据不同的镍含量，可分为 Fe-15Cr-25Ni、Fe-15Cr-35Ni 等几种基础合金。这类钢的代表为 GH2132（Cr15Ni25MoTiAlB）。加入钼主要是起固溶强化作用。钼和微量元素钒以及硼共同作用来消除耐热钢的缺口敏感性，硼还产生晶界强化并提高持久塑性。硅和锰是残存元素，当硅和锰的含量在上限时，钢中会出现如 G 相（$Ni_{14}Ti_9Si_6$）和拉弗斯相（$(Fe,Cr,Mn,Si)_2(Ti,Mo)$）夹杂相，消耗了钢中有效元素。Fe-15Cr-35Ni 型 GH2135 沉淀强化奥氏体耐热钢比 Fe-15Cr-25Ni 型钢有更高的高温强度。由于溶解了更多的钨、钼、钛、铝等强化元素，有更多体积分数的强化相 γ'-$Ni_3(Ti,Al)$，更多的固溶强化元素钨和钼，还有晶界强化元素硼和铈，可用于 700～750 ℃ 范围工作的耐热部件，代替镍基耐热合金。

B　镍基耐热合金

镍基耐热合金能够通过复杂的合金化方法获得更高的组织稳定性和更高的高温强度。其工作温度远高于铁基耐热合金。镍基耐热合金中采用金属间化合物 γ'-$Ni_3(Ti,Al)$ 相作为沉淀强化相。它与镍基固溶体有相同的点阵类型和相近的点阵常数，与基体形成共格，其相界面能很低，这样在高温长时间停留时聚集长大速度小，所以 γ'-$Ni_3(Ti,Al)$ 相是理想的沉淀强化相。由于 γ'-$Ni_3(Ti,Al)$ 相中铝含量高于钛含量，增高了 γ'-$Ni_3(Ti,Al)$ 相的稳定性。

γ'-$Ni_3(Ti,Al)$ 相对镍基合金的强化机制，其一是共格强化，其二是 γ'-$Ni_3(Ti,Al)$ 有序相在其形变时产生的反向畴界强化。镍基耐热合金的另一个强化方法是通过增加合金中钨、钼、铬的含量加强固溶强化作用。

镍基耐热合金常采用双重时效处理，高温时效处理析出较粗的颗粒状 γ' 相，较低温度时效析出细小的 γ' 相，得到两套尺寸的 γ' 相，可以调整合金强度和塑性的配合，提高持久强度和持久寿命。

7.6.3　耐磨钢

耐磨钢是指具有高耐磨性的钢种，广义上也包括结构钢、工具钢、滚动轴承钢等。在各种耐磨材料中，高锰钢是具有特殊性能的耐磨钢。它在高压力和冲击负荷下能产生强烈的加工硬化，因而具有高耐磨性。高锰钢属于奥氏体钢，所以又具有优良的韧性。因此，高锰钢广泛用来制造在磨料磨损、高压力和冲击条件下工作的零件，如坦克和矿山拖拉机履带板、破碎机颚板、挖掘机铲齿以及铁路线和电车线道岔等耐磨件。

高锰钢碳含量在 0.9%～1.0% 之间，锰含量在 11.5%～14.5% 之间，钢号为 Mn13，由于这种钢机械加工性能差，通常都是铸造成型，钢号为 ZGMn13。为了某种特定的目的，钢中还可加入铬、镍、钼、钒、钛等元素。

高锰钢的铸态组织基本上由奥氏体和残余碳化物（$(Fe,Mn)_3C$）组成。由于碳化物沿晶界析出降低钢的强度和韧性，影响钢的耐磨性，因此，铸造零件必须进行热处理使高锰钢获得全部奥氏体组织。高锰钢消除碳化物并获得单一奥氏体组织的热处理为固溶处理，工程上常称作"水韧处理"。即将铸件加热到 1000～1100 ℃，并在高温下保温一段时间，使碳化物完全溶解于奥氏体中，然后水冷，使高温奥氏体固定到室温。高锰钢水韧处理后不能再加热至 350 ℃ 以上，否则会有针状碳化物析出，使钢的性能脆化。

高锰钢水韧处理后屈强比很低，塑性和韧性很好，硬度也不高。在使用过程中，高锰钢在很大压力、摩擦力和冲击力作用下会发生塑性变形，表面奥氏体产生很强烈的加工硬化，形变强化的结果又促使奥氏体向马氏体转变以及ε-碳化物沿滑移面形成，使钢的硬度高达 450~550 HBW，从而使高锰钢既具有高韧性又具有很高的耐磨性。

7.7 铸 铁

铸铁是以铁、碳和硅为主要成分，并有共晶转变的工业铸造合金的总称。与钢相比，铸铁熔点低，铸造性能好，原料成本低，生产设备要求低，生产流程短且技术难度小，材料利用率高，并因存在石墨相而具有良好的减振性和润滑性等独特优点，故而获得了广泛应用。其缺点包括不能锻、轧、冲、拉拔等变形加工，焊接性能差，塑韧性等明显低于钢等。

铸铁的分类方法很多。按化学成分，铸铁可分为普通铸铁与合金铸铁；按制取工艺，分为孕育铸铁、冷硬铸铁等；按断口特征，分为灰口铸铁（灰铸铁）、白口铸铁、麻口铸铁；按石墨形态，分为灰铸铁、蠕墨铸铁、球墨铸铁、可锻铸铁（玛钢）；按基体组织，分为铁素体球墨铸铁、珠光体球墨铸铁、贝氏体球墨铸铁等；按铸铁的特殊性能，分为耐磨铸铁、抗磨铸铁、耐蚀铸铁、耐热铸铁、无磁性铸铁等。

工业用铸铁的碳含量一般在 2.5%~4%。除碳外，铸铁中还有 1%~3% 的硅，以及锰、磷、硫等元素。合金铸铁中还含有镍、铬、钼、铝、铜、硼、钒等元素。其中，碳、硅是影响铸铁显微组织和性能的主要元素。

碳在铸铁中多以石墨形态存在，有时也以渗碳体形态存在。铸铁中碳和硅是强烈促进石墨化的元素（强石墨化元素），硅缩小奥氏体相区并降低共晶碳量，其石墨化效果是同等量碳的三分之一左右。硫是强烈阻碍石墨化的元素（强反石墨化元素）。锰作为碳化物形成元素，阻碍石墨化，但与硫生成 MnS 从而抵消硫的强反石墨化作用，因而间接促进石墨化。

合金铸铁中，通过加入某些特定合金元素以获得特殊性能。例如，铬含量为 12%~20% 的高铬白口耐磨铸铁中的铬在铸铁中形成 $(Cr, Fe)_7C_3$ 碳化物，硬度极高，使铸铁耐磨性提高，分布不连续，不影响韧性。添加磷生产的高磷铸铁，在基体中形成 Fe_3P 共晶组织的坚硬骨架以提高铸铁的耐磨性。耐热铸铁中加入硅、铝、铬等合金元素以提高铸铁在高温时的抗氧化性。

7.7.1 铸铁显微组织的形成与控制

所有铸铁微观组织均由铸铁基体和石墨相构成。

铁碳合金冷却或加热时石墨的形成过程又称作石墨化。铸铁中石墨相生成有两种重要途径：一是铸造过程中通过冷却过程中的相变生成，一是对白口铸铁施以石墨化退火而生成。铸造时的冷却条件，以及在铁液中添加孕育剂、球化剂和蠕化剂等，均会对铸铁中石墨的生成与形态产生重要影响。

石墨降低铸铁的强度、塑性和韧性。但石墨的形态不同，其弱化铸铁力学性能的作用有很大差别：片状石墨的弱化作用最为显著，球状石墨的弱化作用最小，介于二者之间的是蠕虫状石墨和团絮状石墨。

铸铁基体组织则与钢中组织分类非常类似，例如铁素体基体、珠光体基体、铁素体+珠光体混合基体、奥氏体基体、贝氏体基体和回火马氏体基体，等等。铸铁的基体显微组织的类型取决于石墨化的程度和石墨的形态，从而由铸铁成分与工艺（如铸造工艺和热处理工艺）共同决定。

7.7.1.1 铸造过程中石墨的生成

根据铁碳复线相图，可将铸铁由液态冷却至室温过程中的石墨化过程分为先共晶-共晶阶段、二次石墨析出阶段和共析阶段等三个阶段。

在先共晶-共晶阶段，从铸铁的液相中结晶出一次石墨（先共晶石墨）和通过共晶反应结晶出共晶石墨。

共晶反应生成的共晶石墨在三维空间的通常形状如图 7-7(b) 所示，其在二维截面上则常常呈现为片状石墨（G_f），见图 7-7(a)。

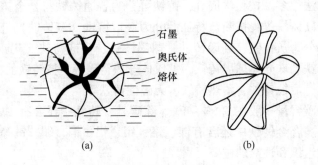

图 7-7　铸铁中的奥氏体-石墨共晶反应
(a) 奥氏体-石墨共晶；(b) 共晶石墨的三维形态

依铸铁成分和工艺条件不同，片状石墨的二维截面形态亦多种多样。图 7-8 示出片状石墨在二维截面上的不同分布形态。

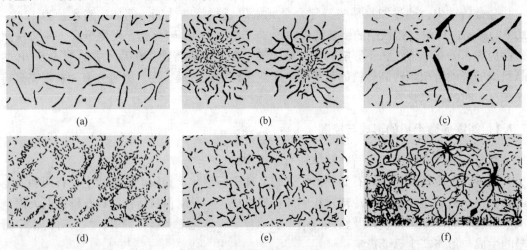

图 7-8　片状石墨的分布形态
(a) A 型、片状；(b) B 型、菊花状；(c) C 型、粗片状；(d) D 型、枝晶点状；
(e) E 型、枝晶片状；(f) F 型、星状

在二次石墨析出阶段，从铸铁的奥氏体相中直接析出二次石墨，或者通过渗碳体在共晶温度和共析温度之间发生分解而形成石墨。

在共析阶段，在铸铁的共析转变过程中析出共析石墨，或者通过渗碳体在共析温度附近及其以下温度发生分解形成石墨。

铸铁成分和冷却条件不同，铸铁石墨化的程度也不同。如果完全没有石墨生成，得到的只能是白口铸铁。如果三个阶段的石墨化都得以充分进行，那就会得到铁素体基体灰口铸铁。如果冷却速度稍稍增快，前两个阶段的石墨化已经完成，但是共析阶段的石墨化没有来得及进行，则得到珠光体基体灰口铸铁。若共析阶段石墨化只能部分进行，则会获得珠光体+铁素体混合基体的灰口铸铁。

若采用孕育处理（变质处理）的方法，在浇铸前向铁液中加入少量孕育剂（如硅铁和硅钙合金），形成大量高度弥散的难熔质点，则可促进石墨的非均匀形核而使生成的石墨细小且分布合理，获得更高强度和塑性的孕育铸铁。图7-9给出了未孕育处理和孕育处理的灰铸铁中的石墨形态。

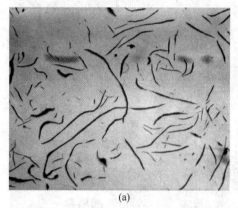 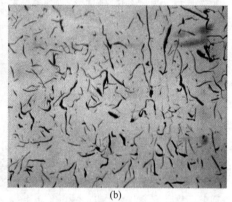

(a)　　　　　　　　　　　　　　　　(b)

图7-9　灰铸铁中的石墨形态
（a）未孕育处理；（b）孕育处理

在浇铸前向铁液中加入蠕化剂，可促进生成蠕虫状石墨，获得蠕墨铸铁，如图7-10所示。如果在浇铸前向铁液中加入少量稀土镁球化剂并加入孕育剂进行孕育处理，则球化剂将作为石墨生成的核心，非均匀形核并长大生成多晶体石墨球体，即球状石墨，如图7-11所示。缓冷得到铁素体基球墨铸铁，冷却略快则可获得珠光体基球墨铸铁。

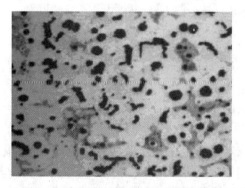 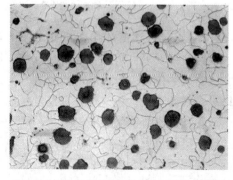

图7-10　蠕墨铸铁中的蠕虫状石墨形态　　　　图7-11　铁素体基球墨铸铁中的石墨形态

7.7.1.2 白口铸铁退火过程中石墨的生成

由于白口铸铁中的渗碳体是亚稳定相，若将白口铸铁加热至较高温度下保温，渗碳体将会分解为稳定相石墨和铁素体，如图 7-12 所示。这样的工艺过程称为白口铸铁的石墨化退火，得到可锻铸铁。随冷速不同，铸铁的基体不同，但石墨相均多呈团絮状，如图 7-13 所示。

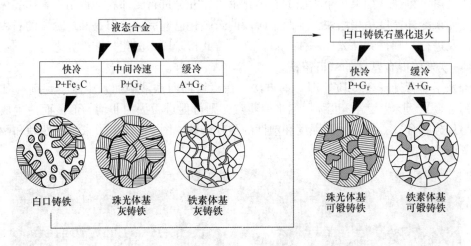

图 7-12　白口铸铁、灰口铸铁、可锻铸铁的生成示意图

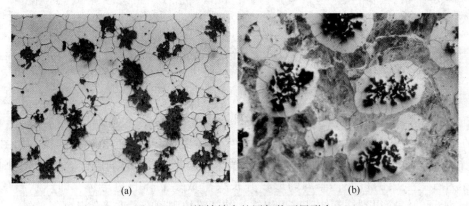

图 7-13　可锻铸铁中的团絮状石墨形态
（a）铁素体基体可锻铸铁；（b）铁素体+珠光体基体可锻铸铁

7.7.1.3 铸铁基体组织调控与热处理

在许多情况下，铸铁也需要热处理。例如，对白口铸铁进行石墨化退火以生产可锻铸铁，或对某些铸铁进行去白口热处理。另外，还可以对铸铁进行去应力退火、正火、淬火和回火、表面淬火、化学热处理以及水韧等特殊热处理，进一步改变铸铁的组织与应力状态，改善和提高铸铁的性能。

除石墨化退火或去白口热处理外，热力学稳定相石墨在热处理过程中不会发生变化，因此热处理不能改变铸铁石墨相的形状、尺寸和分布，故铸铁热处理时仅需要考虑铸铁基体的相变与组织变化。例如，球墨铸铁和要求特殊性能的合金铸铁等，就常常需要通过热处理改变或改造原来的铸态基体组织。贝氏体基球墨铸铁中的贝氏体基体，即是通过对球墨铸铁进行等温淬火热处理而获得的。球墨铸铁退火和正火处理则分别获得铁素体基和珠光体基球墨铸铁。

7.7.2 常用铸铁材料

在《铸铁牌号表示方法》（GB/T 5612—2008）中，根据有无石墨相和石墨的形态，将工业铸铁（包括合金铸铁）分为白口铸铁（BT）、灰口铸铁（HT）、球墨铸铁（QT）、可锻铸铁（KT）、蠕墨铸铁（RuT）五类，五类铸铁中又按特殊性能和组织特征分为耐磨（M）、耐热（R）、耐蚀（S）、冷硬（L）和奥氏体（A）、珠光体（Z）、黑心（H）、白心（B）等类型的铸铁。上述括号中的字母或字母组合是国家标准对铸铁规定的代号。如此，QTA 为奥氏体球铁的代号，QTL、QTM、QTR、QTS 分别是冷硬球铁、抗磨球铁、耐热球铁和耐蚀球铁的代号，KTH、KTB 和 BTZ 则分别是黑心、白心和珠光体可锻铸铁的代号。

7.7.2.1 白口铸铁

白口铸铁是一种良好抗磨材料，可以在干摩擦及磨料磨损条件下工作，如球磨机磨球、磨煤机磨辊等。白口铸铁包括普通白口铸铁、低合金白口铸铁、中合金白口铸铁和高合金白口铸铁。需要时，铸铁牌号中可以出现合金元素符号。例如，铸铁牌号 BTMCr2 和 BTMCr26 分别表示铬含量为 1.0%~3.0%（低铬）和 23%~30%（高铬）的铬合金抗磨白口铸铁，BTMCr9Ni5 为铬含量及镍含量分别为 8.0%~10.0% 和 4.5%~7.0% 的镍铬合金抗磨白口铸铁。相应国家标准有《抗磨白口铸铁件》（GB/T 8263—2010）等。

7.7.2.2 灰口铸铁

灰口铸铁是应用最广泛的铸铁材料，其石墨呈片状。包括 HT、HTA、HTM、HTR、HTS 和 HTL 等类型。灰口铸铁（HT）分为普通灰口铸铁（中等或较粗石墨片）和孕育灰口铸铁（细小或较细石墨片）；基体为铁素体、珠光体或铁素体+珠光体；包括普通牌号 HT100、HT150 和 HT200，孕育灰口铸铁包括牌号 HT250、HT300、HT350 和 HT400。牌号中"HT"后的数值表示铸铁的最低抗拉强度值（MPa）。牌号 HTCr-300 则表示最低抗拉强度值不小于 300 MPa 的含铬灰口铸铁。相应的国家标准有《灰铸铁件》（GB/T 9439—2023）等。

7.7.2.3 球墨铸铁

球墨铸铁中的石墨相呈球状，使其强度很高且兼具良好的塑韧性，综合力学性能接近于钢，在工业中得到了广泛应用。包括 QT、QTA、QTL、QTM、QTR、QTS 等类型。例如，牌号 QTMMn8-300 表示最低抗拉强度值不小于 300 MPa 的中锰耐磨球墨铸铁。

典型 QT 类型的牌号与力学性能列于表 7-2。牌号中"QT"后的两组数值表示最低抗拉强度和伸长率。例如球墨铸铁牌号 QT900-2 表示其抗拉强度 R_m 不小于 900 MPa，断后伸长率 A 不小于 2%。相关信息可参见《球墨铸铁件》（GB/T 1348—2019）。

由于有良好的综合力学性能，在某些允许的条件下，可以用具有较高疲劳强度的球墨铸铁来代替钢制造某些重要零件，如曲轴、连杆、凸轮轴等。

表 7-2　典型球墨铸铁牌号与力学性能（铸件壁厚≤30 mm）

牌号	$R_{p0.2}$/MPa	R_m/MPa	A/%
	不小于		
QT350-22	220	350	22
QT400-18	250	400	18
QT400-15	250	400	15
QT450-10	310	450	10
QT500-7	320	500	7
QT550-5	350	550	5
QT600-3	370	600	3
QT700-2	420	700	2
QT800-2	480	800	2
QT900-2	600	900	2

生产球墨铸铁时必须进行球化处理并伴随孕育处理，即在铁水中同时加入一定量的稀土镁球化剂、硅铁和硅钙合金等孕育剂，以获得细小、均匀分布的石墨球。球墨铸铁成分要求比较严格。其铸造成型后可以通过不同的热处理工艺获得不同基体，以获得所需要的综合力学性能。

7.7.2.4　可锻铸铁

可锻铸铁（KT）俗称玛钢，又称展性铸铁，是将白口铸铁石墨化退火处理获得的一种高强韧铸铁。可锻铸铁中的碳全部或大部分呈絮状石墨形态存在。虽然可锻铸铁中的石墨对铸铁性能弱化较小，但可锻铸铁并不能真的进行锻压加工。

与灰口铸铁相比，可锻铸铁有较好的强度和塑性，特别是低温冲击性能较好，耐磨性和减振性则优于普通碳素钢。相关信息可参见《可锻铸铁件》（GB/T 9440—2010）。

黑心可锻铸铁（KTH）又俗称铁素体可锻铸铁，铸件的断口外缘为脱碳的表皮层，芯部组织为铁素体+团絮状石墨。黑心可锻铸铁产品在我国占可锻铸铁总量的90%以上，可以用来制造载荷不大、承受较高冲击、振动的零件，广泛应用于汽车、拖拉机、铁路、建筑、水暖管件、线路器材等。珠光体可锻铸铁（KTZ）以其基体显微组织命名，强度高于黑心可锻铸铁。可用于制造强度要求较高、耐磨性较好并有一定韧性要求的重要铸件，如齿轮箱、凸轮轴、曲轴、连杆、活塞环等。白心可锻铸铁（KTB）是由白口铸铁坯件在氧化性介质中脱碳退火获得，要求退火时间长，实际应用较少。

7.7.2.5　蠕墨铸铁

蠕墨铸铁中的碳全部或大部分呈蠕虫状石墨形态存在，通常是铸造前向铁液中添加蠕化剂（镁或稀土）后凝固而制得的。其石墨形态蠕虫状石墨为互不连接的短片状，其石墨片的长厚比较小、端部较钝，其形态介于片状石墨和球状石墨之间，所以力学性能也介于普通灰口铸铁和球墨铸铁之间。

蠕墨铸铁适于制造需要承受高强度和热循环负荷的零件，并广泛用来制作钢锭模、排气管、柴油发动机构件等。可参见国家标准《蠕墨铸铁件》（GB/T 26655—2022）。

本 章 小 结

　　钢铁材料是最重要的工程材料。钢材产品是通过炼铁、炼钢、浇铸和轧制获得的。钢材品种繁多，可以按不同方法进行分类，同时需要编制牌号以方便选用与管理。中国国家标准《钢铁产品牌号表示方法》（GB/T 221—2008）规定了我国钢铁产品牌号的表示方法。钢铁材料包括钢和铸铁。按照应用领域，钢分为结构钢、工具钢和特殊性能钢。结构钢还可细分为工程结构用钢和机械制造用钢，分别用于工程结构的制造和机器零件的加工。工具钢是用于加工各种材料的钢，包括刃具钢、模具钢和量具钢。特殊性能钢应用于有特殊性能需求的场合，如腐蚀、高温、磨损等工况。铸铁是具有共晶转变的铁碳合金为主的材料，常用的有白口铸铁（抗磨铸铁）、灰口铸铁、球墨铸铁、可锻铸铁、蠕墨铸铁等。

复习思考题

7-1 钢铁材料生产过程中为什么要先炼铁再炼钢？

7-2 钢材产品有哪些种类？

7-3 辨别如下牌号钢铁材料的种类、成分及用途：Q235、Q355、08F、45、20Cr、T12A、9SiCr、Cr12MoV、5CrMnMo、GCr15、W18Cr4V、60Si2Mn、06Cr19Ni10、022Cr18Ti、20Cr13、HT350、QT400-18。

7-4 工程结构钢有哪些性能要求？

7-5 分析渗碳钢、调质钢、弹簧钢、滚动轴承钢碳含量与材料性能要求之间的关系。

7-6 说明高速钢热处理过程的要点。

7-7 使不锈钢产生好的耐蚀性的原因是什么？

7-8 Mn13型耐磨钢如何产生强的抗磨性能？

7-9 生产球磨铸铁时需要注意哪些方面的工艺问题？

8 非铁金属材料

【本章学习要点】本章介绍了除钢铁材料以外的非铁金属材料，主要包括铝及铝合金、铜及铜合金、镁及镁合金、钛及钛合金、滑动轴承合金、硬质合金及新型金属材料简介。要求掌握各类非铁金属材料的特性、常用牌号与应用场合。

钢铁材料之外的金属材料一般称为非铁金属（有色金属）材料。铝、铜、镁、钛、金、银等金属及其合金是最常用的非铁金属。与钢铁材料相比，非铁金属材料具有比密度小、比强度高的特点。在许多工业部门尤其是原子能、计算机、空间技术等新型工业部门中非铁金属的应用很广泛。本章主要介绍机械制造中广泛应用的铝及铝合金、铜及铜合金、镁及镁合金、钛及钛合金、滑动轴承合金、硬质合金以及其他新型金属材料等。

8.1 铝及铝合金

8.1.1 纯铝

工业纯铝呈银白色，具有面心立方晶格，熔点为 660 ℃，密度为 2.72 g/cm³，是铁的 1/3，属于轻型金属。铝的导电性和导热性好，仅次于金属银和铜，因此铝可用作散热材料并广泛应用于电子、电器及电机工业中代替铜制作导体。铝在大气中与氧作用，在表面形成一层氧化膜，从而使其在大气和淡水中具有良好的耐蚀性。纯铝还具有优良的工艺性能，易于铸造、切削，塑性良好，可以进行冷、热压力加工成丝、线、棒、管、箔等型材，日常生活中常见的糖果、香烟、食品、药品等的包装铝箔厚度仅为 0.006 mm。

根据国标 GB/T 16474—2011 规定，纯铝的牌号用 1××× 四位数字、字符组合系列表示。牌号的第二位表示原始纯铝（如 0 或 A）或改型纯铝（如 1~9 或 B~Y）；牌号的最后两位数字表示最低铝含量。当纯度为 99.99% 的纯铝精确到 0.01% 时，牌号中的最后两位数字表示最低铝含量中小数点后面的两位。如 1A99 表示 99.99% 的纯铝，1A97 表示 99.97% 的纯铝，1A93 表示 99.93% 的纯铝。

纯铝的强度较低，抗拉强度为 80~100 MPa，经冷变形后提高到 150~250 MPa，故工业纯铝难以达到结构零件的性能要求，主要用于电线和电缆（图 8-1）、包装（图 8-2）、电器、散热器（图 8-3）、配置铝合金及生活用品（图 8-4）等。表 8-1 是工业纯铝的牌号、化学成分及用途。

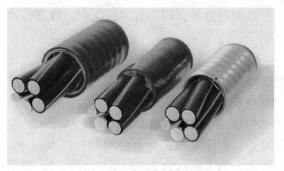

图 8-1 铝线缆

图 8-2 彩色铝箔

图 8-3 纯铝散热器

图 8-4 纯铝锅

表 8-1 工业纯铝的牌号、化学成分及用途

旧牌号	新牌号	质量分数/%		用途举例
		Al	杂质	
L1	1070	99.7	0.3	电容、垫片、电子管隔离罩、电缆、导电体和装饰件
L2	1060	99.6	0.4	
L3	1050	99.5	0.5	
L4	1035	99.0	1.0	
L5	1200	99.0	1.0	电线保护导管、通信系统零件、垫片和装饰件

8.1.2 铝合金

纯铝强度很低，一般不宜直接作为结构材料和制造机械零件。纯铝中加入合金元素可以配成各种铝合金，再经过强化处理后，其强度可以得到很大的提高。按铝合金的成分、组织和工艺特点，可以将其分为变形铝合金和铸造铝合金两类。常用的铝合金大都具有与图 8-5 类似的相图。位于相图上 D 点成分以左的合金，在加热至高温时能形成单相固溶体组织，合金的塑性较高，适用于压

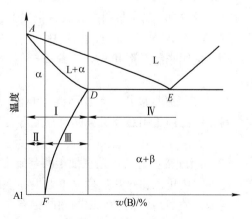

图 8-5 铝合金的分类

力加工，故称为变形铝合金；凡位于 *D* 点成分以右的合金，因含有共晶组织，液态流动性较高，适用于铸造，故称为铸造铝合金。

8.1.2.1　变形铝合金

变形铝合金可按其主要性能特点分为防锈铝、硬铝、超硬铝和锻铝等，冶金厂一般将变形铝合金加工成各种规格型材（板、带、管、线等）产品。

按 GB/T 16474—2011 规定，变形铝合金牌号用四位字符体系表示，牌号的第一、三、四位为数字，第二位为"A"字母。牌号中第一位数字是依主要合金元素 Cu、Mn、Si、Mg、Mg_2Si、Zn 的顺序来表示变形铝合金的组别，依次标示为 2、3、4、5、6、7；牌号中的第二位表示原始铝合金（如 0 或 A）或改型铝合金（如 1~9 或 B~Y）。最后两位数字用于标示同一组别中的不同铝合金。例如 2A11 表示 11 号铝铜合金，5A50 表示 50 号铝镁合金。

（1）防锈铝：防锈铝是 Al-Mn 系和 Al-Mg 系合金。因其时效强化效果不明显，所以不宜热处理强化，但可以通过加工硬化来提高强度及硬度。这类合金主要性能特点是强度中等、塑性及抗蚀性好，故称为防锈铝。防锈铝的焊接性良好，是焊接结构中应用最广的铝合金。防锈铝具有很好的抛光性，能长时间保持表面光泽。防锈铝主要用于通过压力加工制造各种高耐蚀性、抛光性好的薄板零件（如电子、仪器的外壳、油箱）、防锈蒙皮，以及受力小、质轻、耐蚀的结构件等。图 8-6 为各种防锈铝型材。

图 8-6　防锈铝型材

（2）硬铝：硬铝是 Al-Cu-Mg 系合金。这类合金是一种应用较广的可热处理强化的铝合金，通过固溶时效抗拉强度可达 420 MPa，比强度与高强度钢相近，故名硬铝。硬铝的耐蚀性远比防锈铝差，不耐海水腐蚀，所以硬铝板材的表面常包有一层纯铝或包覆铝，用以增加耐蚀性。常用的硬铝有 2A01、2A11、2A12 等。

2A01（铆钉硬铝）有很好的塑性，大量用来制造铆钉。飞机上常用的铆钉材料为 2A10，它比 2A01 铜含量稍高，镁含量更低，塑性好，孕育期长，具有较高的抗剪强度。

2A11（标准硬铝）既有很高的硬度，又有足够的塑性，退火态下可进行冷弯、卷边、冲压等，常用来制造形状复杂、载荷较低的结构零件，广泛用于制造光学仪器中的目镜框等。

2A12（高强度硬铝）经固溶淬火自然时效后可获得高强度，是目前最重要的飞机结构材料，广泛用于制造飞机翼肋、翼架等受力构件，还可用来制造 200 ℃以下工作的机械零件。

（3）超硬铝：超硬铝是在硬铝的基础上加入锌形成的 Al-Cu-Mg-Zn 系合金。与硬铝一样，超硬铝也可以通过热处理显著地提高强度，抗拉强度可达 680 MPa。比强度相当于超高强度钢，故名超硬铝。常用的超硬铝有 7A04 等。超硬铝耐蚀性较差，通常表面要包一层纯铝，以增加抗蚀性能。超硬铝主要用于航空工业制造受力大的结构件，如飞机的大梁、起落架、摩托车轮圈、自行车等。

（4）锻铝：锻铝大多是 Al-Cu-Mg-Si 系合金。此类铝合金热处理后的性能与硬铝相近，具有良好的热塑性及耐蚀性，更适合于锻造，故称为锻铝。最常用的锻铝有 6A02 等。由于锻铝的热塑性好，适合航空及仪表工业制造各种形状复杂、要求比强度较高的锻件，如汽车把手、内燃机活塞、汽车轮圈等。

表 8-2 是常用变形铝合金的牌号、力学性能和用途。

表 8-2 常用变形铝合金的牌号、力学性能和用途

类别	牌号	热处理	力学性能			用途举例
			R_m/MPa	A/%	硬度 HBW	
防锈铝	5A05	退火	280	20	70	中等载荷零件、焊接油箱、油管、铆钉等
	3A21		130	20	30	焊接油箱、油管、铆钉等轻载零件及制品
硬铝	2A01	退火+自然时效	300	24	70	工作温度不超过 100 ℃的中强铆钉
	2A11		420	18	100	中强零件，如骨架、螺旋桨叶片、铆钉
	2A12		470	17	105	高等强度，150 ℃以下工作零件，如梁、铆钉
超硬铝	7A04	淬火+自然时效	600	12	150	主要受力构件，如飞机大梁、起落架
	7A09		680	7	190	
锻铝	2A50	淬火+人工时效	420	13	105	形状复杂中等强度的锻件及模锻件
	2A70		415	13	120	高温下工作的复杂锻件、内燃机活塞
	2A14		480	19	135	承受高载荷的锻件和模锻件
	6A02		295	12	120	形状复杂的锻件和模锻件

8.1.2.2 铸造铝合金

铸造铝合金常用的有 Al-Si 系、Al-Cu 系、Al-Mg 系和 Al-Zn 系四类，其中以 Al-Si 系应用最为广泛。铸造铝合金的塑性较差，一般不进行压力加工，只用于铸造成型。

铸造铝合金的牌号表示方法如下：例如 ZAlSi7Mg，Z 是汉语拼音"铸"的首字母，Al 为铝的元素符号，Si 为硅的元素符号，7 为硅的质量分数，Mg 为镁的元素符号。

（1）Al-Si 系：铝硅合金俗称硅明铝，一般用来制造重量轻、耐腐蚀、形状复杂但强度要求不高的铸件，如汽车变速器箱体、手提电动工具、带轮等。

（2）Al-Cu 系：铝铜合金强度较高，加入镍、锰还可提高耐热性。铝铜合金主要用于制造高强度或高温条件下工作的零件。

（3）Al-Mg 系：铝镁合金具有良好的耐蚀性，可用于制造腐蚀介质条件下工作的铸铁，如氨用泵体、泵盖及海轮配件等。

（4）Al-Zn 系：铝锌合金具有较高的强度，价格便宜，用于制造医疗器械零件、仪表零件和日用品等。

常用铸造铝合金的牌号、力学性能和用途见表 8-3。

表 8-3 常用铸造铝合金的牌号、力学性能和用途

类别	牌号	代号	铸造方法	热处理	力学性能			特点
					R_m/MPa	A/%	硬度 HBW	
铝硅系	ZAlSi2	ZL102	金属型铸造	退火	143	3	50	铸造性好，力学性能一般
	ZAlSi7Mg	ZL101	金属型铸造	固溶+不完全时效	202	2	60	
	ZAlSi7Cu4	ZL107	金属型铸造	固溶+完全时效	273	3	100	
	ZAlSi5Cu1Mg	ZL105	金属型铸造	固溶+不完全时效	231	0.5	70	
	ZAlSi2Cu1Mg1Ni1	ZL109	金属型铸造	固溶+完全时效	241	—	100	
铝铜系	ZAlCu5Mn	ZL201	砂型铸造	固溶+自然时效	290	8	70	耐热性好，耐蚀性差
铝镁系	ZAlMg10	ZL301	砂型铸造	固溶+自然时效	280	9	60	力学性能较高，耐蚀性好
铝锌系	ZAlZn1Si7	ZL401	金属型铸造		241	1.5	90	力学性能较高，宜压铸

8.2 铜及铜合金

铜是人类最早应用的金属，人类的历史就曾经历过青铜器时代。直至今日，铜仍然是极其重要的基础金属材料，在全世界产量仅次于铁和铝。铜在日常生活中应用广泛，在国民经济的发展中起着重要的作用。

8.2.1 纯铜

纯铜呈玫瑰红色，表面形成氧化亚铜膜后为紫红色，故纯铜俗称紫铜。由于纯铜是用电解方法冶炼得到，故又称电解铜。纯铜的密度为 8.96 g/cm³，熔点为 1083 ℃，具有面心立方晶格，无同素异构转变。图 8-7 为工业纯铜。

纯铜具有优良的导电性、导热性和耐蚀性（抗大气和海水腐蚀），铜还具有抗磁性。纯铜的强度不高，硬度很低，塑性很好。冷塑性变形后可使铜的抗拉强度提高到 400~500 MPa，但伸长率急剧下降到 2%左右。为了满足制作结构件的要求，必须制成各种铜合金。

图 8-7 工业纯铜

根据杂质的含量，工业纯铜可分为 T1、T2、T3、T4 四种，纯铜的牌号、化学成分和用途见表 8-4。

表 8-4 工业纯铜的牌号、化学成分和用途

牌号	质量分数/%				用　　途
	Cu	Bi	Pb	杂质总量	
T1	99.95	0.001	0.003	0.05	导电、导热材料（电线、电缆），配置高纯度合金
T2	99.90	0.001	0.005	0.10	导电、导热材料，制作电线、电缆等
T3	99.70	0.002	0.010	0.30	一般用铜材，电气开关、垫圈、铆钉、油管等
T4	99.50	0.003	0.050	0.50	电机短路环、电磁加热感应器、大功率电子元件、接线排及接线端子等

纯铜主要用作导电材料，如电线和电缆、加热器、工艺品等，还可用来配制各种合金。纯铜及其合金对于制造不能受磁性干扰的磁学仪器，如软盘、航空仪表、炮兵瞄准环等具有重要价值。

8.2.2　铜合金

铜合金按化学成分可分为黄铜、白铜和青铜三大类。机器制造业中，应用较广的是黄铜和青铜。

8.2.2.1　黄铜

黄铜是以锌为主加元素的铜合金，按照化学成分的不同，黄铜可分为普通黄铜和特殊黄铜。

A　普通黄铜

普通黄铜具有良好的耐蚀性、铸造性和可加工性。普通黄铜的强度和塑性与锌含量有密切的关系，当锌含量增加至 30%~32% 时，塑性最大；当锌含量在 39%~45% 时，塑性下降而强度增高；当锌含量超过 45% 以后，其强度和塑性开始急剧下降，在生产中已无实用价值。

普通黄铜的牌号用"H+数字"表示。其中"H"是黄铜的"黄"字汉语拼音首字母，数字表示平均铜含量的百分数。如 H62 表示平均铜含量为 62%、锌含量为 38% 的普通黄铜。铸造黄铜的牌号用"ZCu"+主加元素的元素符号+主加元素的含量+其他加入元素的元素符号及含量组成，如 ZCuZn38 表示平均含锌 38% 的铸造铜合金。

常用的普通黄铜 H90、H80 具有优良的耐蚀性、导热性，适宜于冷加工，常用于镀层、艺术装饰品、钱币及散热器等。H70、H68 按成分俗称七三黄铜，具有优良的冷、热变形能力，适于制造冷变形零件，如形状复杂而要求耐蚀的管、套类零件，如弹壳、乐器、冷凝器管等。H62、H59 按成分称为六四黄铜，强度较高并具有一定的耐蚀性，广泛用来制造电子电器上要求导电、耐蚀及适当强度的结构件，如螺栓、螺母、弹簧、轴套等。

表 8-5 为常用普通黄铜的化学成分、主要特征和用途。

B　特殊黄铜

在普通黄铜中加入其他合金元素形成各种特殊黄铜。常加入的合金元素有锡、硅、锰、铅和铝等，分别形成锡黄铜、硅黄铜、锰黄铜、铅黄铜和铝黄铜。常用特殊黄铜的化学成分、力学性能和用途见表 8-6。

表 8-5　常用普通黄铜的化学成分、主要特征和用途

牌号	质量分数/%		主　要　特　征	用　途
	Cu	Zn		
H90	88.8~91.0	余量	强度较高，塑性较好，在大气、淡水及海水中有较高的耐蚀性	艺术品、证章、供水和排水管、导电零件等
H80	79.0~81.0	余量		
H70	68.5~71.5	余量	塑性极好，强度和耐蚀性较高，能承受冷热加工，易焊接	弹壳、冷凝器管、雷管、散热器外壳等冷冲压件
H68	67.0~70.0	余量		
H62	60.5~63.5	余量	良好的力学性能，热状态下塑性极好，切削加工性好，耐蚀	螺栓、螺母、弹簧、气压表零件
H59	57.0~60.0	余量		

表 8-6　常用特殊黄铜的化学成分、力学性能和用途

名称	牌号	质量分数/%		力学性能		主要用途
		Cu	其他	R_m/MPa	A/%	
锡黄铜	HSn62-1	61.0~63.0	$w(Sn)0.7~1.1$，余量 Zn	245/392	35/5	与海水和汽油接触的船舶零件
硅黄铜	HSi80-3	79.0~81.0	$w(Si)2.5~4.5$，余量 Zn	300/350	15/20	船舶零件，在海水和蒸汽条件下工作的零件
锰黄铜	HMn58-2	57.0~60.0	$w(Mn)1.0~2.0$，余量 Zn	382/588	30/3	腐蚀条件下工作的零件和弱电流工业零件
铅黄铜	HPb59-1	57.0~60.0	$w(Pb)0.8~1.9$，余量 Zn	343/441	25/5	热冲压、切削加工零件，如螺钉、螺母、轴套
铸造特殊黄铜	ZCuZn40-Mn3Fe1	53.0~58.0	$w(Mn)3.0~4.0$，$w(Fe)0.5~1.5$，余量 Zn	440/490	18/15	轮廓不复杂的重要零件

注：力学性能中分母的数值，对变形黄铜是指加工硬化状态时的数值，对铸造黄铜是指金属型铸造时的数值；分子数值，对变形黄铜是指退火状态（600 ℃）时的数值，对铸造黄铜为砂型铸造时的数值。

　　锡可显著提高黄铜在海洋大气和海水中的耐蚀性，还能在一定程度上提高黄铜的强度。压力加工锡黄铜广泛用于制造海船零件。图 8-8 为锡黄铜螺旋桨。

　　硅能显著提高黄铜的力学性能、耐磨性和耐蚀性。硅黄铜具有良好的铸造性能，还能进行切削加工和焊接，主要用于制造船舶及化工机械零件。

　　锰能提高黄铜的强度，同时保持良好的塑性，还能提高在海水中及过热蒸汽中的耐蚀性。锰黄铜常用于制造海船零件及轴承等耐磨部件。

　　铅虽然使黄铜的力学性能恶化，但能改善其切削加工性能。

　　铝能提高黄铜的强度和硬度，但使塑性降低。铝能使黄铜表面形成保护性的氧化膜，

图 8-8　锡黄铜螺旋桨

因而改善黄铜在大气中的耐蚀性。

8.2.2.2 白铜

以镍为主要合金元素的铜合金称为白铜，按照化学成分的不同，白铜可分为普通白铜和特殊白铜。常用白铜的牌号、化学成分、力学性能和用途见表8-7。

表 8-7　常用白铜的牌号、化学成分、力学性能和用途

| 名称 | 牌号 | 质量分数/% | | | | 力学性能 | | 用　途 |
		Ni	Mn	其他	Cu	R_m/MPa	A/%	
普通白铜	B19	18.0~20.0			余量	400	3	在蒸汽、海水中工作的耐蚀零件等
	B30	29.0~33.0			余量	550	3	
特殊白铜	BZn15-20	13.5~16.5		$w(Zn)$ 18.0~22.0	余量	550	1.5	仪表零件、医疗器械、弹簧等
	BAl6-1.5	5.5~6.5		$w(Al)$ 1.2~1.8	余量	550	3	耐蚀、耐寒的高强度零件和弹簧
	BMn3-12	2.0~3.5	11.5~13.0		余量	350	25	精密电阻仪器、精密电工测量仪
	BMn43-0.5	42.5~44.0	0.1~1.0		余量	650	4	精密电阻、热电偶及补偿导线等

镍含量小于50%的铜合金称为普通白铜。由于铜和镍固态下形成无限固溶体，因而白铜具有优良的塑性、耐蚀性、耐热性和特殊的电性能。普通白铜常用来制造钱币、精密机械零件、电器元件等。

特殊白铜是在普通白铜中加入锌、铝、锰等元素组成的合金，分别称为锌白铜、铝白铜、锰白铜等。其耐蚀性、强度和塑性高，成本低。

8.2.2.3 青铜

除了黄铜和白铜外，其余所有的铜合金都称为青铜。按主加元素种类的不同，青铜可分为锡青铜、铝青铜、硅青铜和铍青铜等。

青铜的牌号表示方法是："Q+第一个主加元素符号+主加元素质量分数+其他元素含量"。如 QSn4-3 表示成分为 4%Sn、3%Zn、其余为铜的锡青铜。

（1）锡青铜：锡青铜是以锡为主加元素的铜合金。当 $w(Sn) \leqslant 5\%$ 时，随着锡含量的增加，合金的强度和塑性都增加。当 $w(Sn) \geqslant 6\%$ 时，组织中出现硬而脆的 δ 相，导致强度升高但塑性下降。当 $w(Sn) > 20\%$ 时，由于出现过多的 δ 相，合金变得很脆，强度也显著下降。工业上用的锡青铜的锡含量通常为 3%~14%，一般 $w(Sn) \leqslant 5\%$ 的锡青铜适宜于冷加工，$w(Sn) = 5\%~7\%$ 的锡青铜适宜于热加工，$w(Sn) > 10\%$ 的锡青铜适宜于铸造。锡青铜耐蚀性良好，在大气、海水及无机盐溶液中的耐蚀性比纯铜和黄铜好，耐磨性和铸造性也很好，广泛用于制造耐磨零件、艺术品以及与酸、碱、蒸汽接触的零件。

（2）铝青铜：以铝为主加元素的铜合金称为铝青铜。铝青铜强度、硬度、耐磨性、耐热性及耐蚀性均高于黄铜和锡青铜，铸造性能良好，还可以通过固溶处理进行强化，但

焊接性能比较差。铝青铜主要用于制造齿轮、轴套、蜗轮等在复杂条件下工作的高强度耐磨零件、弹簧以及其他要求高耐蚀性的弹性元件。

（3）铍青铜：铍青铜是以铍为主加元素的铜合金，铍含量一般为 17%~25%。铍青铜热处理强化后的抗拉强度高达 1250~1500 MPa，硬度可达 350~400 HBS。铍青铜的弹性极限、疲劳极限、耐磨性和耐蚀性优异，具有良好的导电性和导热性，并具有无磁性、耐寒、受冲击时不产生火花等一系列优点。铍青铜主要用于制造精密仪器的重要弹簧和其他弹性元件，如钟表齿轮、高速高压下工作的轴承及衬套等耐磨零件，以及电焊机电极、防爆工具、航海罗盘等重要机件。

常用青铜的牌号、力学性能和用途见表 8-8。

表 8-8　常用青铜的牌号、力学性能和用途

牌号	状态	力学性能			用　途
		R_m/MPa	A/%	硬度 HBW	
QSn4-3	变形硬化状态	350	40	60	弹性元件、管道配件、化工机械中的耐磨件及抗磁零件
QSn4-4-4		220	3	80	重要的减磨零件，如轴承、轴套、蜗轮、丝杆、螺母
QAl7		470	3	70	重要的弹簧及其他的弹性元件
QAl9-4		550	4	110	耐磨零件，如轴承、齿圈，在蒸汽及海水中工作的高强度、耐蚀零件
QBe2		500	3	84	重要的弹性元件、耐磨件及在高速、高压高温下工作的零件
ZCuSn5PbZn5	砂型铸造	200	13	60	较高负荷、中速下耐磨、耐蚀零件，如轴瓦、缸套、蜗轮
ZCuSn10Pb1		220	3	80	高负荷、高速下的耐磨零件，如齿轮、轴瓦、衬套
ZCuAl9Mn2		390	20	85	耐磨耐蚀零件，如蜗轮、衬套

8.3　镁及镁合金

8.3.1　纯镁

纯镁是一种银白色的金属，密度为 1.74 g/cm³，是轻金属之一；熔点为 649 ℃，沸点为 1090 ℃，没有同素异构转变；具有一定的延展性，无磁性，有良好的热消散性；塑性低，最大伸长率约为 10%，故冷变形能力较差，当温度升高至 150~250 ℃时，滑移系增加，其塑性明显增加，因而镁适合热变形。纯镁多晶体的强度和硬度很低，其力学性能见表 8-9。

表 8-9　纯镁的力学性能

加工状态	R_m/MPa	R_{eL}/MPa	A/%	Z/%	硬度 HBW
铸态	115	25	8	9	30
变形状态	200	90	11.5	12.5	36

镁在金属中是电化学顺序最后的一个，具有很高的化学活泼性，在潮湿大气、海水、无机酸及其盐类、有机酸等介质中容易腐蚀，但在干燥的大气、碳酸盐、铬酸盐、氢氧化钠溶液、苯、汽油及不含水和酸的润滑油中很稳定。在室温下，镁的表面可与空气中的氧反应生成不致密、不具保护性的氧化镁薄膜。

原生镁锭牌号表示方法是用化学元素符号 Mg 加四位阿拉伯数字来表示的。如 Mg9998 表示镁的质量分数不小于 99.98% 的原生镁锭。变形纯镁的牌号以 Mg 加数字的形式表示，Mg 后的数字表示 Mg 的含量。如 Mg99.50 表示镁的质量分数不小于 99.50% 的纯镁。

8.3.2　镁合金

以镁为基加入其他元素组成的合金称为镁合金，也称为超轻质合金。镁合金中常加入的合金元素有 Al、Zn、Mn、Zr 及稀土元素等。镁合金可分为变形镁合金和铸造镁合金两大类，其牌号用 "MB" 或 "ZM" +序列号表示，如 "MB1" 表示 1 号变形镁合金，"ZM1" 表示 1 号铸造镁合金。

8.3.2.1　变形镁合金

变形镁合金指可用挤压、轧制、锻造和冲压等塑性成型方法加工的镁合金。与铸造镁合金相比，变形镁合金具有更高的强度、更好的塑性和更多的规格。

（1）Mg-Mn 系合金：该合金的主要牌号有 MB1 和 MB8，具有较高的耐腐蚀性能，无应力腐蚀倾向，焊接性能良好，可以加工成各种不同规格的管、棒、型材和锻件，且一般在退火状态下使用，其板件可用于飞机蒙皮、壁板及内部构件，模锻件可制作外形复杂的构件，管材多用于输送汽油、润滑油等要求抗腐蚀性的管路系统。

（2）Mg-Al-Zn 系合金：该合金的主要牌号有 MB2、MB3、MB5、MB6、MB7 等，具有较好的室温力学性能，能够进行热处理强化，并具有良好的锻造性能和焊接性能，能够制成复杂形状的锻件和模锻件，但屈服强度和耐热性不高。Al 是该合金系中的主要元素，用于提高合金室温强度和赋予热处理强化效果。Zn 也能提高合金强度和热处理强化效果，在 Zn 含量适当的情况下，能改善合金的塑性，对耐蚀性也有一定程度的提高。该合金可用于制造飞机内部构件、舱门、壁板及导弹蒙皮等。

（3）Mg-Zn-Zr 系合金：该合金仅有 MB15 一个牌号。合金的塑性中等，有较好的室温拉伸屈服强度和压缩屈服强度以及高温瞬时强度，具有良好的塑性成型和焊接性能，无应力腐蚀倾向，通常经热挤压等变形后直接进行人工时效强化。该合金主要用于制造飞机长桁、操作系统的摇臂、支座等受力件。

（4）Mg-Li 系合金：该合金是近年来国内外开发的较新的变形镁合金，是镁合金中目前最轻的合金，其二元合金的密度为 $1.3 \sim 1.5\ g/cm^3$，其比强度比铝合金高得多；有良好的工艺性能，可进行冷加工及焊接，多元合金可热处理强化。Mg-Li 合金在航空航天领域展示出良好的应用前景；在轻兵器、坦克、装甲车的轻量化制造中，潜力巨大；在医疗方面已试制成功了 Mg-Li 合金心血管植入件；在汽车工业中，Mg-Li 合金板材将是车门、后行李箱、座位框架、车窗框架、底盘等车体零件的首选材料之一。

8.3.2.2　铸造镁合金

铸造镁合金多用压铸工艺生产，具有生产效率高、精度高、构件表面质量好、铸态组织优良、可生产薄壁及复杂形状的构件等特点。

铸造镁合金按其成分及性能可分为高强铸造镁合金及耐热铸造镁合金两大类。其中高强铸造镁合金有 Mg-Al-Zn 系（ZM5）和 Mg-Zn-Zr 系（ZM1、ZM2、ZM7、ZM8）。该类合金具有高的室温强度，塑性好且工艺性能优异，但耐热性差，使用温度不能超过 150 ℃。可用于制造飞机、发动机和卫星中承受较高载荷的铸造构件或壳体。耐热铸造镁合金是 Mg-RE-Zr 系（ZM3、ZM4、ZM6）。该类合金工艺性能好，铸件致密性高，可在 200 ～ 300 ℃ 温度下长期使用，但其常温强度和塑性较低。

8.4　钛及钛合金

钛及钛合金是一种新型的结构材料，具有密度小、比强度高、耐高温、耐腐蚀以及低温韧性良好等优点。目前，钛及钛合金的冶炼和使用已居金属材料的第三位，在航空航天、化工、导弹、舰艇等方面得到广泛的应用。

8.4.1　纯钛

纯钛是银白色金属（图 8-9），具有同素异构转变，在 882 ℃ 以下为密排六方晶格的 α-Ti，882 ℃ 以上为体心立方晶格的 β-Ti。钛的密度为 4.507 g/cm³，熔点为 1670 ℃，塑性好，强度低，易于冷变形加工，可制成细丝和薄片。钛的化学性质极为活泼，但其表面能生成一层致密的氧化膜，因而具有良好的耐蚀性。纯钛主要用于 350 ℃ 以下工作、强度要求不高的零件，如石油化工用的热交换器、反应器、海水净化装置、船舰零部件、日常生活及医疗器械等。

图 8-9　纯钛管材

纯钛的牌号以"TA"加顺序号表示，有 TA1、TA2、TA3 三种。顺序号越大，杂质量越多，强度越高，塑性越差。常用工业纯钛的牌号、力学性能和用途见表 8-10。

表 8-10　常用工业纯钛的牌号、力学性能和用途

牌号	型材类别	力学性能			用　途
		R_m/MPa	A/%	K_{V2}/J	
TA1	板材	350～550	30～40	—	航空：飞机骨架、发动机部件
	棒材	340	25	65	化工：热交换器、泵体
TA2	板材	450～600	25～30	—	造船：耐海水腐蚀的管道、阀门、泵、柴油发动机活塞、连杆
	棒材	440	20	60	
TA3	板材	550～700	20～25	—	机械：在低于 350 ℃ 条件下工作且受力较小的零件
	棒材	540	15	40	

8.4.2　钛合金

以钛为基体，加入铝、锡、铬、锰、钒、钼等元素就得到了钛合金。钛合金具有比强度高、耐蚀性好、耐热性高等优点，在航空、航天、造船、医疗等领域得到了广泛的应用。根据使用状态的组织，钛合金可分为三类：α 钛合金、β 钛合金和 α+β 钛合金。

（1）α 钛合金：α 钛合金主要合金化元素有铝、锡、硼等。这类合金不能热处理强化，热处理只能进行退火，主要依靠固溶强化，强度低于其他两类钛合金，但在 500~600 ℃ 高温条件下，具有更高的强度，并且组织稳定，抗氧化性和抗蠕变性好，焊接性能也很好。

（2）β 钛合金：β 钛合金主要合金化元素有钼、铬、钒、铝等。经固溶时效处理后，得到较稳定的 β 相组织。这类合金强度高，但冶炼工艺复杂，应用受到限制。β 钛合金主要用于 350 ℃ 以下工作的结构件和紧固件，如飞机压气机叶片、轴、弹簧、轮盘等。

（3）α+β 钛合金：α+β 钛合金主要合金化元素有铝、钒、钼、铬等。这类合金可进行热处理强化，兼具 α 钛合金和 β 钛合金的优点，用途广泛。其中 Ti-6Al-4V 合金（TC4）在 400 ℃ 以下使用时，具有较高的强度、良好的塑性及焊接性，并且组织稳定，占全部钛合金使用量的 75%~85%。常用钛合金的牌号、力学性能和用途见表 8-11。

表 8-11　常用钛合金的牌号、力学性能和用途

合金类别	牌号	供应状态	力学性能		用　　途
			R_m/MPa	A/%	
α 钛合金	TA5	退火	686	12~20	400 ℃ 以下工作的零件，如飞机蒙皮、骨架零件、压气机壳体、叶片等
	TA6	退火	686	12~20	
	TA7	退火	739~931	12~20	500 ℃ 以下工作的结构件和各种模锻件
β 钛合金	TB2	固溶+时效	1324	8	350 ℃ 以下工作的焊接件，如压气机叶片、轴、轮盘等重载旋转件
α+β 钛合金	TC1	退火	588~735	20~25	400 ℃ 以下工作的板材、冲压和焊接零件
	TC2	退火	686	12~15	500 ℃ 以下工作的焊接件、模锻件和经弯曲加工的零件
	TC4	退火	902	10~12	400 ℃ 以下长期工作的零件，各种锻件、各种容器、泵、低温部件、坦克履带壳体
	TC10	退火	1059	8~10	400 ℃ 以下长期工作的零件，如飞机结构零件、导弹发动机外壳、武器结构

8.5　滑动轴承合金

8.5.1　滑动轴承的工作条件及对性能、组织的要求

滑动轴承是汽车、拖拉机、机床及其他机器中的重要部件。轴承合金是制造滑动轴承中的轴瓦及内衬的材料。轴承支撑着轴，当轴旋转时，轴瓦和轴发生强烈的摩擦，并承受

轴颈传给的周期性载荷。因此轴承合金应具有以下性能：

（1）足够的强度和硬度，以承受轴颈较大的压力。

（2）足够的塑性和韧性，高的疲劳强度，以承受轴颈的周期性载荷，并抵抗冲击和振动。

（3）良好的磨合能力，使其与轴能较快地紧密配合。

（4）高的耐磨性，与轴的摩擦因数小，并能保留润滑油，减轻磨损。

（5）良好的耐蚀性、导热性，较小的线膨胀系数，防止摩擦升温而发生咬合。

轴瓦材料不能选用高硬度的金属，以免轴颈受到磨损；也不能选用软的金属，防止承载能力过低。因此滑动轴承合金应既软又硬，其组织的特点是：在软基体上分布硬质点，或者在硬基体上分布软质点（图8-10）。

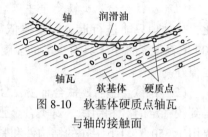

图 8-10　软基体硬质点轴瓦与轴的接触面

8.5.2　滑动轴承合金的分类

常用的轴承合金按主要成分可分为锡基、铅基、铜基、铝基等几种，前两种称为巴氏合金，其编号方法为：Z+基本元素符号+主加元素符号+主加元素质量分数+辅加元素质量分数。其中"Z"是铸造的意思。例如，ZSnSb11Cu6 表示含质量分数为 11% 的 Sb、6% 的 Cu 的锡基铸造轴承合金。

（1）锡基轴承合金：锡基轴承合金（锡基巴氏合金）是一种软基体硬质点类型的轴承合金。最常用的牌号是 ZSnSb11Cu6（ZChSnSb11-6）。其组织可用锡锑合金相图来分析（见图8-11）。α 相是锑溶解于锡中的固溶体，为软基体。β′ 相是以化合物 SnSb 为基的固溶体，为硬质点。铸造时，由于 β′ 相较轻，易发生严重的密度偏析，加入铜，生成树枝状分布的 Cu_6Sn_5，阻止 β′ 相上浮，有效地减轻密度偏析。Cu_6Sn_5 的硬度比 β′ 相高，也起硬质点作用，进一步提高合金的强度和耐磨性。

ZSnSb11Cu6 的显微组织为 α+β′+Cu_6Sn_5，如图 8-12 所示。图中黑色部分是 α 相软基体，白色方块是 β′ 相硬质点，白针状或星状组成物是 Cu_6Sn_5。

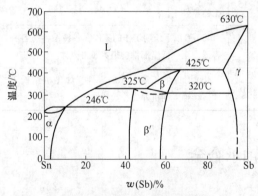

图 8-11　Sn-Sb 二元合金相图

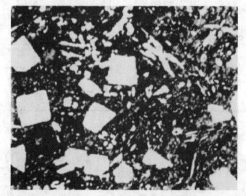

图 8-12　ZSnSb11Cu6 轴承合金的显微组织

锡基轴承合金的摩擦因数和线膨胀系数小，塑性和导热性好，适于制作最重要的轴承，如汽轮机、发动机和压气机等大型机器的高速轴瓦。但锡基轴承合金的疲劳强度较低，许用温度也较低（不高于 150 ℃）。

（2）铅基轴承合金：铅基轴承合金（铅基巴氏合金）也是一种软基体硬质点类型的轴承合金。铅锑系的铅基轴承合金应用很广，典型牌号有 ZPbSb16Sn16Cu2（ZChPbSb16-16-2），成分为 $w(Sb)=16\%$、$w(Sn)=16\%$、$w(Cu)=2\%$，其余为 Pb。

这种合金的铸造性能和耐磨性较好（但比锡基轴承合金低），价格较便宜，可用于制作中、低载荷的轴瓦，例如汽车、拖拉机曲轴的轴承等。

（3）铜基轴承合金：铜基轴承合金有铅青铜、锡青铜等，常用的有 ZCuPb30、ZCuSn10P1 等合金。

ZCuPb30（ZQPb30）的成分为 $w(Pb)=30\%$，其余为 Cu。这是一种硬基体软质点类型的轴承合金。铜和铅在固态时互不溶解，室温显微组织为 Cu+Pb。Cu 为硬基体，粒状 Pb 为软质点。该合金与巴氏合金相比，具有高的疲劳强度和承载能力，优良的耐磨性、导热性和低的摩擦因数，能在较高温度（250 ℃）下正常工作，因此可制作大载荷、高速度的重要轴承，例如航空发动机、高速柴油机的轴承等。

ZCuSn10P1 的成分为 $w(Sn)=10\%$、$w(P)=1\%$，其余为 Cu。该合金具有高的强度，适于制作高速度、高载荷的柴油机轴承。

由于锡基、铅基轴承合金及不含锡的铅青铜的强度比较低，承受不了大的压力，所以使用时必须将其镶铸在钢的衬背上，形成一层薄而均匀的内衬，做成双金属轴承。含锡的铅青铜，由于锡溶于铜中使合金强化，获得高的强度，所以不必做成双金属轴承，而可直接做成轴承或轴套使用。

（4）铝基轴承合金：铝基轴承合金密度小，导热性好，疲劳强度高，耐蚀性和化学稳定性好，且价格低廉，适用于制作在高速、高载荷条件下工作的汽车、拖拉机和柴油机的轴承。按化学成分可分为 Al-Sn 系（Al-20%Sn-10%Cu）、Al-Sb 系（Al-4%Sb-0.5%Mg）和 Al-石墨系（Al-8Si 合金+3%~6%石墨）三类。

Al-Sn 系合金具有疲劳强度高、耐热、耐磨的特点，常用于制作在高速、重载条件下工作的轴承；Al-Sb 系合金疲劳抗力高，耐磨但承载能力不大，用于制作在低载（小于 20 MPa）低速（小于 10 m/s）条件下工作的轴承；Al-石墨系合金有优良的自润滑和减振性能，耐高温性能好，适用于制作活塞和机床主轴的轴承。

（5）粉末冶金减摩材料：粉末冶金减摩材料包括铁石墨和铜石墨多孔含油轴承和金属塑性减摩材料。粉末冶金多孔含油轴承与巴氏合金相比，具有减摩性能好、寿命高、成本低、效率高等优点，特别是它具有自动润滑性，轴承孔隙中所储润滑油，足够其在整个有效工作期间消耗，因此特别适用于制作在纺织机械、汽车、农机、冶金与矿山机械等场合中应用的轴承。

（6）其他轴承材料：除上述之外，还有锌基轴承合金以及充分利用不同材料的特性而制作的多层轴承合金（如将上述轴承合金与钢带轧制成的双金属轴承材料等）。此外，还有非金属材料轴承，其所用材料为酚醛夹布胶木、塑料、橡胶等，主要用于不能采用机油润滑而只能采用清水或其他液体润滑的轴承，如自来水深井泵中的滑动轴承。

几种常见轴承合金的牌号、化学成分、力学性能和应用如表 8-12 所示。

表 8-12   几种常见轴承合金的牌号、化学成分、力学性能和应用

合金类别	牌号	质量分数/%				力学性能			应用举例
		Sb	Sn	Pb	Cu	R_m/MPa	A/%	硬度 HBS	
锡基	ZChSnSb11-6	10~12	余量	—	5.5~6.5	90	6	30	用于制作汽轮机、电动机、高速机床主轴轴承
	ZChSnSb8-4	7.0~8.0	余量	—	3.0~4.0	80	10.6	24	用于制作内燃机的高速轴承
铅基	ZChPbSb16-16-2	15~17	15~17	余量	1.5~2.0	78	0.2	30	用于制作高速重载及无显著冲击的机床主轴、电动机、离心泵、压缩机等的轴承
	ZChPbSn15-5-3	14~16	5.0~6.0	余量	2.5~3.0	1.5~2.0	1.5~2.0	32	用于制作中速、普通载荷、冲击不大的减速器、电动机、离心泵及一般机床主轴轴承
铜基	ZCuPb30	—	—	30	余量	60	4	25	用于制作在高速、变动与冲击的重载条件下工作的轴承，轴颈最好表面淬火
	ZCuSn10P1	—	9.0~11	—	余量	250	5	90	用于制作在低速、中载条件下工作的减速机、起重机、电动机、发电机、压缩机等的轴承

8.6 硬 质 合 金

硬质合金是将一种或多种难熔金属的碳化物（碳化钨或碳化钨与碳化钛等）和起黏合作用的金属钴粉末，用粉末冶金方法制成的金属材料。

8.6.1 硬质合金的性能特点

（1）硬度高、热硬性高、耐磨性好。由于硬质合金是以高硬度、高耐磨、极为稳定的碳化物为基体，常温下硬度可达 86~93 HRA（相当于 69~81 HRC），热硬性可达 900~1000 ℃，故硬质合金刀具使用时，其切削速度、耐磨性和寿命都比高速钢刀具显著提高。这是硬质合金最突出的优点。

（2）抗压强度高。硬质合金的抗压强度可达 60000 MPa，高于高速钢，但抗弯强度较低，只有高速钢的 1/3~1/2。硬质合金的弹性模量很高，为高速钢的 2~3 倍，但其韧性很差，为淬火钢的 30%～50%。

除此之外，硬质合金还具有良好的耐蚀性（抗大气、酸、碱等）与抗氧化性。

硬质合金主要用来制造高速切削刀具和切削硬而韧材料的刀具。也用来制造某些冷作模具、量具及不受冲击、振动的高耐磨零件，如磨床顶尖（图8-13）等。

图 8-13　硬质合金磨床顶尖

8.6.2　常用的硬质合金

按照化学成分和性能的不同，硬质合金可分为钨钴类硬质合金、钨钴钛类硬质合金和钨钛钽（铌）类硬质合金。

（1）钨钴类硬质合金：钨钴类硬质合金的主要成分为碳化钨和钴。其牌号用"YG+数字"表示，数字表示含钴量的百分数。如 YG8 表示钨钴类硬质合金，钴含量为 8%，余量为碳化钨。该类硬质合金的抗弯强度高，能承受较大的冲击，磨削加工性好，但红硬性较低，耐磨性较差，主要用于加工铸铁等脆性材料。

（2）钨钴钛类硬质合金：钨钴钛类硬质合金的主要成分为碳化钨、碳化钛和钴。牌号用"YT+数字"表示。如 YT15，表示碳化钛含量为 15%，其余为碳化钨和钴的硬质合金。由于碳化钛的加入，该类硬质合金具有较高的硬度和耐磨性。同时，由于表面会形成一层氧化钛薄膜，切削时不易粘刀，还具有较高的红硬性，适宜加工钢材等塑性材料。

（3）钨钛钽（铌）类硬质合金：钨钛钽（铌）类硬质合金又称为通用硬质合金或万能硬质合金。它是由碳化钨、碳化钛、碳化钽或碳化铌及钴组成。牌号为"YW+顺序号"，如 YW1，表示 1 号万能硬质合金。这类硬质合金由于加入了碳化钽或碳化铌，显著提高了硬度、耐热性、耐磨性和抗氧化性，红硬性高，兼具前两类硬质合金的优点，既能加工脆性材料，又能加工韧性材料，特别对于不锈钢、耐热钢、高锰钢等难以加工的钢材，切削效果更好。

常用硬质合金的牌号、性能特点和用途见表 8-13。

表 8-13　常用硬质合金的牌号、性能特点和用途

合金类别	牌号	性　能　特　点	主　要　用　途
钨钴类硬质合金	YG3X	耐磨性最好但冲击韧性较差	用于铸铁、有色金属及其合金的精加工等，也适用于合金钢、淬火钢的精加工
	YG6	耐磨性较好，但低于 YG3、YG3X 合金；冲击韧性高于 YG3、YG3X；可使用的切削速度较 YG8C 合金高	用于铸铁、有色金属及其合金连续切削时的粗加工，间断切削时的半精加工、精加工，也可用于制作地质勘探用的钻头
	YG6X	属于细颗粒碳化钨合金，耐磨性较 YG6 高，使用强度与 YG6 相近	用于冷硬铸铁、合金铸铁、耐热钢及合金钢的加工
	YG8	使用强度较高，抗冲击、抗震性能较 YG6 合金好，耐磨性较差	用于铸铁、有色金属及其合金和非金属材料连续切削时的粗加工，也用于制作电钻、油井的钻头

续表 8-13

合金类别	牌号	性 能 特 点	主 要 用 途
钨钴钛类硬质合金	YT5	在钨钴钛类硬质合金中，强度最高，抗冲击和抗震性能最好，不易崩刃，但耐磨性较差	用于碳钢和合金钢的铸锻件与冲压件的表层切削加工，或不平整断面与间断切削时的粗加工
	YT15	耐磨性优于 YT5，但抗冲击韧性较 YT5 差，切削速度较低	用于碳钢和合金钢连续切削时的粗加工，间断切削时的半精加工和精加工
	YT30	耐磨性和切削速度较 YT15 高，但使用强度、抗冲击及抗震性较差	用于碳钢和合金钢高速切削的精加工，小断面的精车、精镗
通用硬质合金	YW1	能承受一定的冲击载荷，通用性较好，刀具寿命长	用于不锈钢、耐热钢、高锰钢的切削加工
	YW2	耐磨性稍次于 YW1，但其使用强度高，能承受较大的冲击载荷	用于耐热钢、高锰钢和高合金钢等难加工钢材的粗加工和半精加工

8.7 新型材料简介

当今世界科学技术的日新月异，使人类社会发展进入了新经济时代，主要应用各种新型材料的电子信息、生物医学、能源环保、汽车及建筑业等领域发展最为迅速，并在经济发展中起主导作用。同时，现代高新技术向纵深发展更是紧密依赖于新材料的研发，其重要意义在于一种新材料的突破或获得重要成果可能标志一项新技术的诞生，甚至能够导致某个领域的技术或产业革命。

新材料泛指先进材料，包括新近发展或正在研制的具有优异性能或特定功能的材料。本节主要针对纳米材料、储氢材料、形状记忆合金、超导材料、磁性材料和减振合金等新型金属材料的基本知识作一简单介绍。

8.7.1 纳米材料

纳米材料是指晶粒尺寸为纳米级（10^{-9} m）的超细材料。它的微粒尺寸大于原子簇，小于通常的微粒，一般为 1~100 nm。

8.7.1.1 纳米材料的特性

（1）表面效应。纳米材料的表面效应是指纳米粒子的表面原子数与总原子数之比随粒径的变小而急剧增大后所引起的性质上的变化。由于纳米粒子表面原子数增多，表面原子配位数不足和高的表面能，使这些原子易与其他原子相结合而稳定下来，故具有很高的化学活性。

（2）体积效应。由于纳米粒子体积极小，所包含的原子数很少，相应的质量极小。因此，许多现象就不能用通常的原子数目极大的块状物质的性质加以说明，这种特殊的现象由粒子体积极小引起，通常称为体积效应。随着纳米粒子的直径减小，金属粒子费米面附近电子能级由准连续变为离散能级，能级间隔增大，能隙变宽（称为纳米材料的量子尺寸效应), 电子移动困难, 电阻率增大, 金属导体将变为绝缘体。

（3）特殊的声、光、电、磁、热力学等特性。正是由于纳米材料具有以上的表面效应、体积效应和量子尺寸效应, 所以纳米材料具有其他种类的材料所不具备的特殊性能: 材料的强度、韧性和超塑性大为提高; 金属熔点降低; 超导相向正常相转变; 特异的催化和光催化性质; 高的光学非线性; 光吸收显著增加; 强微波吸收效应; 等等。

8.7.1.2 碳纳米材料

碳是自然界中最广泛存在的一种元素, 通常以无定形碳、石墨和金刚石的形态存在。正是这种最普通的元素, 在制成纳米材料后, 显现出许多优异的物理、化学、电子学特性。

A 富勒烯

富勒烯（C_{60}）的结构如图 8-14 所示。C_{60} 进行碱金属掺杂后, 具有导电性。同时 C_{60} 具有超导性和高温超导性, C_{60} 在附加电子后, 超导温度可以提高到 52 K。而且 C_{60} 是唯一不含金属原子的磁性物质, 可制成有机磁性材料。这些特性使得 C_{60} 作为纳米材料具有广阔的应用前景, 比如可以制成量子效应器件, 可以内包金属或放射性原子, 成为微型放射源; 可以进入病毒的蛋白质结构, 阻碍病毒的复制, 治疗艾滋病等疾病; 等等。

B 碳纳米管

按照组成碳纳米管壁的层数可以将碳纳米管分为多壁碳纳米管、双壁碳纳米管和单壁碳纳米管（图 8-15）。

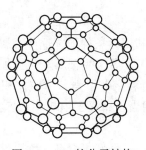

图 8-14 C_{60} 的分子结构

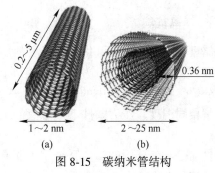

图 8-15 碳纳米管结构
（a）单壁；（b）双壁

目前制得的碳纳米管一般直径在 0.8~1.4 nm。碳纳米管的杨氏模量可达 1 TPa, 抗拉强度可达 63 GPa, 是超高强度合金钢的几十倍, 是现在所知道的最硬和最强的纤维之一。碳纳米管的密度为 1.33~1.40 g/cm³, 仅是铝密度（2.7 g/cm³）的一半, 是非常理想的高强材料。利用碳纳米管优异的力学性能可以制备各种高性能复合材料。

碳纳米管还具有超导电性, 这就预示着碳纳米管在超导领域有良好的应用前景。碳纳米管还可以制成低功耗、高亮度的场发射光源、像素管和平面显示器元器件。

碳纳米管可以储存超过自身质量10%的氢, 这是一般储氢材料的 5 倍, 是优异的储氢材料。

C 纳米陶瓷材料

纳米陶瓷材料在较低温度下烧结就能达到致密化。纳米陶瓷材料具有大大优于普通陶瓷材料的硬度、断裂韧性和低温延展性，特别是在高温下的硬度、强度有较大的提高。

以纳米尺寸的颗粒和晶须为第二相的纳米复相陶瓷，具有很高的力学性能。Si_3N_4、SiC 纳米超细颗粒和晶须分布在陶瓷材料内，增强了晶界强度，提高了材料的力学性能，可以使易碎的陶瓷变成富有韧性的特殊材料。有研究者在加入 Y_2O_3 稳定剂的粒径为 300 nm 的四方 ZrO_2 中观察到了超塑性现象，在此材料中加入 20% 的 Al_2O_3 后制成的陶瓷材料具有超塑性，其压缩形变量可达 500%。

纳米陶瓷还具有独特性能，如做外墙用的含纳米 TiO_2 粉体的建筑陶瓷材料具有自清洁和防雾功能。

8.7.1.3 纳米复合材料

纳米复合材料包括纳米微粒与纳米微粒复合材料、纳米微粒与常规块体复合材料以及复合纳米薄膜材料。纳米复合材料在性能上比传统材料有极大改善，已获得应用。

纳米复合涂层材料具有高强、高韧、高硬度的特点，在材料表面防护和改性上有着广泛的应用前景。如 $MoSi_2/SiC$ 复合纳米涂层，经 500 ℃、1 h 热处理，涂层硬度可达 20.8 GPa，比碳钢提高了几十倍，而且具有良好的抗氧化、耐高温性能。

高分子基纳米复合材料具有许多特殊的优异性能，比如经高能球磨制成的纳米晶 Fe_xCu_{1-x}（x 是 Fe 在合金中的相对含量，$0<x<1$）粉体与环氧树脂混合可以制成具有极高硬度的类金刚石刀片。树脂基纳米氧化物复合材料，具有优于常规树脂基炭黑复合材料的静电屏蔽性能，而且可以根据氧化物类型改变颜色，在电器外壳涂料方面有广阔的应用前景。利用纳米 TiO_2 粉体的紫外吸收特性可以制成防晒膏等化妆品。

8.7.2 储氢合金

储氢合金是指金属氢化物储氢材料。在一定的温度和压力条件下，这些金属能够大量"吸收"氢气，反应生成金属氢化物，同时放出热量，其后将这些金属氢化物加热，它们又会分解，将储存在其中的氢释放出来。储氢合金的储氢能力很强，单位体积储氢的密度，是相同温度、压力条件下气态氢的 1000 倍，也即相当于储存了 1000 个大气压的高压氢气。

目前研究发展中的储氢合金，主要有钛系储氢合金、锆系储氢合金、铁系储氢合金及稀土系储氢合金。

（1）在电池上的应用。20 世纪 70 年代，研究人员发现 Ti-Ni 及 $LaNi_5$ 等合金不仅具有阴极储氢能力，对氢的阳极氧化也有良好的电催化活性，于是发展了用储氢合金取代镉做负极材料的 Ni-MH 电池。这种电池具有能量密度大、不污染环境、充放电速度快、记忆效应少等优点。Ni-MH 电池以储氢合金 M 为负极，以 $Ni(OH)_2$ 为正极，以氢氧化钾水溶液为电解液。充电时由于水的电化学反应生成的氢原子扩散进入合金中，形成氢化物，实现负极储氢。而放电时氢化物分解出的氢原子又在合金表面氧化为水，不存在气体状的氢分子。电池反应的最大特点是不存在传统 Ni-Cd 和铅酸电池所共有的溶解、析出反应的问题。

（2）氢分离、回收与净化。化工厂排出的一些废气中含有较高比例的氢气，同时化工和半导体工业又需要大量的高纯氢，利用储氢材料选择性吸氢的特性，不但可以回收废气中的氢，还可以使氢纯度达 99.9999% 以上，价格便宜且安全，具有十分重要的社会效应和经济意义。

（3）金属氢化物作催化剂。金属间化合物如 $LaNi_5$、Mg_2Ni、Zr_2Ni 等能迅速吸收大量的氢，而且反应是可逆的。反应时由于氢是分解后被吸收的，故氢在短时间内以单原子形式存在于表面，使金属间化合物的表面具有相当大的活性。有氢参与的反应，可产生高的活性和特殊性。

8.7.3 形状记忆合金

形状记忆合金是具有形状记忆效应的合金。与普通金属、合金不同，记忆合金在应变诱发马氏体相变临界温度 M_d 以下变形且显著超过屈服点之后，将其加热到马氏体逆相变终结温度 A_f 以上，可以自发地恢复其母相状态时的形状。产生这一现象的物理本质，主要是由于热弹性马氏体相变时相界/畴界的运动提供了可逆变形。记忆合金使用温度受相变点限制，除高温记忆合金外，一般为 $-150 \sim 100$ ℃。

至今为止，已有十几种记忆合金体系。已应用的形状记忆合金有 Ti-Ni、Cu-Zn-Al 及铁基合金。形状记忆合金的单程记忆主要应用于管接件及紧固件等经精加工的管接头。应用形状记忆合金双程记忆的产品为电连接器和热致动器。如微处理机接口的连接是属于电连接器，限流器是属于热致动器，大部分的应用属于热致动器，如温控开关、疏水阀、火灾报警器、温度调节器等。利用形状记忆合金的超弹性可以进行牙齿矫正、制眼镜架等。

8.7.4 超导材料

在临界温度以下具有零电阻及抗磁性的导体称为超导体。零电阻是指电流通过导体时不受阻力，亦即产生永久电流。抗磁性则是将超导体放入磁场中时，超导体内部的磁场将被完全排除，即其内部磁通量保持为零，此即所谓的麦斯纳效应。正因为此，超导体可发生磁浮现象。同时具备以上两种特性的导体才可称为超导体。

超导材料主要应用在以下几个方面：

（1）核磁共振成像。核磁共振成像一般是从 H 原子核的核自旋变化信号中获得的。人体中 75% 是水，因此可以利用这项技术进行人体医学诊断。H 原子核需要的磁声较小，相应的电磁辐射是在兆赫范围内，很容易进入人体。与 X 射线层析照相比，核磁共振成像所用的电磁辐射和磁声对人体无害。采用常规磁体或永久磁体的核磁共振谱仪的共振频率只能达到 100 MHz。目前美国利用高均匀度、高稳定性的高声超导磁体，已试制成功 600 MHz 的核磁共振仪，并准备试制 900 MHz 的核磁共振仪。

（2）超导储能。超导储能是一种利用超导磁体的电感储能技术。与常规储能方法相比，由于它不需要进行能量形式的转换，因而储能密度大，储能效率高于 90%，而且只要几十毫秒就可以作出从充电向放电转变的反应。

（3）超导电缆。随着电力需求的不断增长，发电站的容量逐渐增大，大功率、长距离、低损耗的输电技术成为研究热点。由于具有零电阻特性，超导体可以输送极大的电流和功率而没有功率损耗。

（4）磁浮火车。把超导体制造成线材并绕成线圈。当低温区温度降至临界温度 T_c 以下后，把可控温区设定在 T_c 以上，电源供应器输出大电流，超导线圈即有强磁场产生，然后把可控温区降至 T_c 以下并切断电源。这时，低温区内超导线圈即成一密闭回路。由于超导线无电阻，故在此循环所建立的磁场可永远存在。用此法所产生的磁场可高达数十特斯拉（T），而一般超强永久磁铁的磁场只有 0.5 T 左右，故比一般超强永久磁铁所产生的效应大了 100 倍。普通超强永久磁铁，由于法拉第效应，在相对于金属板移动时，所产生的排斥力太小，无法抵消物体重量而升离金属面，但若改用超导体线圈所造成的磁铁，若速度够快时，即可把火车浮起，此即磁悬浮火车。

8.7.5 磁性材料

磁性材料主要是指由过渡元素铁、钴、镍及其合金等组成的能够直接或间接产生磁性的物质。磁性材料是一种重要的电子材料。图 8-16 为一种铁氧体磁性材料，是以氧化铁和其他铁族元素或稀土元素氧化物为主要成分的复合氧化物。

图 8-16　钕铁硼磁铁

8.7.5.1　磁性材料的分类及其应用

磁性材料从材质和结构上分为"金属及合金磁性材料"和"铁氧体磁性材料"两大类，铁氧体磁性材料又分为多晶结构和单晶结构材料。

按应用功能来分，磁性材料分为：软磁材料、永磁材料、磁记录-矩磁材料、旋磁材料等种类。软磁材料、永磁材料、磁记录-矩磁材料中既有金属材料又有铁氧体材料；而旋磁材料和高频软磁材料就只能是铁氧体材料，因为金属在高频和微波频率下将产生巨大的涡流效应，导致金属磁性材料无法使用，而铁氧体的电阻率非常高，将有效地克服这一问题而得到广泛应用。

磁性材料从形态上分，包括粉体材料、液体材料、块体材料、薄膜材料等。

磁性材料的应用很广泛，可用于电声、电信、电表、电机中，还可作记忆元件、微波元件等。可用于制作记录语言、音乐、图像信息的磁带、计算机的磁性存储设备、乘客乘车的凭证和票价结算的磁性卡等。

软磁材料包括硅钢片和软磁铁心；硬磁材料包括铝镍钴、钐钴、铁氧体和钕铁硼。其中，最贵的是钐钴磁钢，最便宜的是铁氧体磁钢，性能最高的是钕铁硼磁钢，但是性能最稳定、温度系数最好的是铝镍钴磁钢。

含有稀土金属的钴合金系，具有非常强的单轴磁性各向异性，且饱和磁感应强度与阿氏合金相当，其磁能积（BH）的数值相当高。钕铁硼永磁合金采用粉末冶金方法制造，是由 $Nd_2Fe_{14}B$、$Nd_2Fe_7B_6$ 和富 Nd 相（Nd-Fe、Nd-Fe-O）三相构成，在目前得到的永磁材料中其磁积能是最高的。钕铁硼磁体显示了许多极优异的性能，如用于计算机磁盘驱动器，可做到体积小、磁能大，有助于提高速度和功率。把强磁性粉末和黏合剂一起涂到塑料基带上即制成磁记录材料——磁带（盘）。强磁性层常用 $\gamma\text{-}Fe_2O_3$，高密度记录磁带用钴铁氧体或氧化铬 CrO_2，也有用 Co-Cr 合金进行真空镀膜以调整易磁化轴的方向，来改善记录密度，基体材料有醋酸纤维、氯乙烯、聚对苯二甲酸乙二醇酯等。

铁氧体磁性材料按其晶体结构可分为：尖晶石型（MFe_2O_4）、石榴石型（$RE_3Fe_5O_{12}$）、磁铅石型（$MFe_{12}O_{19}$）、钙钛矿型（$MFeO_3$）。其中 M 指离子半径与 Fe^{2+} 相近的二价金属离子，RE 为稀土元素。按铁氧体的用途不同，又可分为软磁材料、硬磁材料、矩磁材料和压磁材料等几类。

A 软磁材料

软磁材料是指在较弱的磁场下，易磁化也易退磁的一种铁氧体材料。有实用价值的软磁铁氧体主要是锰锌铁氧体 $Mn\text{-}ZnFe_2O_4$ 和镍锌铁氧体 $Ni\text{-}ZnFe_2O_4$。锰锌铁氧体软磁材料，其工作频率在 1 kHz~10 MHz 之间。镍锌铁氧体软磁材料，工作频率一般在 1~300 MHz。软磁材料对磁场反应敏感，易于磁化。软磁材料的矫顽力很小，磁导率很大，故亦称高磁导率材料或磁心材料。

软磁铁氧体的晶体结构一般都是立方晶系尖晶石型，这是目前各种铁氧体中用途较广、数量较大、品种较多、产值较高的一种材料。主要用作各种电感元件，如滤波器、变压器及天线的磁心和磁带录音、录像的磁头。

大量使用软磁材料的有变压器、发动机、电动机等。此外，磁记录中的磁头材料、磁屏蔽材料也是软磁材料。使用场合不同，对材料的特性要求也不同。

铁是最早使用的磁心材料，但只适用于直流电动机，作为交流电动机中磁心材料时，能量损耗（铁损）较大。在铁中加入 Si 可使磁致伸缩系数下降，电阻率增大，即可用作交流电机磁心材料。1%~3%Si-Fe 合金用于转动机械中，3%~5%Si-Fe 合金用于变压器。Fe-Ni、Fe-Al-Si、Fe-Al 及 Fe-Al-Si-Ni 合金作为磁心材料，在电子器件中有很多应用。Fe-Ni 合金通常称为坡莫合金（permalloy，即具有高磁导率的合金），其中 Ni 的质量分数为 35%~80%。随 Ni 含量的不同，Fe-Ni 合金的各种磁性能及电学性能变化很大。但 Fe-Ni 合金的耐磨性较低。如加入 Nb、Ta、Si 等合金元素后，其饱和磁感应强度略有下降，但硬度可提高一倍（200 HV），耐磨性也提高。16%Al-Fe 合金的磁致伸缩系数小，磁导率和电阻率大，适用于作交流磁心材料；其耐磨性良好，可用于磁头材料。

Fe-Si-Al 合金的磁性可与坡莫合金相媲美，且硬度高（500 HV）、韧性低、易粉碎，一般作为压粉磁心在低频下使用。高速电机中的铁心和电力系统中的晶闸管整流器的扼流圈，要求饱和磁束密度大、在高频范围内仍保持很高的有效磁导率、损耗小的铁心，为此开发了粉末铁心，即用有机物将铁粉黏合压制成粉末铁心，同时铁粉被有机物一个一个隔绝起来。粉末铁心的直流特性不如硅钢板，但 400 Hz 以上的铁损变小，压缩方向和与它垂直方向的特性差也没有硅钢板那样大。

金属软磁材料，同铁氧体相比具有高饱和磁感应强度和低的矫顽力，例如工程纯铁、铁铝合金、铁钴合金、铁镍合金等，常用于变压器等。

B 硬磁材料

硬磁材料是指磁化后不易退磁而能长期保留磁性的一种铁氧体材料，也称为永磁材料或恒磁材料。硬磁铁氧体的晶体结构大致是六角晶系磁铅石型，其典型代表是钡铁氧体 $BaFe_{12}O_{19}$。这种材料性能较好，成本较低，不仅可用作电信器件，如录音器、电话机及各种仪表的磁铁，而且在医学、生物和印刷显示等方面也得到了应用。

硬磁材料（永磁材料）不易被磁化，一旦磁化，则磁性不易消失。永磁材料主要用于各种旋转机械（如电动机、发动机）、小型音响机械、继电器、磁放大器以及玩具、保健器材、装饰品、体育用品等。永磁材料，磁体被磁化后去除外磁场仍具有较强的磁性，特点是矫顽力高和磁能积大。可分为三类，金属永磁，如铝镍钴、稀土钴、钕铁硼等；铁氧体永磁，如钡铁氧体、锶铁氧体；其他永磁，如塑料等。

目前使用的永磁材料大体分为四类，即阿尔尼科磁铁、铁氧体磁铁、稀土类钴系磁铁及钕铁硼系稀土永磁合金。阿尔尼科名称来源于构成元素 Al、Ni、Co（余为 Fe），是强磁性相 α_1（Fe、Co 富相）在非磁性相 α_2（Fe、Al 的合金相）中以微晶析出而呈现高矫顽力的材料，对其进行适当处理，可增大磁能积。

铁氧体永磁材料是以 Fe_2O_3 为主要成分的复合氧化物，并加入 Ba 的碳酸盐。特点是电阻率远比金属高，为 $1 \sim 10^{12} \Omega \cdot cm$，因此涡损和趋肤效应小，适于高频使用。饱和磁化强度低，不适合高磁密度场合使用。居里温度比较低。由于铁氧体是氧化物，因而耐化学腐蚀，磁性稳定。但其温度的稳定性低于阿氏磁铁，故不适用于精密仪器。此外，其承受机械冲击和热冲击能力较弱。但铁氧体的制造工艺成熟、成本低廉，所以是用量最大的永磁材料（占90%以上）。

镁锰铁氧体 $Mg\text{-}MnFe_3O_4$，镍铜铁氧体 $Ni\text{-}CuFe_2O_4$ 及稀土石榴型铁氧 $3RE_2O_3 \cdot 5Fe_2O_3$（RE 为三价稀土金属离子，如 Y^{3+}、Sm^{3+}、Gd^{3+} 等）是主要的旋磁铁氧体材料。磁性材料的旋磁性是指在两个互相垂直的直流磁场和电磁波磁场的作用下，电磁波在材料内部按一定方向的传播过程中，其偏振面会不断绕传播方向旋转的现象。旋磁现象实际应用在微波波段，因此旋磁铁氧体材料也称为微波铁氧体，主要用于雷达、通信、导航、遥测、遥控等电子设备中。

C 矩磁材料

重要的矩磁材料有锰锌铁氧体和温度特性稳定的 Li-Ni-Zn 铁氧体、Li-Mn-Zn 铁氧体。矩磁材料具有辨别物理状态的特性，如电子计算机的"1"和"0"两种状态，各种开关和控制系统的"开"和"关"两种状态及逻辑系统的"是"和"否"两种状态等。几乎所有的电子计算机都使用矩磁铁氧体组成高速存储器。另一种新近发展的磁性材料是磁泡材料。这是因为某些石榴石型磁性材料的薄膜在磁场加到一定大小时，磁畴会形成圆柱状的泡畴，貌似浮在水面上的水泡，泡的"有"和"无"可用来表示信息的"1"和"0"两种状态。由电路和磁场来控制磁泡的产生、消失、传输、分裂以及磁泡间的相互作用，即可实现信息的存储记录和逻辑运算等功能，在电子计算机、自动控制等科学技术中有着重要的应用。

D 压磁材料

压磁材料是指磁化时能在磁场方向作机械伸长或缩短的铁氧体材料。目前应用最多的是镍锌铁氧体、镍铜铁氧体和镍镁铁氧体等。压磁材料主要用于电磁能和机械能相互转换的超声器件、磁声器件及电信器件、电子计算机、自动控制器件等。

8.7.5.2　磁性材料的基本特性

A　磁性材料的磁化曲线

磁性材料是由铁磁性物质或亚铁磁性物质组成的，在外加磁场 H 作用下，必有相应的磁化强度 M 或磁感应强度 B，它们随磁场强度 H 的变化曲线称为磁化曲线（M-H 或 B-H 曲线）。磁化曲线一般来说是非线性的，具有两个特点：磁饱和现象及磁滞现象，即当磁场强度 H 足够大时，磁化强度 M 达到一个确定的饱和值 M_s，继续增大 H，M_s 保持不变；以及当材料的 M 值达到饱和后，外磁场 H 降低为零时，M 并不恢复为零，而是沿 M_sM_r 曲线变化（图 8-17）。材料的工作状态相当于 M-H 曲线或 B-H 曲线上的某一点，该点常称为工作点。

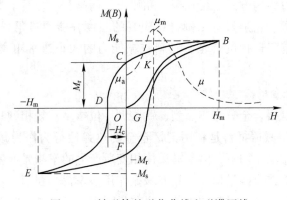

图 8-17　铁磁体的磁化曲线和磁滞回线

B　软磁材料的常用磁性能参数

饱和磁感应强度 B_s：其大小取决于材料的成分，它所对应的物理状态是材料内部的磁化矢量整齐排列。

剩余磁感应强度 B_r：是磁滞回线上的特征参数，H 回到 0 时的 B 值。

矩形比：B_r/B_s。

矫顽力 H_c：是表示材料磁化难易程度的量，该数值取决于材料的成分及缺陷（杂质、应力等）。

磁导率 μ：是磁滞回线上任何点所对应的 B 与 H 的比值，该数值与器件工作状态密切相关。

初始磁导率 μ_i、最大磁导率 μ_m、微分磁导率 μ_d、振幅磁导率 μ_a、有效磁导率 μ_e、脉冲磁导率 μ_p。

居里温度 T_c：铁磁物质的磁化强度随温度升高而下降，达到某一温度时，自发磁化消失，转变为顺磁性，该临界温度为居里温度。它确定了磁性器件工作的上限温度。

损耗 P：磁滞损耗 P_h 及涡流损耗 P_e，$P = P_h + P_e = af + bf^2 + cP_e \propto f^2 t^2/\rho$，降低磁滞损耗 P_h 的方法是降低矫顽力 H_c；降低涡流损耗 P_e 的方法是减薄磁性材料的厚度 t 及提高材料的电阻率 ρ。在自由静止空气中磁心的损耗与磁心的温升关系为：总功率耗散（mW）/表面积（cm^2）。

C　软磁材料的磁性参数与器件的电气参数之间的转换

在设计软磁器件时，首先要根据电路的要求确定器件的电压-电流特性。器件的电压、电流特性与磁心的几何形状及磁化状态密切相关。设计者必须熟悉材料的磁化过程并掌握材料的磁性参数与器件电气参数的转换关系。设计软磁器件通常包括三个步骤：正确选用磁性材料；合理确定磁心的几何形状及尺寸；根据磁性参数要求，模拟磁心的工作状态得到相应的电气参数。

8.7.6　减振合金

减振合金，即能显著地将振动能量转变成热能而损耗掉的精密合金，又称阻尼合金、防振合金。它不是通过结构方式去缓和振动和噪声，而是利用金属本身具有的衰减能去消除振动和噪声的发生源。它是具有结构材料应有的强度并能通过阻尼过程（内耗）把振动能较快地转变为热能消耗掉的合金。材料减振能力的大小通常用衰减系数（即减振系数）SDC 来表示。

8.7.6.1　减振合金的分类

根据阻尼机理，减振合金分为孪晶型、铁磁型、位错型、复相型和复合型等。

（1）孪晶型：这类减振材料是利用记忆合金的热弹性行为作为减振的主要原因。如 Mn-Cu 系合金在外界振动作用下，由于马氏体相变所产生的孪晶界容易移动，伴随孪晶界的移动产生静滞作用而造成能量损失，具有减振作用。孪晶型虽具有在高温下（$<M_s$ 点）不能使用的缺点，但作为减振材料的主角，目前最引人注目。Mn-Cu 系减振合金的缺点是使用温度偏低，一般低于 80 ℃；合金的塑性低，冷热加工性较差；此外，减振特性随时光流逝有下降趋势。另一种典型的孪晶型减振合金是 Ni-Ti 系合金。Ni-Ti 合金的抗拉强度达 850 MPa 左右，伸长率约为 60%，SDC 约为 40%，并具有优良的耐磨性、耐蚀性和抗大气腐蚀性能。缺点是性能对化学成分很敏感，而且较难于加工。

（2）铁磁型：此种类型合金的减振效果主要依靠磁畴壁在交变应力作用下的不可逆移动，导致磁-机械滞后而损耗能量。主要分为铁基和钴镍基两种类型。显示减振性能的使用温度前者达 300 ℃ 以上，后者则高达 500 ℃ 以上。铁基减振合金主要有日本的 Silentalloy（Fe-12Cr-3Al）、Trangalloy（Fe-12Cr-1.36Al-0.59Mn）和 Gentalloy（Fe-12Cr-3Mo）。这类合金的 SDC 可达 25% 以上，抗拉强度为 400~500 MPa，伸长率约为 20%。

（3）位错型：这类材料中位错运动引起的能量损耗成为减振的主要原因。合金的高阻尼是由于在外力作用下，位错的不可逆移动，以及在滑移时位错相互作用引起的。典型代表为纯镁、Mg-Zr 及 Mg-Mg$_2$Ni 等合金，这类合金使用温度常在 150 ℃ 以下。由于密度小，比强度（抗拉强度与密度比值）高，而且对碱、石油、苯及矿物油有较高的化学稳定性，SDC 也在 40% 以上，故在导弹系统和航天方面得到广泛应用。其缺点是抗拉强度较低。

（4）复相型：此种类型的减振合金具有两相以上的组织，其阻尼机制在于，在振动应力作用下，软质第二相与处于弹性行为的基体界面或第二相晶内产生局部塑性变形，导致振动能量消耗掉。在强韧性的基体中，如果析出软的第二相，在基体和第二相的界面上，容易产生塑性流动或黏性流动，外部振动能在这些流动中被消耗掉，于是振动就被吸收掉，但界面的作用还不甚清楚。典型代表有铸铁、Al-Zn 合金和 Al-Al$_2$O$_3$ 等。灰铸铁是由于石墨的析出而起到减振作用。用它做立体声放大器底板、扩音器框架等，能取得提高保真度的良好效果。这类合金最大特点是可高温下使用。球墨铸铁的抗拉强度为500 MPa，SDC 约为 2%，经大变形率轧制后可达到孪晶型锰铜合金的水平，而且抗拉强度提高到 700 MPa。Al-Zn 合金的 SDC 为 30%，用于防声壁板。Al-Al$_2$O$_3$ 的 SDC 为5% ~ 10%。

（5）复合型：复合型减振合金是高阻尼的高分子物质与金属板材的复合体。分为金属间复合型和金属与非金属复合型，前者又分为异种金属板的复合和某种基体金属与金属纤维的复合；后者分为非约束型和约束型两种，非约束型是在金属板表面覆上一层黏弹性高分子物质，约束型是在两层或多层金属板之间加入一层高分子黏结剂。

8.7.6.2　减振合金的应用和发展

目前减振合金已被用于各个领域。在宇宙航天方面，用作卫星、导弹、火箭、喷气式飞机的控制盘和陀螺仪等精密仪器的防振台架；汽车方面，用于车体、制动器、发动机转动部分、变速器、滤气器等；土木建筑方面，用于桥梁、凿岩机、钢梯等；机械方面，用作大型鼓风机框架及叶片、圆盘锯、各种齿轮等；铁路方面，用于火车车轮等；船舶方面，用作发动机转动部件、螺旋桨等；家用电器方面，用于空调器、洗衣机、垃圾处理机等；音响方面，用作演出转动台、扩音器框架、立体声放大器底盘等。

美国最早将具有高减振性能的镁锆减振合金用在导弹的陀螺罗盘上，以减少导弹在发射时产生的激烈振动。后来，将减振合金转到制造民用产品上，如用减振合金制作钻头、刀具的钻杆和刀杆，可使振动大幅减小，切削速度加快，并提高切削工具的使用寿命。

日本研制的减振合金（也叫作"沉默合金"），大量用在活塞头、照相机快门和自动卷片器以及门窗等处，收到了显著效果。近年来，一些新型家用电器如空调、洗衣机以及电动剃须刀等也由于使用减振合金降低了噪声。另外，一些要求高精度、高音质的仪表器件，如测量齿轮、X 射线管支座、立体音响的拾音器架等也相继采用了减振合金来降低噪声，达到了预想的效果。

减振合金在建筑业等方面，特别是用减振合金制成的复合减振钢板有着广泛的用途和特殊的优越性，如将它用作铁路桥下的隔音板，既可防止噪声又可延长使用寿命。用复合减振钢板制造家具，既具有金属制品结实美观的特点，又不会产生一般金属器具的噪声。

减振合金除了用来防止振动和降低噪声外，还用来延长材料及其制成品的使用寿命。例如，用 Co-Ni 减振合金制成飞机发动机涡轮叶片，就大大提高了叶片的使用寿命。微晶超塑性材料将来在减振材料中可能占有相当的地位，随着晶粒细化技术的进展，将更加引人注目。有人认为这类材料的减振机理可能是由晶界引起的应力缓和松弛。

本 章 小 结

金属材料分为钢铁材料和非铁金属材料两大类。钢铁材料（黑色金属）主要指钢和铸铁，而其余金属，如铝、铜、镁、钛等及其合金统称为非铁金属材料（有色金属）。工业纯铝经常代替贵重的铜合金制作导线，还可配制各种铝合金以及制作要求质轻、导热或耐大气腐蚀但强度要求不高的器具。纯铝的强度低，不适宜用作结构材料，在纯铝中加入硅、铜、镁、锰、锌等合金元素，形成铝合金，可以显著提高其强度。根据杂质含量的不同，工业纯铜可分为 T1、T2、T3、T4 4 个代号。代号中的"T"为铜的汉语拼音字首，其后的数字表示序号，序号越大，纯度越低。铜合金分为黄铜、青铜和白铜。在普通机器制造业中，应用较为广泛的是黄铜和青铜。镁合金是目前工业应用中最轻的工程材料，比强度和比刚度高，均优于钢和铝合金，可满足航空、航天、汽车及电子产品轻量化和环保的要求。钛及钛合金具有优良的综合性能，密度小、重量轻、比强度高，耐高温、耐腐蚀以及良好低温韧性等优点，并有很好的低温冲击韧性，是一种理想的轻质结构材料，特别适用于航天、航空、造船和化工工业等要求比强度高的器件。用来制造轴瓦及其内衬的合金，称为轴承合金。常用轴承合金，按其主要化学成分可分为铅基、锡基、铝基、铜基和铁基等几种。硬质合金是一种常用的、主要的刃具材料，主要用来制造高速切削刃具和切削硬而韧的材料的刃具。以纳米材料、储氢合金等为代表的新型金属材料，持续受到人们关注，是当前及未来的重要研究方向之一，这些新型金属材料具有某种特殊优异性能与应用前景。

复习思考题

8-1 什么是非铁金属（有色金属）？

8-2 工业纯铝、纯铜、纯镁、纯钛的应用领域有哪些？

8-3 铝合金、铜合金、镁合金、钛合金的性能特点及应用分别是什么？

8-4 简述黄铜和青铜在成分上的区别。

8-5 常用滑动轴承合金的分类如何，其典型牌号有哪些？

8-6 说明硬质合金的应用领域，并列举常见牌号。

8-7 简述纳米材料的特性。

8-8 试述储氢合金的分类与应用。

8-9 形状记忆合金、超导材料的特点有哪些？

8-10 磁性材料、减振合金的分类与应用是什么？

9　陶 瓷 材 料

【本章学习要点】 本章介绍了陶瓷的相关知识，主要包括陶瓷原料、陶瓷坯料的制备、陶瓷成型方法、施釉、干燥及烧成。在此核心内容之前介绍了陶瓷材料的主要性能标准，之后，介绍了主要的特种陶瓷材料。要求了解陶和瓷的区别，陶瓷材料的大三原料，熟悉陶瓷的成型过程，了解陶瓷的烧成过程，包括快速烧成和低温烧成。

陶瓷是陶器和瓷器的合称。

凡是以陶土和瓷土的无机混合物为原料，经过成型、干燥、窑烧等工艺制成的器物，统称陶瓷。从定义上看，陶和瓷既有联系又有区别。所谓陶，是通过手工或机械加工的方式将普通的黏土制作成一定的形状，然后经过 800~1100 ℃ 的温度焙烧，使之硬化而成的器物。所谓瓷，是以瓷石或高岭土为原料，通过手工或机械加工的方式经过配料、成型、施釉、干燥等工艺，然后入窑在 1200 ℃ 以上的高温下焙烧而成的器物。

但从历史的发展来看，两者又有紧密的联系。陶出现在先，瓷出现在后，并且瓷是陶逐渐发展演变而来的品种，可见陶和瓷是一种工艺的两个不同阶段。即瓷是由陶发展演变而来，是陶生产发展的高级阶段。从实际的状况来看，尽管后来出现了瓷，但它并没有完全取代陶的生产，而是仍然保留着陶，最后形成了陶和瓷各自发展的两个支流和脉络。但是，陶和瓷又有明显区别，具体在于：（1）原料不同。陶器是用普通的黏土制成，而瓷器是用瓷石或高岭土制成。（2）烧窑的火候温度不同。陶器的烧造温度较低，为 800~1000 ℃；而瓷器的烧造温度较高，均在 1200 ℃ 以上。（3）物理性能不同。陶质地松脆，有微孔，易渗水，多无釉，即使有釉也是低温釉，不宜作为实用器；而瓷质地致密坚实，不渗水，均有釉，适合作为实用器，敲之还能发出清脆的金属声，可作为乐器使用。还有其他细节，不一一赘述。

需要说明的是，陶瓷类别除了陶器和瓷器，还有一种介于两者之间的炻器。炻器，古时称"石胎瓷"，今又称为"缸器"，这类器物胎体比陶器致密，质地较为坚硬，不透明，吸水率低，基本接近瓷器的标准，这也是以前将其视作"瓷"的原因。不过炻器一般无釉，烧造温度也比瓷器略低，尚未达到 1200℃，因此又与瓷器有差异，这也是不能将其归入真正瓷类的原因。

9.1　陶瓷性能要求

（1）黏土或坯料的可塑性。具有一定细度和分散度的黏土或配合料，加适量水调和均匀，加工制成含水率一定的塑性泥料，在外力作用下能塑造成任意形状，在外力解除后能保持原状不变，这种性能称为可塑性。

黏土从某种稠度状态转变为另一种状态时的界限含水量为稠度界限。工程上常用的有塑性界限和液性界限。塑性界限，相当于土从半固体状态转变为塑性状态时的含水量，简称塑限，符号为 W_P；液性界限，相当于土从塑性状态转变为液性状态时的含水量，简称液限，符号为 W_L。即塑限是泥料具有可塑性时的最低含水量；液限是泥料具有可塑性时的最高含水量。

黏土要具有一定的可塑性，才便于成型。但可塑性太强的黏土，水分含量较多，干燥收缩也大，易产生开裂；可塑性过弱又不易成型。因此，要保持一个合适的尺度。常用的表示黏土可塑性的方法有可塑性指数及可塑性指标两种。

（2）黏土的结合性。黏土结合性是指黏土能粘接一定细度的瘠性原料，形成可塑泥团并具有一定干坯强度的能力（黏土与非可塑性原料混合加水捏制成一定的形状，干燥后形成具有一定强度的坯体，这种性能常称作结合性）。

结合力强的黏土加砂量达 50% 时仍能形成塑性泥团；结合力中等的黏土加砂量为 25%~50% 时能形成塑性泥团；结合力弱的黏土加砂量在 20% 以下。

黏土的这种性质，能保证坯体有一定的干燥强度，是坯体干燥、修坯、上釉能够进行的基础，也是配料调节泥料性质的重要因素。

（3）泥浆的流动性、触变性、吸浆速度。

1）流动性：它反映了浆体不断克服内摩擦所产生的阻碍作用而继续流动的一种性能。工艺上，常以一定体积的泥浆静置一定时间后通过一定孔径的小孔流出的时间来表征泥浆的流动度。

2）触变性：黏土泥浆或可塑泥团受到振动或搅拌时，黏度会降低而流动性增加，静置后逐渐恢复原状，泥料放置一段时间后，维持原有水分下也会出现变稠和固化现象，这种性质统称为触变性（稠化性）。

触变性以稠化度或厚化度表示，即泥浆（100 mL）在黏度计中静置 30 min 后的流出时间与静置 30 s 后的流出时间之比值。瓷坯的稠化度为 1.8~2.2，精陶泥浆的稠化度为 1.5~2.6。

3）吸浆速度：单位时间内单位模型面积上所沉积的坯体质量称为吸浆速度。泥浆中固体颗粒的比表面积、泥浆浓度、泥浆温度、泥浆与石膏模之间的压力差都会影响吸浆速度。所以，表述吸浆速度的前提也应该是上面诸多因素都一定的情况下。

（4）气孔率。浸渍时能被液体填充的气孔或与大气相通的气孔称为开口气孔；浸渍时不能被液体填充或不与大气相通的气孔称为闭口气孔。陶瓷体中所有开口气孔的体积与其总体积之比值称为显气孔率或开口气孔率；陶瓷体中所有闭口气孔的体积与其总体积之比值称为闭口气孔率。

陶瓷体中所有开口气孔和闭口气孔的体积与总体积之比值称为真气孔率。由于真气孔率的测定比较复杂，一般只测定显气孔率。陶瓷体中所有开口气孔所吸收的水的质量与干燥材料的质量之比值称为吸水率。生产中用吸水率来反映陶瓷产品的气孔率。

（5）线收缩率和体积收缩率。线收缩率的测定比较简单，对于在干燥过程中易发生变形歪扭的试样，必须测定体积收缩。黏土或坯料干燥过程中体积的变化与原始试样体积之比称为干燥体积收缩率。烧成过程中体积的变化与干燥试样体积之比称为烧成体积收缩率。总体积变化与原始试样体积之比称为总体积收缩率。

（6）白度、光泽度、透光度。各种物体对于投射在它上面的光，发生选择性反射和选择性吸收的作用。不同的物体对各种不同波长的光的反射、吸收及透过程度不同，反射方向也不同，就产生了各种物体不同的颜色（不同白度）、光泽度、透光度。

（7）抗压强度。建筑陶瓷都要求有一定的机械强度，部分建筑陶瓷材料要求有较高的机械强度，以满足受力使用条件及加工要求。例如，地砖就要求具有较高的机械强度，如抗压强度、抗弯强度等。

陶瓷抗压强度极限以试样单位面积上所能承受的最大压力表征。所谓最大压力即陶瓷材料受到压缩（挤压）力作用而不破损的最大应力。

测定值准确性与测试设备（测试设备为万能材料试验机）有关，很大程度上也取决于试样尺寸大小的选择。

（8）热稳定性。热稳定性又称为抗热震性、耐急热急冷性，指陶瓷材料抵抗温度急剧变化而不破坏的性能。

急冷或急热会导致制品内部热应力，当热应力达到材料本身机械强度的极限时，材料就会破坏。显而易见，陶瓷材料热稳定性与外界温度变化条件及材料本身性能相关。实践研究发现：建筑陶瓷制品的热稳定性在很大程度上取决于坯、釉的适应性，特别是二者线膨胀系数的适应性。线膨胀系数较大时，容易导致产品后期龟裂。

根据 GB/T 3810.9—2016，陶瓷砖热稳定性（抗热震性）的测定方法是：将试样在 15 ℃ 和 145 ℃ 两种温度之间进行 10 次循环，观察有无裂纹产生。低温设备采用低温水槽，高温设备采用干燥箱。试样应从样品中随机选择，至少用 5 块整砖进行试验。样品经初检合格，进行热稳定性循环测定，测定后经检查不出现炸裂或裂纹，稳定性合格。检查采用目视，需在规定光源下进行，也可采用染色溶液辅助。

9.2　陶瓷用原料

陶瓷及其他硅酸盐工业制品的基本原料是天然的矿物或岩石。这些资源蕴藏丰富，在地壳中分布广泛。矿物指的是自然化合物或自然元素，是地壳中经过各种物理化学作用的产物，具有均质化学组成，呈晶体状态存在，并以具有工业意义的矿床聚集体产出。例如，高岭土、石英、长石等均属于矿物。岩石是矿物的集合体，是由多种矿物以一定的规律组合而成，如伟晶花岗岩是由石英、长石、云母等矿物组合成的。地球表层约 20 km 厚的地壳上层部分，主要是硅铝层，也就是各种岩石的硅酸盐带，其中 95% 为火成岩，5% 为沉积岩，硅酸盐工业原料就是从这里采掘和选用的。

从地壳的化学成分看，O、Si、Al、Fe、Ca、Na、K、Mg 等八种元素占总量的 97.13%，其余元素只占 2.87%。上述元素（Si、Al、K、Na、Ca、Mg）均属于造岩元素，多以氧化物、硅酸盐、碳酸盐、磷酸盐等形式出现。除 Fe、Ti 等元素为有害杂质外（作色料则另当别论），其余均是陶瓷原料所经常涉及的元素，如陶瓷生产中常用的高岭土（$Al_2O_3 \cdot 2SiO_2 \cdot 2H_2O$）、石英（$SiO_2$）、钾长石（$K_2O \cdot Al_2O_3 \cdot 6SiO_2$）、石灰石（$CaCO_3$）、白云石（$CaCO_3 \cdot MgCO_3$）等化合物中的元素。这些矿物本身单独就可以作为矿物材料使用，应用于不同的工业领域，但多数为硅酸盐工业所采用。

陶瓷工业生产中应用的最基本的原料是石英、长石、黏土三大类和一些化工原材料。

上述三类原料，提供了配料的基本组分，并以一定的物理化学作用形成各"相"而构成瓷。从工艺角度讲，它们基本分为两种类型：一种是有可塑性的，另一种是无可塑性的。第一种类型主要是黏土类物质，包括高岭土、多水高岭土，烧后呈白色的各种类型黏土和作为增塑剂的膨润土等。它们在生产中起塑化和结合作用，赋予坯料以塑性与注浆成型性能，保证干坯强度及烧后的各种使用性能，如机械强度、热稳定性、化学稳定性等。它们是成型能够进行的基础，也是黏土质陶瓷的成瓷基础。第二种类型中石英属于瘠性材料（减黏物质），可降低原料的黏性。烧成中部分石英溶解在长石中，提高液相黏度，防止高温变形，冷却后在瓷坯中起骨架作用。除石英外，可以起到瘠化作用的还有由黏土、高岭土煅烧后变成的熟料和碎瓷粉等。长石则属于熔剂原料，高温下熔融后可以熔解一部分石英及高岭土分解产物，熔融后的高黏度玻璃可以起到高温胶结作用。除长石外，还有伟晶花岗岩、滑石、白云石、石灰石等起着同样作用。

根据原料在生产工艺中所起的不同作用，可将陶瓷用原料作如下分类：

（1）可塑性原料（包括软质黏土、硬质黏土等）；

（2）瘠性原料（石英、长石、废砖粉、透辉石等）。

根据原料的熔融温度不同，可将建筑陶瓷用原料作如下分类：

（1）熔剂原料，包括长石、硅灰石、透辉石等；

（2）非熔剂原料，包括高岭土、石英等。

原料是材料生产的基础，主要是为产品结构、组成及性能提供合适的化学成分和加工过程所需的各种工艺性能。优质原料是制造高质量产品的首要保障。陶瓷材料使用的原料品种繁多，按来源可分为天然原料和化工原料两大类。

天然矿物或岩石原料，由于成因和产状的不同，其组成和性质有差异。化工原料也往往因为制造工厂采用的原料或生产方法的差异，使其组成和性质不完全一致。因此，掌握原料的组成、特性及其与产品性能和生产工艺的相互关系，对于合理地选择原料，节约资源，物尽其用极为重要。

9.2.1　可塑性原料（以黏土类原料为主要代表）

黏土是自然界中硅酸盐岩石（如长石、云母）经过长时期风化作用而形成的一种土状矿物混合体，为细颗粒的含水铝硅酸盐，具有层状结构。当其与水混合时，有很好的可塑性，在坯料中起塑化和黏合作用，赋予坯体以塑性变形或注浆能力，并保证干坯的强度及烧结制品的使用性能，是成型能够进行的基础，也是陶瓷成瓷的关键。

黏土类原料是陶瓷工业的主要原料之一，其用量常达 40% 以上。黏土矿种类齐全，分布广泛，无一定熔点，也没有固定的化学组成。

9.2.1.1　黏土的成因与分类

（1）原生黏土，也称为一次黏土或残留黏土。比如钾长石，在水解过程中生成水溶物 KOH 及胶状物 SiO_2，它们可随水流走，而新生成的黏土矿（高岭石），未分解矿物则残留下来（此过程需要经过漫长的地质时期和适当的条件），这样的矿床称为风化残积型矿床，多为优质矿。还有一种是火山岩就地风化。高温岩浆冷凝结晶后，残余岩浆含有大量挥发性物质和水蒸气，温度进一步降低时水分则以液体存在（水中还溶有大量其他化合物）。当这种热液作用于母岩时，也会生成黏土矿床，称为热液蚀变型矿床。

（2）次生黏土，也称为二次黏土。是由原生黏土在自然动力条件下转移到其他地方再次沉积而成。

9.2.1.2 黏土的组成

（1）矿物组成。黏土中的矿物可分成黏土矿物和杂质矿物两大类。前者是组成黏土的主体，其种类和数量决定了黏土的性质。矿物类型主要为高岭石类、蒙脱石类和伊利石类，还有少量水铝英石等。杂质矿物是指在黏土形成过程中混入的一些非黏土矿物和有机物。

（2）化学组成。黏土的主要化学成分为 SiO_2、Al_2O_3 和 H_2O。此外，随着地质条件的不同，还含有少量的碱金属氧化物 K_2O、Na_2O，碱土金属氧化物 CaO、MgO，以及着色氧化物 Fe_2O_3、TiO_2 等。

一般黏土类原料的化学分析包括上述 9 种氧化物，大体上就能满足工业生产的参考要求。黏土的化学组成还可以判断黏土的矿物组成，成型性能以及烧结过程中是否会有膨胀或气泡等。

（3）颗粒组成。颗粒组成指黏土中不同大小颗粒的百分比含量。黏土矿物颗粒很细，其直径一般在 $1 \sim 2~\mu m$。蒙脱石、伊利石类黏土比高岭石类细小。非黏土矿物如石英、长石等杂质一般是较粗的颗粒，因此，通过淘洗等手段富集细颗粒部分可获得较纯的黏土。

颗粒大小在工艺上也能表现出不同。黏土的颗粒越细，可塑性越强，干燥收缩越大，干后强度越高，烧时也易于烧结，烧后气孔率也小。有利于提高制品的机械强度、白度和半透明度。

9.2.1.3 黏土类原料的类型

A 高岭石类黏土

高岭土质地细腻，纯者为白色，含杂质时呈黄、灰或褐色。外观呈土状、致密状或角砾状，质软，用指甲可以划开。

我国高岭土资源丰富，苏州的苏州土、湖南的界牌土、江西的星子土、陕西的上店土、山西的大同土等，都是以高岭土为主要矿物的黏土。当然，各地产的高岭土组成多少都有差异。

B 蒙脱石类黏土

蒙脱石最早发现于法国蒙脱利龙地区，故此得名。以蒙脱石为主要矿物的黏土叫膨润土。不考虑晶格中的 Al 和 Si 被其他离子置换的情况，蒙脱石的理论化学通式为 $Al_2O_3 \cdot 4SiO_2 \cdot nH_2O（n>2）$。

膨润土具有油脂和蜡状光泽，用手触摸有滑感。常见为致密块状，也有如土松散状。按化学组成分为钠质膨润土和钙质膨润土，自然界中产出大的钙质膨润土较多。膨润土对各种气体和液体都有较强的吸附能力，最大吸附量可达自身质量的 5 倍，经酸化处理后还有吸附有色离子的能力和离子交换能力。与钙质膨润土相比，钠质膨润土的吸水率大，可吸附 $8 \sim 15$ 倍于自身体积的水量，体积膨胀可达自身数倍至 30 倍，并分散成胶凝状，能很长时间处于悬浮状态。

加入陶瓷中，蒙脱石类黏土可提高制品成型时的可塑性，增强生坯的强度，要注意的是用量过多会引起干燥收缩过大。另外，由于蒙脱石中铝含量低，还能吸附和进行离子交换，故烧成温度低。

C　伊利石类黏土

从组成上来看，与高岭土相比，伊利石类黏土碱金属离子较多，而含水较少；与白云母相比，伊利石类黏土碱金属离子较少，含水较多。即伊利石的组成介于高岭石和白云母之间。

伊利石也称为白云母类，其组成接近白云母，是白云母经过强烈的化学风化作用转变为蒙脱石或高岭石的中间产物。

由于伊利石类矿物是白云母风化时的中间产物，因转变程度不同可形成不同的矿物。另外，虽伊利石类矿物的基本结构与蒙脱石相仿，但其无膨胀性，且结晶也比蒙脱石粗，因此可塑性低，干燥后强度小，应用时注意。

D　水铝英石类黏土

水铝英石的矿物实验式是 $Al_2O_3 \cdot nSiO_2 \cdot nH_2O$，它的铝、硅和水的含量不定（严格意义上不应该称为矿物，而是低温低压环境下风化的产物，一般呈葡萄状或者钟乳石状）。

水铝英石外观上呈海绵状团聚体，有许多细孔和巨大的表面积。颜色随吸附的金属离子而异，常为白色、浅蓝色和浅绿色。由于水铝英石在黏土中呈无定型状态，故可提高可塑性和结合性。

E　瓷石类黏土

瓷石是由绢云母、水云母和石英，以及一定量的长石、高岭石和碳酸盐等多种矿物构成的岩石。

瓷石的化学组成（质量分数）为：一般 SiO_2 大于70%，Al_2O_3 小于20%，Fe_2O_3 在1%左右，K_2O 和 Na_2O 为3%~8%，此外尚有一定量的 CaO 和 MgO，一般为1%~3%。瓷石中如果熔剂成分多，则可做釉用原料，这种瓷石叫作釉石或釉果。

瓷石可归于伊利石类矿物，其成分介于云母和高岭石或云母和蒙脱石之间，多数为云母矿水解后生成的。瓷土常与瓷石伴生（表层较软质部分称为瓷土，相对较深部位的硬质部分称为瓷石）。

F　叶蜡石类黏土

叶蜡石（又名鸡血石）虽不属于黏土矿物，但因其某些性质类似黏土，也常称为黏土矿物。化学通式为 $Al_2O_3 \cdot 4SiO_2 \cdot H_2O$。块状叶蜡石无可塑性，经细碎成粉后，表现出弱的可塑性。它本身富脂肪滑腻感，品相好的可以用来刻章。

9.2.2　瘠性原料（以石英类原料为代表）

9.2.2.1　成因和分类

石英的主要化学成分为 SiO_2，常含有少量杂质（Al_2O_3、Fe_2O_3、CaO、MgO 等），它们既可是单独矿物实体，也可与 SiO_2 一起形成硅酸盐存在。在陶瓷生产中所用的石英类原料，有脉石英、石英砂、石英岩、砂岩等。

（1）脉石英是地下岩浆分泌出来的 SiO_2 热溶液填充沉积在岩石裂缝中形成的，形成致密块状的结晶态石英，或凝固为玻璃态石英。脉石英纯度高，SiO_2 含量达 99%以上。高品位脉石英矿，常常会伴生水晶。

（2）石英砂又称为硅砂，是由花岗岩、石英斑岩等风化，经雨水漂流堆积在低洼处而形成的，分海砂、湖砂、河砂和山砂等。因在风化和位移过程中容易混入杂质，故一般来说，石英砂没有脉石英纯净，成分波动大。质地纯净的硅砂为白色；一般硅砂因为含有铁的氧化物和有机质，故多呈淡黄色、浅灰色或红褐色。

（3）石英岩是变质岩，颗粒大小不同的砂子被胶结后，经过变质作用，石英重新结晶长大，形成致密坚固的块体。石英岩中 SiO_2 含量在 97%以上。

石英有多重结晶形态和一个非晶态，最常见的晶型是 α-石英、β-石英、α-鳞石英、β-鳞石英、γ-鳞石英、α-方石英和 β-方石英。在一定的温度和其他条件下，这些晶型会发生相互转化。

9.2.2.2 石英的晶型转化

一般来说，石英在温度升高时，相对密度减小，结构松散，体积膨胀；当冷却时，却相对密度增大，体积收缩。这是使用石英类原料时必须注意的一个重要性质。具体的晶型转化过程如图 9-1 所示。

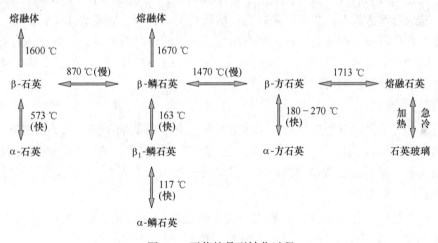

图 9-1 石英的晶型转化过程

重建性转变（图 9-1 中的横向系列间的转变）即 α-石英、α-鳞石英、α-方石英之间的转变，尽管体积变化大，但由于转化速度慢，对制品的稳定性影响并不大。

位移性转变（图 9-1 中的纵向系列间的转变），如 α-鳞石英、β-鳞石英和 β₁-鳞石英之间的转变，由于其转变速度快，较小的体积变化就可能由于不均匀应力而引起制品开裂，影响产品质量。因此，硅砖生产中加入矿化剂就是为了减少鳞石英含量，提高方石英生成量，以减少位移性转变产生的体积变化。

9.2.3 熔剂原料（以长石类原料为代表）

长石是地壳上分布广泛的矿物，其化学组成为不含水的碱金属与碱土金属的铝硅酸盐。这类矿物的特点是有较统一的结构规则，属空间网架结构硅酸盐。

长石的种类很多，但归纳起来都是由钾长石、钠长石、钙长石、钡长石这四种长石组合而成的，很少见到组成单一的长石。因为长石中含有钾、钠等低熔物，在陶瓷成型过程中是瘠性物料而在烧结过程中是熔剂，常用作坯料、釉料、色料等的基本成分，用量较大，是日用陶瓷的三大原料之一。

自然界中长石的种类很多，归纳起来都是由以下四种长石组合而成：

钠长石　　　$Na[AlSi_3O_8]$ 或 $Na_2O \cdot Al_2O_3 \cdot 6SiO_2$

钾长石　　　$K[AlSi_3O_8]$ 或 $K_2O \cdot Al_2O_3 \cdot 6SiO_2$

钙长石　　　$Ca[Al_2Si_2O_8]$ 或 $CaO \cdot Al_2O_3 \cdot 2SiO_2$

钡长石　　　$Ba[Al_2Si_2O_8]$ 或 $BaO \cdot Al_2O_3 \cdot 2SiO_2$

一般使用的所谓钾长石，实际上是含钾为主的钾钠长石，而所谓的钠长石，实际上是含钠为主的钾钠长石。但是，有些长石中其实钠含量是低于钾含量的，但比一般钾长石中钠含量又高出许多，这种也常常被称作钠长石，因为其助熔效果与一般的钾长石大不相同，称为钠长石更方便工艺人员使用。

9.2.4　其他原料

除了上述三大原料外，在陶瓷生产中依不同目的，还采用如下一些矿物原料：滑石、蛇纹石；硅灰石和透辉石；骨灰、磷灰石；碳酸盐类原料；工业废渣及废料。

陶瓷工业还需要一些辅助原料，如腐殖酸钠、硅酸钠、石膏等。另外，还有各种外加剂，如助磨剂、解凝剂、乳浊剂、增强剂等。化工原料对于陶瓷而言主要是用来配制釉料，用作釉的乳浊剂、助熔剂、着色剂等。

9.2.4.1　滑石

滑石是一种常见的硅酸盐矿物，它非常软并且具有滑腻的手感。人们曾选出 10 个矿物来表示 10 个硬度级别，称为莫氏硬度，在这 10 个级别中，第一个（也就是最软的一个）就是滑石。滑石是已知最软的矿物，其莫氏硬度标为 1。

9.2.4.2　透辉石

透辉石为柱状、针状晶体，无吸附，烧失量很低，仅为 0.22% ~ 1.4%，而黏土的烧失量高达 17%。透辉石属于瘠性材料，能有效减少陶瓷坯体的收缩。

9.2.4.3　骨灰（骨灰瓷）

以骨灰为主要熔剂制成的瓷器，简称骨瓷，过去称骨灰瓷，最早出现在英国。基本工艺是以动物的骨灰、黏土、石英和长石为原料，是经过高温素烧和低温釉烧两次烧制而成的一种瓷器。

骨灰瓷一般采用两次烧成，素烧温度 1220 ~ 1280 ℃，釉烧温度 1080 ~ 1140 ℃。骨灰瓷区别于其他瓷器的本质特征是：只有骨灰含量在 36% 以上，而且经过二次烧制而成的，才称为骨瓷。

目前，我国骨灰瓷大多原料组成范围（质量分数）为：骨粉 40% ~ 60%；黏土 25% ~ 45%；石英 8% ~ 20%；长石 8% ~ 15%。经过高温素烧、低温釉烧，烧成后的主要物有磷酸三钙、钙长石、部分石英晶体及少量玻璃相。其中，骨粉是骨灰瓷的重要组成部分，是磷酸三钙晶相的主要来源；黏土为泥料提供所需的塑性，也是钙长石晶相的主要来源；石英和长石为瘠性原料，在烧结过程中起到助熔剂的作用，有助于扩大烧成范围。

9.2.4.4 工业废渣及废料

A 煤矸石

煤矸石是采煤过程和洗煤过程中排放的固体废物，是一种在成煤过程中与煤层伴生的一种含碳量较低、比煤坚硬的黑灰色岩石，也包括采掘过程中从顶板、底板及夹层里采出的矸石以及洗煤过程中挑出的洗矸石。所以，煤矸石成分比较复杂，波动较大。煤矸石的主要成分 SiO_2、Al_2O_3 占 60%~80%，其次是 Fe、Ti、K、Na、Ca、Mg、SO_3 等。煤矸石占全国工业固体废弃物总量的 40%。

作为陶瓷原料使用的煤矸石，其含有的有害杂质主要是硫化物、碳酸盐类混合物，另外，有汞、砷、氟、氯等微量元素。可溶性硫酸盐在坯体中随水分蒸发，在制品表面留下结晶体，形成一层"白霜"。白霜的主要成分是硫酸钠和硫酸镁，它们在结晶过程中由于体积增大所产生的应力，使制品薄弱地方受到破坏，对欠烧制品的破坏更为明显。但是，通过采用一些适当的工艺措施，可使大部分的可溶性硫酸盐类在淘洗或压滤时随水排出。碳酸盐如果以很细的颗粒分布在坯体中，则没有影响。

B 粉煤灰

我国为世界燃煤发电第一大国，排出粉煤灰量为世界第一。2000 年约为 1.5 亿吨，到 2010 年超过 3 亿吨。我国粉煤灰利用率最高的是上海，2008 年粉煤灰排放量 603.52×10^4 t，利用率 95.6%；烟气脱硫产物 31.62×10^4 t，利用率 80.77%。但国内大多数地方粉煤灰的利用率不超过 50%。

粉煤灰主要应用于筑基与回填，在建筑行业主要用于制作砖体材料。储存 1 t 粉煤灰所需建库及运输费用不等。

C 高炉矿渣

高炉矿渣的主要成分是 SiO_2、Al_2O_3、CaO、MgO 等。其化学成分还根据钢铁冶炼类型不同而有差别。如属特定的高炉矿渣，其化学成分应该是稳定的。采用贫铁矿炼铁时，每吨生铁产出 1~1.2 t 高炉渣；用富铁矿炼铁时，每吨生铁只产出 0.25 t 高炉渣。由于近代选矿和炼铁技术的提高，每吨生铁产出的高炉矿渣量已经大大下降。

高炉矿渣的类型有粒状矿渣、粉碎矿渣、膨胀矿渣及矿渣棉。目前，用于陶瓷面砖坯料的以粒状矿渣与粉碎矿渣为主。

9.3 陶瓷坯料及制备

从原料到坯料的第一步是先破碎。破碎是对块状固体物料施用机械方法，使之克服内聚力，分裂为若干碎块的作业过程。破碎的作用在于减小块状物料的粒度，这在不同的工业部门中有不同的意义。陶瓷、玻璃、水泥行业都要求把块状原料破碎到一定粒度以下，以便后续粉磨。粒度直接影响生产控制和产品质量。

破碎的方法有：（1）挤压；（2）劈裂；（3）折断；（4）磨剥；（5）冲击。以上 5 种方法中，挤压所需力较大，劈裂和折断因其作用力较集中，所需力仅为挤压的 1/10 左右。冲击属瞬时动载荷，对脆性物料有较好的破碎效果，但工作部件磨损较大。磨剥的破碎效率较低，但对一些具有明显解理面的矿物，这种方式有利于破碎产品，保持矿物原有的晶体形态。

目前，各类破碎机械的施力方式多数是多种方法结合，以某种方法为主，其他为辅。选择机型应注意使其施力方式与破碎物料的硬度、韧性等性质相适应。

经过粗、中碎的原料，按照规定的配方进行配合，然后装入球磨机，再加入水和电解质进行研磨。其产品的粒度，则视具体的工艺要求而定，通常为数十微米，最细可至 $2 \sim 3 \mu m$。

球磨机的主体部分是一圆柱状筒体，其内装入研磨体和被磨物料，研磨体的装入量为筒内有效容积的 25%～50%，工作时筒体在传动机构的带动下绕其纵轴旋转。选择球磨机吨位要根据实际情况。在总吨位相同的情况下小球磨机灵活性好，大球磨机产量高。按经验来看，18 t 球磨机灵活性好，维修简便，但由于需要的数量多，化验、放浆耗时长，相对的运转率低，造成整体使用成本偏高。100 t 球磨机产量大，但对设备维护要求较高，一旦故障停机，对生产影响较大。就目前而言，建陶厂内 60 t 球磨机的使用更成熟一些。

9.3.1　坯料的分类与品质要求

坯料是指按一定的工艺手段和方法加工，满足一定的工艺参数要求（如含水量、粒度、可塑性、流动性等），具有成型性能的多种原料的混合物。按工艺不同，分为可塑坯料、注浆坯料及干压坯料。

（1）可塑坯料的品质要求：

1）保证足够的可塑性，以满足成型和半成品的干燥强度需要。通常南方地区可塑指标大于 3，北方地区可塑指标大于 5。

2）要有良好的成型稳定性，既不粘模，也不开裂。

3）干燥后的坯体要具有足够的强度，以保证后道工序进行。

4）坯体具有高的屈服强度。

（2）注浆坯料的品质要求：

1）流动性要好。一般泥浆含水量在 28%～38%，含水量过高，要获得厚度符合要求的坯体则泥浆在模型中停留时间过长，并使非可塑性原料颗粒沉降，致使泥浆分层，造成废品；含水量过少则泥浆黏稠，流动性差，不能充分注满到模型中的各部位，易产生废品。

2）悬浮性要好。料浆性能稳定，久置不致分层沉淀。

3）在保证流动性的前提下，含水量要尽量少，以缩短注浆时间，增加坯体强度，降低干燥收缩，加快干燥过程，并可延长模具寿命。

4）形成的坯体要有一定的强度，包括刚脱模的湿坯要有一定强度，经干燥后的干坯也要有一定的强度。这是大件坯体进行后续作业的必要条件。

5）对水的滤过性要好，以利于石膏模吸水，从而缩短吸浆时间和巩固时间，并可降低由于内外干燥收缩不均引起的干裂。

6）浇注坯层与剩余泥浆之间必须有截然的分界线，剩余泥浆能顺利地从模型里流出来，即控浆性能好。

7）泥浆要有适当的触变性。若触变性过大，泥浆易稠化；过小，则吸浆时间长且坯体易软塌。

（3）干压坯料的品质要求：

1）含水量适中，水分分布均匀；

2）要有较大的堆积密度；

3）团聚颗粒呈球形，表面光滑，流动性能好。

9.3.2　坯料的制备

9.3.2.1　塑性坯料制备

配料—湿法球磨—过筛除铁—压滤脱水—粗练—陈腐—真空练泥。

9.3.2.2　注浆坯料制备

A　注浆坯料的加工方式

注浆成型所用泥浆的加工有三种方式，具体如下：

第一种，原矿物料进厂，经过粗、中、细碎，研磨成泥浆。按要求把各种原材物料和水同时加入球磨机进行研磨加工。

第二种，把经过专业化加工的"标准化"原料以及其他物料和水，按要求直接加入球磨机，进行 1~4 h 的混匀或直接进入高速搅拌池内搅拌 1~3 h 制成泥浆。

第三种，把部分原料物料和部分"标准化"原料共同（或先后）按要求加入球磨机内，加水，经过 5~7 h 的研磨加工制成泥浆。

泥浆经过泵、管道、浆池（缸）、搅拌机、过筛、除铁、清除杂质等，并经过 3~7 天的陈腐，进入储浆池内备用。

B　泥浆的储存陈化与分配

经混合好的泥浆在使用前必须至少储存一天。这样做的好处为：（1）使泥浆陈化到适当的稳定状态，有利于提高泥料的黏度和强度。（2）可以借助于搅拌，使水分的分布更均匀。（3）可以排除泥浆中的气泡。泥浆在搅拌时带入空气，若不排除会造成针孔缺陷，因此有时还需要进行真空处理。（4）若初次解凝剂加量不足，可以有一个校正的机会。

9.3.2.3　干压坯料的制备

A　确定制备工艺流程的原则

必须保证制备好的粉料满足成型的要求；根据所用的原料性质来制定工艺流程；根据产品质量的要求来选择工艺流程；根据本厂的条件来选择工艺流程；在保证质量前提下，尽可能地使用工序短、经济的流程；要选择保护工人合法权益的流程。

B　制备工艺

干法制备工艺：配料—粗碎—细碎—加水搅拌—闷料—造粒—过筛—闷料。

湿法制备工艺：喷雾干燥造粒法。

喷雾干燥的基本流程：料液通过雾化器，喷成雾滴分散在热气流中。空气经鼓风机送入空气加热器加热，然后进入喷雾干燥器，与雾滴接触干燥。产品部分落入塔底，部分由一级引风机吸入一级旋风分离器，经分离后，将尾气放空。塔底的产品和旋风分离器收集的产品，由二级抽风机抽出，经二级旋风分离器分离后包装。

9.4　陶瓷成型工艺

9.4.1　成型和成型方法

原料经过粉碎和适当的加工后，最后得到的能满足成型工艺要求的均匀混合物称为坯料。将精制好的坯料，采用某种方法加工成具有预定形状、尺寸和一定性能的坯体，这一过程称为制品的成型。

成型工艺是陶瓷材料制备过程的重要环节之一，在很大程度上影响着材料的微观组织结构，决定了产品的性能、应用和价格。比如，在成型中形成某些缺陷（如不均匀性等）仅靠烧结工艺的改进是难以克服的，而随着高性能陶瓷的发展，成型工艺已经成为保证部件高性能（均匀性、重复性和成品率）的关键技术。

陶瓷坯料按成型方法的不同分为：可塑料、干压料和注浆料。对应的成型方法为：可塑成型、干压成型和注浆成型。

成型对坯体提出细度、含水率、可塑性、流动性等要求，而且因为生坯要进行后续的烧成，必须具有一定的干燥强度、坯体致密度和器型规整等烧装性能。为了提高生产效益，成型工序应满足下列要求：

（1）成型坯体应符合产品图纸或产品样品所要求的生坯形状和尺寸，以产品图纸和产品样品为依据时，生坯尺寸是根据坯料的收缩率放大计算后的尺寸。

（2）坯体应具有工艺要求的机械强度，以适应后续工序的操作。

（3）坯体结构均匀，具有一定的致密度。

（4）坯体内不能蕴藏内应力，防止因内应力的释放，导致坯体的开裂或变形。

（5）成型尽可能与前面工序联动。实现多快好省，保证能取得良好的经济效益。

选择成型方法最基本的依据是：产品的器型、产量和品质要求，坯料的性能以及经济效益。通常，具体要求考虑以下几个方面：

1）产品的形状、大小和厚薄等。一般情况下，简单的回转体宜用可塑法中的滚压法或旋压法，大件且薄壁产品可用注浆法，板状和扁平状产品可用压制法。

2）坯料的工艺性能。可塑性能良好的坯料宜用可塑成型；可塑性能较差的坯料可选择注浆法或压制法。

3）产品质量和品质要求。产品的产量大时宜用可塑法或压制法，产量小时可用注浆法；产品尺寸规格要求高时用压制法，产品尺寸规格要求不高时用注浆法或手工可塑成型。

4）成型设备容易操作，操作强度小，操作条件好，并便于与前后工序联动或自动化。

5）技术指标高，经济效益好，劳动强度低。

总之，在选择成型方法时，希望在保证产品品质的前提下，选用设备先进、生产周期短、成本最低的一种成型方法。

9.4.2　陶瓷成型方法

A　注浆成型

注浆成型又称为浇注成型。这种成型方法是基于多孔石膏模具能够吸收水分的物理特性，将陶瓷粉料配成具有流动性的泥浆，然后注入多孔模具内（主要为石膏模具），水分在被模具（石膏）吸入后泥浆便形成了具有一定厚度的均匀泥层，脱水干燥过程中同时形成具有一定强度的坯体，因此被称为注浆成型。

注浆成型工艺分为三个阶段：

（1）泥浆注入模具后，在石膏模毛细管力的作用泥浆中的水被吸收，靠近模壁的泥浆中的水分首先被吸收，泥浆中的颗粒开始靠近，形成最初的薄泥层。

（2）水分进一步被吸收，其扩散动力为水分的压力差和浓度差，薄泥层逐渐变厚，泥层内部水分向外部扩散，当泥层厚度达到注件厚度时，就形成雏坯。

（3）石膏模继续吸收水分，雏坯收缩，表面水分开始蒸发，待雏坯干燥形成具有一定强度的生坯后，脱模即完成注浆成型。

B　可塑成型

可塑成型包括旋压成型、滚压成型、挤压成型、注射成型及流延成型等。

a　旋压成型

旋压成型俗称旋坯，又称板刀成型。此种成型方法是利用旋转的石膏模与样板刀来成型粗坯。操作时，将经过真空练泥机练好的泥料做成泥团放入石膏模中，再将石膏模置于旋转的模座内，然后将型刀缓慢压下。随着模型的旋转，迫使泥料在石膏模型的工作面上展开。多余的泥料则通过割边器以创片的形式沿着模往外排出。型刀口部的形状与模型工作面的形状就构成了坯件的内外表面的形状，模型工作面与型刀口之间的空隙被泥料填实便构成了坯件的厚度。

旋压成型有内旋和外旋之分。内旋所用的石膏模呈凹状，内壁之形状为坯体的外表形状，型刀口沿的形状则为坯体内表面形状。此种旋压方法，又称阴模成型。外旋所用的石膏模凸起，坯体的内表面形状取决于模型凸起的形状，坯体的外表面则由型刀旋压出来。此种旋压方法，又称阳模成型。

b　滚压成型

滚压成型是由旋压成型法演变过来的，滚压与旋压不同之处是把扁平的样板刀改为回转型的滚压头。成型时，盛放泥料的模型和滚头分别绕自己轴线以一定速度同方向旋转，滚头一边旋转一边逐渐靠近盛放泥料的模型，并对坯泥进行"滚"和"压"而成型。滚压成型有阳模滚压和阴模滚压两种。

c　挤压成型

挤压成型是指把精制的、满足一定工艺性能指标的可塑泥料从具有一定横截面尺寸和形状的模具中挤出各种管状、棒状、断面和中孔一致的产品的方法。

建筑陶瓷中，挤压成型主要生产劈裂砖。由于劈裂砖的厚度较一般的墙地砖要厚，消耗的原料较多，故以使用劣质原料为主。

d　注射成型

注射成型产生于1870年，并很快发展成为塑料工业的一种重要的成型方法。在20世纪30年代初期，被首次用于陶瓷的生产过程。

陶瓷的注射成型技术是基于塑料的注塑成型技术的思路而发展形成的一门多学科技术，但是它比塑料的注塑成型技术复杂得多。它既涉及诸如材料的流变学、脱脂过程中聚合物的热降解及反应动力学等一些理论问题，更包括了许多工艺性很强的技术问题。

e　流延成型法

流延成型法又称为带式浇注法和刮刀法,是一种薄膜成型工艺。流延成型的具体工艺过程是将陶瓷粉末与分散剂、黏结剂和增塑剂在溶剂中混合,形成均匀稳定悬浮的浆料。成型时浆料从料斗下部流至基带之上,通过基带与刮刀的相对运动形成坯膜,坯膜的厚度由刮刀控制。将坯膜连同基带一起送入烘干室,溶剂蒸发,有机结合剂在陶瓷颗粒间形成网络结构,形成具有一定强度和柔韧性的坯片,干燥的坯片连同基带一起卷轴待用。在储存过程中可以使残留溶剂分布更加均匀,消除湿度梯度。然后,按需要形状切割、冲片或者打孔。

C　干压成型

将含有一定水分的颗粒状粉料装填在模型内,通过施加一定的压力而形成坯体的工艺操作称为压制成型。由于在压制成型中所采用的模型不同,施加压力的方式不一样,目前有干压成型和等静压成型两种方法。

干压成型是基于较大的压力,将粉状坯料在模型中压制而成的。加压开始时,颗粒滑移互相靠近,将空气排出,坯体的密度急剧增加;压力继续增加,颗粒继续靠近,局部接触点会发生变形;再加压,颗粒变形破裂,再次引起颗粒滑移和重排,坯体密度又迅速加大。当压力和颗粒间的摩擦力平衡时,达到理论上的压实状态。

等静压成型是将含有一定水分的颗粒状粉料装填在弹性模型中,通过流体介质(一般为液体)施加一定的压力,该压力均匀地作用在弹性模型上,从而使模内的粉体被压制成坯体,粉料的含水量为1%~3%,液体压力约为32 MPa。

9.5　陶瓷装饰技术——施釉

釉是指覆盖在陶瓷坯体表面上的一层玻璃态物质。它是根据瓷坯的成分和性能要求,采用陶瓷原料和某些化工原料按一定比例配方、加工、施覆在坯体表面,经高温熔融而成。一般说,釉层基本上是一种硅酸盐玻璃。它的性质和玻璃有许多相似之处,但它的组成较玻璃复杂,其性质和显微结构与玻璃有较大差异,其组成和制备工艺与坯料相近。

釉的作用在于改善陶瓷制品的表面性能,使制品表面光滑,对液体和气体具有不透过性,不易沾污;可提高制品的机械强度、电学性能、化学稳定性和热稳定性。

9.5.1　釉的分类与组成

釉的用途广泛,对其内在性能和外观质量的要求各不相同,因此实际使用的釉料种类繁多,可按不同的依据将釉分为许多类。

按照各成分在釉中所起的作用,可归纳为以下几类:

(1)玻璃形成剂。玻璃相是釉层的主要物相。形成玻璃的主要氧化物在釉层中以多面体的形式互相结合为连续网络,所以它又称为网络形成剂。常见的玻璃形成剂有 SiO_2、B_2O_3、P_2O_5 等。

(2)助熔剂。在釉料熔化过程中,这类成分能促进高温化学反应,加速高熔点晶体结构键的断裂和同时生成低共熔点的化合物。助熔剂还起调整釉层物理化学性质的作用。常用的助熔化合物为 Li_2O、Na_2O、K_2O、PbO、CaO、MgO 等。

（3）乳浊剂。它是保证釉层有足够覆盖力的成分，也是保证烧成时熔体析出的晶体、气体或分散粒子出现折射率的差别，引起光线散射产生乳浊的化合物。常用的有悬浮乳浊剂（SnO_2、ZrO_2）、析出式乳浊剂（TiO_2、ZnO）和胶体乳浊剂（碳、硫、磷）。

（4）着色剂。它促使釉层吸收可见光波，从而呈现不同颜色。主要有两种类型：

1）有色离子着色剂。是往釉料中加入过渡元素的化合物（如 Cr^{3+}、Mn^{3+}、Fe^{2+}、Co^{3+}、Ni^{3+}等化合物），这些元素以离子的状态存在于釉料中。由于它们的价电子在不同能级之间跃迁，引起对可见光的选择性吸收而着色，如钴蓝、锰紫、镍绿等。

2）胶体离子着色剂。是呈色的金属与非金属元素形成化合物，并形成非常大的胶体离子，因光散射而使釉料着色，如硒红、镉黄等颜色。

釉用原料要求比坯用原料高，贮放时应特别注意避免污染，使用前应分别挑选。对长石和石英还需洗涤或预烧；软质黏土在必要时应进行淘洗；用于生料釉的原料应不溶于水。生料釉的制备与坯料相似，可直接配料磨成釉浆。熔块釉就是将部分原料先熔融成玻璃物质（即熔块），再与其他物料混合加水研磨制浆使用的低温釉料。釉料配方的总原则是釉料必须适应于坯料。

9.5.2 施釉方法

施釉前应保证釉面的清洁，同时使其具有一定的吸水性，所以生坯须经干燥、吹灰、抹水等工序处理。一般根据坯体性质、尺寸和形状及生产条件来选择合适的施釉方法。具体方法有：

（1）浸釉法。浸釉法是将坯体浸入釉浆，利用坯体的吸水性或热坯对釉的黏附而使釉料附着在坯体上。釉层的厚度与坯体的吸水性、釉浆浓度和浸釉时间有关。除薄胎瓷坯外，浸釉法适用于大、中、小型各类产品。

（2）浇釉法。浇釉法是将釉浆浇于坯体上以形成釉层的方法。釉浆浇在坯体中央，借离心力使釉浆均匀散开。浇釉法适用于圆盘、单面上釉的扁平砖及坯体强度较差的产品施釉。

（3）喷釉法。喷釉法是利用压缩空气将釉浆通过喷枪喷成雾状，使之黏附于坯体上。釉层厚度取决于坯与喷口的距离，喷釉的压力和釉浆密度。适用于大型、薄壁及形状复杂的生坯。特点是釉层厚度均匀，与其他方法相比更容易实现机械化和自动化。

（4）流化床施釉。流化床施釉就是利用压缩空气使加有少量有机树脂的干釉粉在流化床内悬浮而呈现流化状态，然后将预热到 $100 \sim 200$ ℃ 的坯体浸入流化床中，与釉粉保持一段时间的接触，使树脂软化从而在坯体表面上黏附一层均匀的釉料的一种施釉方法。

（5）干压施釉。干压施釉法是用压制成型机将成型、上釉一次完成的一种方法。釉料和坯料均通过喷雾干燥来制备。釉粉的含水量控制在 1%～3%，坯料含水量为 5%～7%。成型后，先将坯料装入模具加压一次，然后撒上少许有机结合剂，再撒上釉料，然后加压。釉层为 0.3～0.7 mm。采用干压施釉，由于釉层上也施加了一定的压力，故制品的耐磨性和硬度都有所提高。同时也减少了施釉工序，节省了人力和能耗，生产周期大大缩短。

9.6 陶瓷的干燥与烧成

9.6.1 干燥

用加热的方法排除固体物料中水分的过程称为干燥。在干燥过程中，湿物料接受外界传给的热量，使其中水分向外扩散。因此，干燥过程既有热量的传递过程，又有质量的传递过程。

9.6.1.1 干燥过程

以对流干燥为例，坯体的干燥过程可以分为：传热过程、外扩散过程、内扩散过程，三个过程同时进行又互相联系。首先，干燥介质的热量以对流方式传给坯体表面，又以传导方式从表面传向坯体内部。坯体表面的水分因得到热量而汽化，由液态变成气态。坯体表面产生的水蒸气，在浓度差的作用下，由坯体表面向干燥介质中移动。由于湿坯表面水分蒸发，使其内部产生湿度梯度，促使水分由浓度高的内层向浓度低的外层扩散，称为湿传导或湿扩散。

在干燥条件稳定的条件下，假定干燥过程中坯体不发生化学反应，干燥介质恒温恒湿，则坯体表面温度、水分含量、干燥速度与时间有一定的关系。根据它们之间的关系变化特征，可以将干燥过程分为：加热阶段、等速干燥阶段、降速干燥阶段 3 个过程。

9.6.1.2 干燥缺陷

建筑陶瓷坯体和其他陶瓷坯体一样，在干燥过程中容易出现的主要缺陷是变形和开裂。

坯体在干燥过程产生变形的主要原因是干燥速度控制不当，表面或一面水分排除过快，收缩较早而且较大，内部或另一面水分排除慢，收缩迟而且小，坯体内外或两面收缩不均造成应力，使坯体出现变形。其他如成型时压力不均，坯体致密度不一致，干燥垫板不平等也可能产生变形。

产生开裂的原因是因为干燥不均匀导致的坯体内应力超过坯体本身强度。除表面与内部、一面与另一面之间易于干燥不均匀外，坯体的周边因受热与传质较快，干燥比中心部分快得多，易于受张应力而发生边部开裂。

建筑陶瓷坯体在干燥过程中实际上的收缩甚微，导致开裂的主要原因是受热过急，水分激烈汽化，坯内过大的蒸气压使坯体胀裂。当干燥大块可塑成型的建筑陶瓷坯体时，可在边缘部分作隔湿处理，涂上油脂之类的物质，以降低边部干燥速度，坯体码放时，干燥制度应保证产生的蒸汽能顺利排出。砖的背纹应该是敞开的，以保证砖垛排气顺利。

9.6.2 烧成

烧成是普通陶瓷制造工艺过程中最重要的工序之一。对坯体来说，烧成过程就是将成型后的生坯在一定条件下进行热处理，经过一系列物理化学变化，得到具有一定矿物组成和显微结构，达到所要求的理化性能指标且形成固定外形的过程。

此时，无釉产品即为成品。对带釉陶瓷产品来说，烧成过程中釉层也发生了一系列物理化学变化，最终形成所需形态（玻璃态），具有所要求的理化性能及所期望的装饰效果。合理经济的烧成过程是达到这些目的的必要条件。

从热力学观点来看，烧成是系统总能量减少的过程。与块状物料相比，粉末有很大的比表面积，表面原子具有比内部原子高得多的能量。同时，粉末粒子在制造过程中，内部也存在各种晶格缺陷。因此，粉体具有比块料高得多的能量。任何体系都有向最低能量状态转变的趋势，这就是烧成过程的动力。即粉料坯块转变为烧成制品时系统是由介稳状态向稳定状态转变的过程。但烧成一般不能自动进行，因为它本身具有的能量难以克服能垒，必须加高到一定的温度。

低温烧成和快速烧成都是相对于传统烧成方法而言的。一般来讲，低温烧成是指烧成温度有较大幅度降低，如降低幅度在80℃以上，而产品性能与传统烧成方法相近的烧成方法。同理，快速烧成是指与传统烧成方法相比，所得产品性能相近而烧成时间大为缩短的烧成方法。

例如，在1 h内烧成墙地砖和8 h内烧成卫生瓷，都是快速烧成的典型例子。因此，快速烧成中的"快"的程度应视坯体类型及窑炉结构等具体情况而定。通常将烧成周期在10 h以上的称为正常烧成，4~10 h范围内的烧成称为加速烧成，4 h以内的烧成称为快速烧成。

实现陶瓷产品的低温（降低能量）、快速（缩短烧成时间）烧成对于节约能源、提高生产效率以及降低生产成本等都具有十分重要的意义。例如釉面砖生产，通常在隧道窑中素烧需30~40 h，在隧道窑中釉烧需20~30 h，而在辊道窑中快速烧成，素烧只需1 h，釉烧只需40 min左右。另外，实现低温、快速烧成对充分利用原料资源，提高窑炉及窑具的使用寿命也具有重要意义。

低温快烧对丰富建筑陶瓷的颜色和提高色料的呈色也具有很好的效果，因为在陶瓷生产中，高温色料品种较少，呈色也不丰富，而低温色料品种较多，色调丰富，呈色艳丽。

陶瓷制品在烧成过程中，从低温逐渐加热到高温，在高温段保温一定时间，然后从高温又冷却到低温，需要一定的烧成温度和烧成时间，在这段时间内，各种物理化学反应得以完成，最终成为有固定外形尺寸、一定气孔率、较高强度及其他一系列所要求性能的产品，烧成温度不够或烧成时间不足，不仅达不到所期待的产品性能，而且往往还会造成各种烧成缺陷。

但在一定范围内，烧成温度和烧成时间又是互补的，比如温度不够，可以延长烧制时间，相反，也可以高温快烧。

原料具有低温烧成性能，即在较低温度下完成烧成物化反应，赋予制品以强度，同时具备了在一定范围内抵御热应力而不变形、不开裂的能力；而快烧，烧成时间短，温度变化速度快，制品内产生的热应力越大。那么，低温烧成制品性能越好，就能较早承受较大热应力而不变形、不开裂，故从这个角度分析，原料低温烧成与快速烧成两种性能有统一的一面。但是，在选择低温快烧原料时往往不能同时满足上述对低温烧成和快速烧成的全部要求，某种原料烧成温度较低，但快烧性能却欠佳，或反之，低温性能不理想，（高温）快烧性能倒很好，这又是对立的一面。

9.7　陶瓷后加工技术

建筑陶瓷烧成之后，许多类型的产品需要进行后加工。如各类墙地砖、面砖，尤其是玻化砖，在实际铺贴及使用过程中都要求产品具有较高的规整度。如今，基于消费者对产品要求越来越高，市场上流行无缝铺贴，因此需要更精确的平面磨削、磨边及抛光。同时，为了实现拼花需要，也需要对玻化砖进行切割等处理。

所以，陶瓷的后加工可以这样定义：将一定的能量供给陶瓷材料，使陶瓷材料的形状、尺寸、表面光洁度、物性等达到一定要求的过程。

在陶瓷后加工中，最常用的是水刀切割。水刀切割技术是将普通自来水加压至 300 MPa 的工作压力，从直径 $\phi 0.1 \sim 0.35$ mm 的红宝石喷嘴以超音速（约 1000 m/s）将混有磨料的水以极细的水柱喷出，实现对被加工物料的切割。

这种技术可切割各种陶瓷、玻璃、金属、石材及其他各种非金属材料和复合材料。这种切割方式属于悬浮磨料切割，亦称为超高压水切割，是激光切割方式最为理想的补充切割方式。

玻化砖的切割实际运行压力只要达到 220 MPa 左右，属于中低压力。一般而言，压力越高，切割的工艺性越好，切割速度越快。

水刀切割技术的优点如下：

（1）可切割各类非金属、金属及各种特殊材料的异形平面和管材开孔、开槽、切割加工。

（2）切割时无热效应。

（3）保持材料的原有特性，对材料的分子结构及物理性能无影响。

（4）水刀切割速度较快。

（5）水刀切割切缝小，切口平整光滑，精度较高。工件可紧密地编排或作同一直线编排切割。

（6）结合计算机，控制软件即可轻松完成任意复杂平面图形的切割加工。

（7）机械加工中，可以形成其他切割加工方式所达不到的加工能力。

（8）可配置双切割头增加生产效率。

（9）同一台设备，一次即可完成工件的切割加工（包括钻孔机外围切割）。

（10）切口细，毛边少，切割下的废弃材料通常都是整块的。

（11）切割波被水吸收，噪声低。

（12）低温加工，无烟尘，环保，清洁安全。

9.8 特 种 陶 瓷

9.8.1 结构陶瓷

9.8.1.1 氧化锆陶瓷

氧化锆陶瓷传统应用主要是作为耐火材料、涂层、釉料和铸造用，但是随着对氧化锆陶瓷热力学和电学性能的深入了解，它有可能作为高性能结构陶瓷和固体电介质材料而获得广泛应用。特别是随着对氧化锆相变过程的深入了解，20 世纪 70 年代出现所谓增韧氧化锆材料，该材料力学性能大幅提高，尤其是室温韧性高居陶瓷材料榜首。利用氧化锆离子导电特性作为氧传感器、燃料电池发热元件均获得成功。

9.8.1.2 氮化硅陶瓷

氮化硅陶瓷是一种先进的工程陶瓷材料。该陶瓷于 19 世纪 80 年代发现，20 世纪 50 年代获得较大规模发展。中国是在 20 世纪 70 年代初开始研究，到 80 年代中期已取得一定成绩。该材料具有高的室温和高温强度、高硬度、耐磨蚀性、抗氧化性和良好的抗热冲击及机械冲击性能，被材料科学界认为是结构陶瓷领域中综合性能优良、最有希望替代镍基合金在高科技、高温领域中获得广泛应用的一种新材料。

氮化硅材料虽具有耐高温、耐腐蚀、高强度、抗氧化性能好等许多优点，但氮化硅仍比较脆，作为结构陶瓷使用时缺乏可靠性。一般来说，改善氮化硅断裂韧性可通过粒子弥散增韧、相变增韧和纤维、晶须增韧来达到。由于纤维来源困难，相变增韧目前还不能解决高温应用，研究得较多的是粒子弥散增韧方法。该方法是氮化硅粉末中加入硬质粒子相，例如 SiC、TiC、TiB_2、TiN 等通过热压（或气压）烧结，得到由硬质粒子弥散增韧的氮化硅基复合材料。在选择补强增韧第二相材料时，必须要考虑到第二相与基体相之间的物理和化学相容性的问题，否则第二相起不到协同增韧效果。

先进结构陶瓷氮化硅及其氮化硅基复合材料具有在常温和高温下一系列独特优异的物理、化学和生物性能，如强度和硬度高、抗氧化、耐磨损、耐腐蚀以及与生物体具有较好相容性等，因此在高新技术领域和现代工业生产的许多部门有着广阔应用前景。这类应用可分为发动机用部件和工业用部件两大类。除了高温燃气轮机用的部件还没有实用外，在车用的发动机部件中已有许多可替代现用的部件，例如电热塞、预热燃烧室镶块、摇臂镶块、透平转子、喷射器连杆等，这些在国外已获得实际应用。但这些部件由于其价格和可靠性问题还没有获得大规模应用。

目前已获得一定批量应用的主要是在工业用部件中，如一些耐磨蚀部件。例如各种泵阀中的密封部件、陶瓷切削刀具材料、研磨球、轴套和一些有温度要求的部件等。氮化硅陶瓷作为较远期应用目标，除了用于上述的发动机用陶瓷部件外，还可用于高温、高速轴承（在航空发动机上应用）。

9.8.1.3 氮化铝陶瓷

自 1862 年氮化铝首次被合成以来，对其研究大致分为三个阶段，在 20 世纪初仅用作固氮中间体，50 年代后期随着非氧化物陶瓷受到重视，AlN 陶瓷也开始作为一种新材料进行研究。当时侧重于将其作为结构材料应用，近 10 年来由于氮化铝陶瓷的高热导率（理论热导率 320 W/（m·K）），有与硅相匹配的线膨胀系数，无毒，密度较低，比强度高，是微电子工业中电路基板、封装的理想材料，也有人称它为新一代信息材料，因此发展迅速取得了显著进展。

与玻璃等常规光学材料相比，透明陶瓷具有耐高温、耐腐蚀、耐冲刷、高强度等优异的性能，在计算机技术、红外技术、空间技术、激光技术等方面都有广泛应用。由于氮化铝陶瓷的优良综合性能，对透明氮化铝陶瓷制备也日益引起重视。制备透明 AlN 陶瓷在原料粉体、显微结构上有特殊要求，比如原料（粉体本身及添加剂）纯度高，粒径分布要窄，晶界平直完整，其宽度在 1 nm 左右，缺陷密度低。

AlN 陶瓷具有在导热、电绝缘、介电特性、与 Si 线膨胀系数匹配以及强度等方面适合作半导体基板的性能，是替代 Al_2O_3、BeO 作为基板材料的最佳候补材料，因此在电子工业特别是微电子技术中大有发展，应用前景看好。另外还可作热交换材料，熔炼各种贵金属、稀有金属的坩埚，也可用作红外线、雷达透过材料，因此是发展前景良好的高性能陶瓷。

9.8.1.4 氮化硼陶瓷

在一百多年前，氮化硼在贝尔曼的实验室中首次被发现。该材料得到较大规模发展是在 20 世纪 50 年代后期。它的结构与性能和石墨极为相似，由于本身颜色为白色，故有白石墨之称。氮化硼另外特点是优良的电绝缘性和热导性，并具有耐化学腐蚀、可机械加工、能吸收中子、透微波和红外光等特性，因此可广泛用于机械、冶金、化工、电子、核能和航空航天领域。

9.8.1.5 碳化硅陶瓷

随着现代技术的飞速发展，碳化硅陶瓷及其复合材料的性能不断得到改善，在高性能材料与高技术领域得到应用。主要是用于：高温热机用材料。碳化硅由于具有良好的高温特性，如高温抗氧化、高温强度高、蠕变性小、热传导性好、密度小，被首选为热机的耐高温部件，诸如：作高温燃气轮机的燃烧室、涡轮的静叶片、高温喷嘴等。用碳化硅制成活塞与气缸套用于无润滑油无冷却的柴油机，可减少摩擦 20%～50%，噪声明显降低。利用它的高热导、绝缘性好特点作为大规模集成电路的基片和封装材料，以及在冶金工业窑炉中的高温热交换器等。

利用它的高硬、耐磨损、耐酸碱腐蚀性，在机械工业、化学工业中用来制备（作为新一代的机械密封材料）滑动轴承、耐腐蚀的管道、阀片和风机叶片。尤其是作为机械密封材料已被国际上确认为自金属、氧化铝、硬质合金以来的第四代基本材料，它的抗酸、碱性与其他材料相比是极为优秀的几乎没有一种材料与之相比。此外碳化硅材料还具有自润滑性、摩擦系数小（约为硬质合金的一半）特点。它的抗热震性好、弹性模量高等特点在一些特殊地方获得了应用，例如用来制成高功率的激光反射镜其性能优于铜质，由于密度小、刚性好、形变小，CVD 与反应烧结的碳化硅轻量化反射镜已经在空间技术中大量应用。

9.8.1.6 碳化硼陶瓷

根据碳化硼陶瓷的超硬性、耐磨性、中子吸收性以及它的半导性质，碳化硼陶瓷大致可以在以下三方面获得应用。

利用 B_4C 的超高硬度，用它来制成各种喷砂嘴，用于船的除锈喷砂机的喷砂头，这比用氧化铝喷砂头的寿命要提高几十倍。在铝业制品中表面喷砂处理用的喷头也是用 B_4C 做的，它的寿命可达一个月以上。一般来说超硬的材料它的耐磨性均较好，B_4C 也是一种机械密封环的好材料，虽然它的售价较高，但 B_4C 制成的密封磨环已经在一些特殊机泵中应用。它也可用于轴承、车轴、高压水刀嘴等。

9.8.1.7 碳化钛陶瓷

碳化钛颗粒可以作为陶瓷或金属增强增韧的增强剂，以此来与基体组成另一类高性能的复相材料。碳化钛基金属陶瓷因不与钢产生月牙洼状磨损、抗氧化好而用于高速线材料的导轮和碳钢的切削加工。例如 YN05、YN10 是其中的两类材料。碳化钛还可以制作成熔炼锡、铅、镉、锌等金属的坩埚。透明的碳化钛陶瓷又是良好的光学材料。另外，碳化钛-氮化钛的表面涂层极为耐磨损，因它呈金黄色又是一种装饰材料。碳化钛陶瓷的研究与开发仅在金属陶瓷方面，至于纯陶瓷方面还有许多工作可做，也许不久将来会出现许多碳化钛陶瓷新材料。

9.8.2 功能陶瓷

功能陶瓷是指那些具有电、光、磁、声、热、弹性及部分化学功能（这些功能可以是直接效应，也可以是耦合效应）的陶瓷。这类陶瓷因其功能多、应用面广而在整个先进陶瓷中占有非常重要的地位，市场占有率为整个先进陶瓷的80%左右。

功能陶瓷在国民经济中的作用。功能陶瓷主要用于电子技术、空间技术、汽车、航天、精密加工、计量检测、传感技术、计算机、通信、家用及医疗、纺织、化工、交通、国防军工等各种领域。总之，功能陶瓷与现代科学技术、现代国防、国民经济有着非常紧密的关系。今后若干年，功能陶瓷的发展将和一些先进技术的发展密切相关。这些技术主要是：光纤通信系统由干线发展到家庭数字终端；光计算机；高清晰电视、卫星直播电视及通信；自动化生产及机器人等。这些先进技术的发展对功能陶瓷的品种、质量和数量提出了高的要求，反之，新型功能陶瓷的发展也会促进这些先进技术的发展。

近年来，功能陶瓷有以下几方面的发展趋向：（1）微电子技术推动下的微型化（薄片化）。（2）材料的化学组成变得越来越复杂，并在安全和环保工作的促进下，注意陶瓷材料的组分中尽量避免掺杂有害元素。（3）低维材料、多层结构和复合技术日益受到重视。超微粉体（零维）的制备、性质及应用研究已受到陶瓷科学界的极大重视，陶瓷薄膜（二维）的特殊制备技术也已逐渐成熟，而厚膜技术和多层结构在微电子器件的封装、电容器、传感器和换能器方面的应用迅速扩展。与此同时，功能陶瓷的复合技术理论日趋完善，为复合技术指出了明确的方向，出现了一批性能比单一材料好得多的功能复合材料。（4）烧结温度不断下降，并不断出现各种烧结新工艺，例如微波烧结工艺等。

功能陶瓷主要分为六大类，若按市场份额排列，次序为：装置陶瓷约占30%；电容器陶瓷约占30%；磁性陶瓷为18%左右；压电陶瓷约为11%；半导性陶瓷和传感器陶瓷为10%左右；其他功能陶瓷，如透明铁电陶瓷和高 T_c 超导陶瓷，目前的市场容量还不大，然而一旦在性能或应用上有所突破，将会有很大的发展。

本 章 小 结

陶瓷材料是指由天然或人工合成的无机非金属材料经过高温烧结而成的固体材料。根据不同的制备工艺和用途，可以分为普通陶瓷、高温陶瓷、功能陶瓷等。普通陶瓷材料具有优异的绝缘性、高熔点、高硬度、耐腐蚀等特性，广泛应用于建筑、装饰、日用等领域。高温陶瓷材料则具有更高的耐热性和化学稳定性，适用于高温环境下的应用，如航空航天、能源等领域。功能陶瓷材料则具有特殊的电、磁、光学等性能，被广泛应用于电子、通信、医疗等领域。此外，陶瓷材料还具有一些独特的性能，如高强度、高韧性、良好的耐磨性和化学稳定性等。这些性能使得陶瓷材料在许多领域都有广泛的应用前景，如机械制造、化工、电子等。

陶瓷材料的制备工艺主要包括原料的选取、坯料的制备、成型、烧成等步骤。其中，烧成是关键环节，需要在高温下进行，必须控制好烧成温度和时间，以保证陶瓷材料的性能。在当下节约能源的大环境下，建筑陶瓷大多采用低温烧成或高温快速烧成。烧成是陶瓷制备中的重点内容。另外，还需熟悉原料的选择、配合料的制备、成型工艺，了解陶瓷材料的主要性能标准。

复习思考题

9-1 陶瓷的三大原料包括哪些？

9-2 什么是黏土的可塑性，什么是结合性？

9-3 石英晶型转化在陶瓷烧成中的意义是什么？

9-4 陶瓷的施釉方法有哪些？

9-5 什么是低温烧成、快速烧成及低温快速烧成？

9-6 水刀切割技术的优点？

9-7 简述氮化铝陶瓷的性能特点及应用。

10 高分子材料

【本章学习要点】 本章介绍了高分子材料的基础知识，包括高分子（聚合物）与高分子材料的概念、高分子材料的结构特点、高分子材料的性能特点等，并介绍了主要塑料、橡胶和合成纤维三类主要高分子材料品种。其中，塑料主要包括通用塑料、工程塑料及热固性塑料，橡胶主要包括天然橡胶、合成橡胶与特种橡胶。要求熟悉高分子材料的基础知识，掌握其特点，熟悉高分子材料的主要分类，了解各类高分子材料的主要品种。

人类有非常悠久的加工和使用棉、麻、毛、丝以及天然橡胶等天然高分子材料的历史。20世纪初期，人们开始尝试合成高分子材料。随着高分子材料学的不断完善与发展，相关的生产和应用也迅猛增长，成为了与金属材料、无机非金属材料并列的一大类工程材料。高分子材料以石油和天然气为主要原料来源，同时煤和可再生的生物资源也可以成为其主要的原料来源。目前，高分子材料向提高高分子材料的性能，使之更耐高温、耐磨损、耐老化和不断探索和开发各种功能高分子材料的方向发展。

10.1 高分子材料的结构与性能特点

在有机化合物中，高分子化合物是指相对分子质量很大的化合物，通常，其相对分子质量要大于一万。一些高分子化合物的化学组成和结构十分复杂。但大多数高分子化合物虽然相对分子质量很高，其化学组成并不复杂。它的每个分子都是由一种或几种较简单的低分子，即低相对分子质量分子重复连接而成。构成高分子化合物的简单低分子化合物称为单体。如聚氯乙烯大分子是由氯乙烯单体（$CH_2\!=\!CHCl$）重复连接而成为…—CH_2—$CHCl$—CH_2—$CHCl$—CH_2—$CHCl$—…，其中（CH_2—$CHCl$）称为聚氯乙烯的链节。这种类型的高分子化合物又称为聚合物。单体是合成高分子化合物的原料。通常要经过聚合反应，把单体聚合起来生成聚合物或高聚物，一些不溶于水的非晶态聚合物也称为树脂。以聚合物为基本组分的材料称为高分子材料或聚合物材料。部分高分子材料仅由聚合物构成，但大多数高分子材料除了以聚合物为基本组分外，还需要有各种添加剂，如增塑剂、稳定剂、填充剂、着色剂、阻燃剂、润滑剂等。

根据聚合物的热行为可划分成热塑性聚合物和热固性聚合物。热塑性聚合物通常具有线型分子结构。加热后可以转变成熔融状态，冷却后又可凝固成型，这种过程可以反复进行且基本结构和性能不发生改变。热固性聚合物通常具有三维网络结构。在成型加工之前这类聚合物具有相对分子质量较小的线型分子结构，加热成型后会转变成不熔化、不熔解的网络结构，不能再作成型加工，如聚酯树脂、酚醛树脂等。

10.1.1　高分子材料的结构特征

高分子材料结构可分为链结构与聚集态结构两个组成部分。其中，链结构是指单个分子的结构和形态，又分为近程结构和远程结构。近程结构属于化学结构，又称一级结构，包括结构单元的化学组成、结构单元的连接方式和连接序列结构单元的立体构型与空间排列、高分子的支化与交联。远程结构又称二级结构，包括分子的大小与形态、链的柔顺性及分子在各种环境中所采取的构象。聚集态结构是指高分子材料整体的内部结构，包括晶态结构、非晶态结构、取向态结构、液晶态结构以及织态结构，前四者描述高分子聚集态中的分子之间是如何堆砌的，又称三级结构。

10.1.1.1　化学主链和近程结构

高分子的大分子链可以用分子通式表示。由通式可以获知高分子的化学成分。由高分子的单体或结构单元可以连接出相对分子质量很高的大分子。当单体中有不对称原子或原子团 R 时就会有多种可能连接的方式，包括头尾连接、头头（尾尾）连接等。其中第一种以单体头尾连接的方式最为规则、整齐。

一些大分子结构会由两种或多种不同成分与结构的单体或结构单元连接而成，组成共聚物。相应的连接方式也会更加复杂化。假设有 A、B 两种不同的单体，则会根据高分子具体的成分和结构有各种不同的连接方式，如交替型序列、嵌段型序列、无规型序列等。另外，还可能会有接枝型序列，如其主链全部由 A 单体连接而成，而 B 单体独自连接成链，并以分枝的形式以一定链长和间隔连接到 A 单体主链上。

高分子化合物的主链可以有不同的几何形状，由此可以划分成线型、支链型、网状三种基本类型。线型高分子的结构表现为整个分子呈现细长线条的形状。通常线条表现为无规则弯曲的形状。线型高分子可溶解于某些特定的溶剂，且在加热时软化并熔化。如果在大分子的主链上连接出一些长短不一的小支链结构，使整个大分子成枝状，则会构成支链型高分子，或称支化大分子。支链型高分子也可以溶解某些溶剂中，并可以加热成熔融状态。但枝状结构使大分子不易整齐排列成较完整的晶体，也会使其密度下降。网状高分子的结构是大分子链之间通过支链或化学键交联成三维不规则的网状大分子结构。网状的化学键连接使结构十分稳定，不能溶解于溶剂，也不能加热成熔融状态，因此网状高分子具有较好的耐热性、尺寸稳定性和力学强度，同时会比较脆，弹、塑性较差，不能借助塑性变形作成型加工。

当高分子中的氢原子被其他原子或原子团构成的取代基 R 所取代时，取代基会出现不同的排布方式。取代基 R 全部分布在主链一侧所构成的结构称为全同立构，取代基 R 相间地分布在主链两侧所构成的结构称为间同立构。全同立构与间同立构均属于有规立构。若取代基 R 无规则地分布在主链两侧，则会构成无规立构。有规立构的高分子化合物容易结晶，强度和软化点都比较高。无规立构的高分子化合物不容易结晶。

10.1.1.2　远程结构

高的相对分子质量是表征聚合物分子大小的一个基本特征。以聚氯乙烯为例，其分子通式为 $+\!CH_2\!-\!CHCl\,\!\frac{}{}_n$。但在保证 n 值很高的前提下实际聚氯乙烯各个分子的 n 值会高低不同。这种现象称为聚合物相对分子质量的多分散性。因此，聚合物的相对分子质量只有统计的意义。多分散性的大小与处理、存放的条件有关，但主要取决于聚合物的聚合加工过程。同时多分散性对高分子材料的性能有规律性的影响。

高分子化合物主链结构以 C—C 单键连接为主时，C—C 单键以共价键连接，因此均有一定的键长和键角。在保证键长、键角不变的前提下大分子链的结构并不是一成不变的，可以在一定范围内旋转。这种旋转称为单键的内旋转。对于 C—N、C—O、Si—O 等其他各种不同的单键也会有类似的内旋转出现。内旋转起因于大分子内的热运动。内旋转导致大分子空间排列的各种形态称为构象。若不考虑取代基对内旋转的阻碍作用，则内旋转可自由进行。在自由状态下大分子链会有非常多的空间构象，各种构象可以使其伸长或收缩卷曲，但大分子链通常呈无规则的线团状。在外力作用下大分子链可以伸长，并同时使构象数减少；去掉外力，则又可以恢复到卷曲状态。大分子链的这种伸长、卷曲的特性称为柔顺性。柔顺性是造成高分子化合物高弹性的根本原因。柔顺性的高低与单键内旋转的难易程度有关。

实际上，大分子主链上单键之间的内旋转会彼此牵制而不能自由实行，所以大分子链不能以单键的形式孤立运动，而是以一些相连的链节组成的链段的协同运动来实现大分子的变化。

10.1.1.3 聚集态结构

高分子的聚集态结构也称为三次结构，是指主要在物理键力的作用下高分子相互聚集所形成的组织结构。

线型、支链型和交联特征不明显的网状高分子化合物在固化过程中均可能有结晶现象出现。但高分子化合物通常不可能完全结晶，因为大分子链的运动还是比较困难的。固态高分子化合物中会包括一定比例的晶态结构和非晶态结构，其中晶态结构所占据的质量分数称为结晶度。从微观上看，其晶区和非晶区的界限并不那么清晰。

大体上可以把高分子化合物的大分子结构归结成三种形态，即分子链短程有序的非晶态结构、分子链折叠排列的折叠链晶体结构以及分子链伸直平行排列的伸直链晶体结构。任一种实用高分子材料都是由这三种基本结构以不同形式和比例组合而成的。伸直链晶体的长度可达到几百至几千纳米。

多数高分子材料以多晶的形式存在，其晶态组织会表现成折叠链片晶、伸直链片晶、球晶、纤维状晶等。在聚合物材料实际加工成型条件下，外应力场远不足以使所有分子链伸直，常常得到由折叠链片包围伸直链结构复合构成的串晶。

折叠链片晶是聚合物材料晶体部分中最常见的链排列形态。它既可以从溶液中结晶形成，也可以从过冷熔融态中结晶析出，周围被非晶包围。折叠链在形成晶片过程中其晶片法线会垂直于晶片延伸方向旋转，使晶片呈螺旋式生长。大多数晶态聚合物的折叠链晶片都是沿长轴方向以螺旋前进的方式生长。

当聚合物从其浓溶液析出结晶时，倾向于生成复杂的多晶聚集体，这种聚集体多为球形或不规则多面体状，称为球晶。球晶是高分子化合物结晶的最常见形式，它是由许多微小片晶聚集而成的多晶体，直径一般为几至几百微米，趋于等轴状，且可以用光学显微镜直接观察。

高分子化合物中也会有各种晶体学缺陷。分子链端、侧基的原子位置处会出现空位而造成点缺陷。晶态结构中会出现一维的螺位错和刃位错。球晶、片晶等也可以理解成是多晶体的晶粒，晶粒之间以及晶粒与非晶区之间的界面属于二维缺陷。非晶区实际上就是三维晶体缺陷。晶区与非晶区的尺寸远小于大分子链的长度，因此大分子链通常会穿越于晶区和非晶区之间，并将各区紧密地连接在一起。

高分子化合物的分子链、链段、晶粒等会在外力作用下发生某种规则性排列的现象。如在单轴拉应力下分子链或晶粒会沿拉应力方向伸长排列；在双向拉应力作用下会沿两拉应力所决定的平面排列，双向的拉应力相等时分子链或晶粒在该平面内的排列方向是无规的。高分子化合物的这种顺应应力排列的结构称为取向态结构。在晶区和非晶区均会发生这种顺应应力排列的结构。大分子链及晶粒被视为取向单元。

10.1.2 高分子材料的性能特征

明显的蠕变、内耗和应力松弛行为是高分子化合物力学行为的重要特点，即力学性能也是时间的函数。在恒定外力作用下高分子化合物则需用一定时间达到其弹性应变峰，在应力消除之后也需要一定时间使弹性变形完全消失，称为滞弹性，这与高分子化合物的结构状态有密切的关系。因周围环境的阻碍作用，大分子的链段通常不能在外力作用下即时运动以产生应变，而需要借助较复杂的热激活过程逐步调整构象以适应外力。阻碍链段运动的因素越多，则滞弹性越显著。

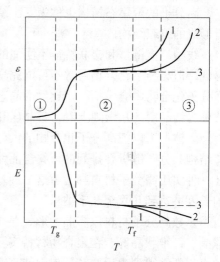

非晶态高分子化合物的力学行为会受到温度的明显影响。图 10-1 为非晶态聚合物恒应力条件下的热-力学曲线。低于非晶转变温度区的高分子处于非晶态，大分子链上各结构单元的热运动很弱，因而表现出低弹性应变和高弹性模量 E（为 1000～10000 MPa），并伴有滞弹性。温度越过一个非晶转变过渡区而高于非晶转变温度 T_g（图 10-1），则大分子结构的热运动加强而弹性模量大幅降到 0.1～1.0 MPa 的水平；同时弹性应变明显提高。因此在相应的温度范围内高分子化合物处于高弹态，且滞弹性十分突出。继续升高温度并越过一个黏弹转变过渡区会使非晶态聚合物转变成可黏滞流动的黏滞液体（图 10-1），称为黏流态。开始转变成黏流态的温度称为黏流温度 T_f（图 10-1）。温度高于 T_f 时链段会剧烈运动，大分子链的重心也会发生相对移动，并造成不可逆变形。相对分子质量大的高分子化合物，其 T_f 温度会很高，且黏度更大。如图 10-1 所示，网状交联聚合物只会高弹态而不会有黏流态，而相对分子质量过小的线型聚合物则可能没有高弹态。

图 10-1 非晶态聚合物在恒应力条件下的热-力学曲线示意图
1—低相对分子质量线型聚合物；
2—高相对分子质量线型聚合物；
3—网状交联聚合物
①—非晶态；②—高弹态；③—黏流态

聚合物的强度来自大分子链的化学键及分子链间的物理键。由此可以推断，高分子材料的理论强度应是实际强度的 100～1000 倍。但是聚合物结构并不是完整均匀的，其中存在有各种类型的缺陷，这会导致经常性的应力集中现象，使局部化学键或物理键破坏，并最终扩展成宏观断裂。因此聚合物的实际强度明显低于理论强度。高分子材料的冲击韧性明显低于金属材料，通常只有 1 J/cm^{2}左右，高强度的聚合物也只有 10~20 J/cm^2。冲击韧性低的主要原因是其强度太低。无机非金属材料的塑性极低，因此在非金属材料中，聚合物属于高韧性材料。一些聚合物材料的摩擦系数很低，最低可以小于 0.1，且有自润滑能力而降低磨损，因此可用作减摩、耐磨材料。

高分子化合物中通常没有自由电子活动，其导热主要靠原子或分子间的振动完成，所以其导热性较差，低于无机材料，可以用作隔热材料。其比热和线膨胀系数也均比无机材料高。在外电场作用下高分子化合物的电荷分布会发生极化现象，称为分子极化。因此聚合物可用作电容器的介电材料。高分子的共价键特征及非电离性使其电阻率很高，是良好的绝缘体，绝缘性能与陶瓷材料相当。大分子长链的卷曲结构使之难以随声波振动，因此也是较好的隔声材料。

两种物体接触并摩擦后会因电荷转移而带静电。高分子化合物的高电阻率使其很容易积累大量静电荷。一般介电常数大的聚合物易带正电，而介电常数小的聚合物易带负电。介电常数差大则静电电荷量大。聚合物中加入抗静电剂以提高其表面的导电性可以消除静电现象。

多数高分子化合物不吸收可见光谱。非晶态、无杂质和宏观缺陷的高分子化合物通常是透明的。

高分子化合物中通常有大量的碳、氢元素，所以大多数可以燃烧。燃烧发热值高则燃烧速度高。如果高分子化合物的燃烧发热不足以使未燃部分维持继续燃烧，燃烧会自动熄灭。燃烧发热值很低的高分子化合物则不会出现燃烧现象。在很多情况下聚合物的可燃性不利于实际使用的安全性，因此一些高分子材料中会掺入一些阻燃剂。在燃烧过程中阻燃剂可以借助不同的原理制止燃烧的进行。

高分子化合物电导率很低，因此难以发生电化学腐蚀。一般来说，其耐化学腐蚀的能力也比较好，尤其一些特殊的聚合物，如聚四氟乙烯，可耐强酸、强碱及沸腾王水的腐蚀。但是外来应力有可能提高高分子化合物的化学活性，使之容易发生化学反应。静电载荷、冲击载荷、周期性载荷都可能使高分子化合物某些局部应力超过临界值，进而造成化学键断裂并产生可参与化学反应的离子或活性粒子。在一些情况下应力并没有直接破坏化学键，但会使化学键进入活化状态，进而在同样温度、腐蚀介质下更容易与环境发生化学反应。

在空气环境中使用的高分子化合物内部通常会渗入一定量的氧气，如果大分子链上的化学键遭破坏或处于激发状态，则其 C—H 键很容易与氧发生反应。高分子化合物的这种氧化反应为化学老化。聚合物常会接触到阳光，阳光中的近紫外线光子能量与高分子化合物的键能处于同一数量级。因此近紫外线有可能直接破坏大分子链的化学键。在紫外线照射下遭直接破坏的通常是键能最低的化学键。在紫外线或可见光的照射下有时并不直接导致化学键的破坏。但光子的能量可以使键合电子跃迁到较高的能级上，使化学键处于被激发的活化状态，并在存在氧的条件下发生氧化过程。这种过程就是光氧化。热与氧气的综合作用会加速高分子化合物的上述氧化过程，称为热氧化，因此提高温度会促进化学老化。在各种介质中介质原子会渗透进来，若能与高分子化合物基体发生化学反应，则亦会促进化学老化。

在化学老化过程中大分子链会不断发生断链或裂解，使相对分子质量持续下降而转变成小分子，直至化解成非聚合的单体。另外在化学老化中也会发生反向过程，即大分子链之间发生交联反应，从而生成网状结构。老化的高分子化合物在外观上通常表现出变软、变黏（相对分子质量减小时），或变硬、变脆（发生交联时）。

10.2 塑 料

塑料是以高分子聚合物（或称合成树脂）为主要成分，再加入填料、增塑剂和其他添加剂加工而成的合成高分子材料。在正常使用温度下塑料一般为玻璃态，不同种类和不同结构的塑料性能差异很大，其硬度、抗拉强度、延伸率和抗冲击强度等力学性能变化范围宽，可以从弱而脆到强而韧，但比强度较高。塑料一般具有重量轻，化学性稳定好，不易腐蚀锈蚀，导热性低，绝缘性好的特点；大部分塑料耐热性差、热膨胀率大、易燃烧，且尺寸稳定性差、易变形和老化、加工成型性好、加工成本低等共性。按高聚物或树脂的特性可把塑料分为热塑性塑料和热固性塑料：热塑性塑料通常具有线型分子结构，加热后可以转变为熔融状态，冷却后又可凝固成型，这个过程可以反复进行而不改变其基本结构和性能；热固性塑料具有体型结构，加热成型或交联后形成不可熔化、不可溶解的固体状态。塑料按用途又可分为通用塑料、工程塑料等。常见的塑料的成型加工方法包括挤出成型、注射成型、模压成型、中空成型和压延等。

10.2.1 通用塑料

通用塑料一般是指产量大、用途广、成型性好、价格便宜的塑料。通用塑料的五大品种为聚乙烯（PE）、聚丙烯（PP）、聚氯乙烯（PVC）、聚苯乙烯（PS）及丙烯腈-丁二烯-苯乙烯共聚物（ABS），它们均为热塑性塑料。

10.2.1.1 聚乙烯

聚乙烯（PE）是由乙烯单体聚合而成的热塑性树脂。聚乙烯化学组成和分子结构最简单，是目前世界塑料品种中产量最大，应用最广的塑料，约占世界塑料总产量的三分之一。聚乙烯为白色蜡状半透明材料，柔而韧、无毒、无味；透明度随相对分子质量增大而提高。聚乙烯高分子链构象规整，易于结晶，结晶度随不同类型的聚乙烯分子链的支化程度而不同。聚乙烯具有优越的介电性能和电绝缘性，耐低温性能优异；化学稳定性好，能耐大多数酸碱的侵蚀，吸水性小；常温下不溶于一般溶剂，70℃以上可少量溶解于甲苯、乙酸戊酯、三氯乙烯等溶剂中。但聚乙烯耐热老化性差，对环境应力敏感，聚乙烯容易光氧化、热氧化、臭氧分解，在紫外线作用下容易发生降解。

聚乙烯的性能因品种而异，主要取决于分子结构和密度。主要品种有低密度聚乙烯、高密度聚乙烯、超高分子质量聚乙烯、改性聚乙烯等。

低密度聚乙烯（LDPE），通常由乙烯单体经高压聚合而成，因此又称为高压聚乙烯。LDPE 结晶度和密度较低，柔性好，电绝缘性好，耐低温性、耐冲击性较好。高密度聚乙烯（HDPE）由乙烯单体通过有机金属催化剂、金属络合物等催化体系在低压条件下聚合而得。聚合压力为常压或 10 MPa 以下，又称为低压聚乙烯。HDPE 平均相对分子质量较高，主要为线型分子，支链短而少，因而结晶度和密度较高。HDPE 具有较高的使用温度、硬度、力学强度和耐化学药品性。超高分子质量聚乙烯（UHMWPE）通过低压聚合、气相聚合等合成方法进行合成。其相对分子质量一般在300~600万以上，大分子结构为线型分子。具有优异的高模量、高韧性、耐冲击、高耐磨性、自润滑性、耐低温耐化学药品等特点。尤其是耐磨性大大优于聚甲醛、聚四氟乙烯等工程塑料。它是一种性能优良的工程塑料，主要应用于耐磨、耐腐蚀零部件、医疗器械、汽车部件、体育器材和防护器材等。

10.2.1.2　聚丙烯

聚丙烯是由丙烯单体聚合而得的一种热塑性树脂，简称PP。聚丙烯为线型大分子结构，主链相隔碳原子上有侧甲基存在，大分子空间结构可根据甲基排列位置分为全同（等规）聚丙烯、间同（间规）聚丙烯和无规聚丙烯三种不同异构体。

聚丙烯无毒、无味、密度低，为非极性结晶聚合物。聚丙烯的强度、刚度、硬度、耐热性、电性能均优于低压聚乙烯，熔点高于聚乙烯。聚丙烯具有良好的电性能和高频绝缘性，以及优良的抗吸湿性、抗酸碱腐蚀性、抗溶解性。但聚丙烯主链上有带甲基的叔碳原子，相连的氢易受氧的攻击，故耐氧化和耐气候老化性较差。聚丙烯耐疲劳弯曲性好，但对缺口敏感，低温抗冲击性较差。聚丙烯的结晶度高，熔体冷却成型过程中易收缩。

聚丙烯存在低温脆性、耐冲击性差、易老化、易燃、成型收缩率大等弱点，作为结构材料和工程材料受到很大限制，因此需进行改性。聚丙烯的改性包括化学改性和物理改性两大类。化学改性是指通过接枝、嵌段共聚等，在PP大分子链上引入其他基团；或通过交联剂将线型PP结构转变为体型结构等，由此改善PP的抗冲击性和抗老化性。物理改性是在PP基体中加入其他材料或特殊功能的助剂，经过混合、混炼等加工得到PP复合材料。此外PP可与其他塑料、橡胶、热塑弹性体等共混，改善PP的韧性和低温脆性。

10.2.1.3　聚氯乙烯

聚氯乙烯（PVC）一般由氯乙烯单体聚合而得，是世界上产量第二大的塑料产品，价格便宜，应用广泛。聚氯乙烯为非晶态结构，没有明确熔点；其热稳定性较差，受热或经长时间阳光暴晒均易分解产生氯化氢，使聚氯乙烯变色，物理、力学性能迅速下降；故使用温度一般在-15~55 ℃。此外PVC的熔融温度接近于分解温度，故加工性能较差，在成型时需加入稳定剂提高分解温度及应用时对热和光的稳定性。聚氯乙烯化学稳定性好，不溶于水、乙醇、汽油，耐一般酸、碱腐蚀，主要溶剂为二氯乙烷、环己烷、四氢呋喃等。PVC中含氯原子，阻燃性较好，优于聚乙烯、聚丙烯等，可用于阻燃建筑材料，如门窗、装饰材料、管材等。

10.2.1.4　聚苯乙烯

聚苯乙烯（PS）由苯乙烯单体经自由基缩聚反应聚合而得。常见的产品有通用级PS、高抗冲击PS，以及改性聚苯乙烯ABS等。聚苯乙烯熔融时的热稳定性和流动性非常好，所以易成型加工，特别是容易注射成型，适合大量生产。成型收缩率小，成型品尺寸稳定性好。

聚苯乙烯是无定形、非极性线型聚合物。由于分子链上有苯环取代基，空间位阻较大，分子内旋转困难，玻璃化转变温度较高。工业上合成的聚苯乙烯以无规异构体为主，不结晶；在室温下为坚硬透明的玻璃状，透明度高达90%左右，具有良好光泽。在正常使用温度范围，聚苯乙烯的力学性能特点表现为刚性和脆性，是典型的硬而脆的塑料，拉伸、弯曲等力学性能均高于聚烯烃。

通过物理和化学的方法可对 PS 进行改性。物理改性方法包括用玻璃纤维、有机纤维、无机填料、橡胶等增强 PS。化学改性方法包括将苯乙烯单体与聚丁二烯、丙烯腈、甲基丙烯酸甲酯等进行共聚，得到改性 PS。

10.2.1.5 丙烯腈-丁二烯-苯乙烯共聚物

ABS 树脂是丙烯腈、丁二烯、苯乙烯三种单体的接枝共聚物。其中丙烯腈占 15% ~ 35%，为 ABS 树脂提供硬度及耐热性、耐酸碱盐等化学腐蚀的性质；丁二烯占 5% ~ 30%，为 ABS 树脂提供低温延展性和抗冲击性；苯乙烯占 40% ~ 60%，为 ABS 树脂提供硬度、加工的流动性及产品表面的光洁度。三种成分的比例可根据性能要求而调节。ABS 的结构特点是在刚硬的塑料连续相中分散着柔韧的橡胶相，其中橡胶相起到增韧作用。在受到冲击等作用时，交联的橡胶颗粒承受并吸收这种能量，使应力分散，大大改善了聚苯乙烯的脆性和抗冲击性。

ABS 树脂外观微黄、不透明，具有良好尺寸稳定性，强度高而韧性好，且有耐冲击性、耐热性、介电性、耐磨性；其表面光泽性好、易涂装和着色、易于加工成型。ABS 大量用于家用电器制品，还可以用作仪表、电话、汽车工业用工程塑料制品。

10.2.2 工程塑料

工程塑料一般指能承受一定外力作用，具有良好的力学性能和耐高、低温性能，尺寸稳定性较好，可以用作工程结构的塑料，如聚酰胺、聚甲醛、聚碳酸酯、聚酯、聚砜类、聚酸亚胺、聚醚酮、聚苯硫醚、聚醚醚酮，以及超高分子量聚乙烯和 ABS 等。

10.2.2.1 聚酰胺

聚酰胺（PA，俗称尼龙）为主链上含有酰胺（—NHCO—）基团的高聚物，由二元酸和二元胺通过缩聚反应而得，或由内酰胺自聚而得。PA 的品种繁多，有 PA6、PA66、PA610、PA1010 等，以及近几年开发的半芳香族尼龙 PA6T 和特种尼龙等很多新品种。其中 PA6 或尼龙 6 是工程塑料中发展最早的品种，目前产量居工程塑料之首。

尼龙为韧性半透明或乳白色结晶性树脂，结晶度可达 60%，因有酰胺基团，易吸水。作为工程塑料的尼龙相对分子质量一般为 $(2 \sim 7) \times 10^4$。尼龙具有很高的力学强度和韧性，但抗蠕变性差，不适宜用于精密零件。尼龙耐热性好、有吸震性和消音性、电绝缘性好、化学稳定性好，耐弱酸、碱和一般溶剂，不易环境老化；但溶解于强极性溶剂中吸水性大，因而影响了 PA 制品的尺寸稳定性和电性能。尼龙有优异的耐磨性和自润滑性，可广泛用于工业齿轮。

尼龙可与其他聚合物共混或复合，满足不同特殊要求，可作为结构材料代替金属，木材等传统材料。

10.2.2.2 聚甲醛

聚甲醛（POM）通常由甲醛聚合而得，是一种热塑性结晶聚合物。聚甲醛大分子链中没有侧基，是一种高密度、高结晶性的线性聚合物。按分子链化学结构不同，可分为均聚 POM 和共聚 POM。均聚 POM 的分子链由相同单元组成，通过甲醛合成三聚甲醛后聚合而得。共聚 POM 由三聚甲醛与其他单体无规共聚。聚甲醛为表面光滑，有光泽的硬而致密的材料，淡黄或白色，可在 -40 ~ 100 ℃ 范围内长期使用。聚甲醛的抗拉强度、硬度和韧性高，抗弯曲强度和耐疲劳性好，在低温下仍有很好的抗蠕变特性、几何稳定性和抗冲击特性；吸水性小，电性能优良。聚甲醛具有优异的综合性能，并可在很宽的温度和湿度范围内保持良好综合性能。聚甲醛的耐磨性和自润滑性优于绝大多数工程塑料，且有良好的耐油、耐过氧化物性能。但聚甲醛不耐酸，不耐强碱和不耐紫外线的辐射。

聚甲醛可替代一些金属如锌、黄铜、铝和钢的零部件，广泛应用于电子电气、机械、仪表、日用轻工、汽车、建材、农业、医疗器械、运动器械等领域。特别由于聚甲醛突出的耐磨性、耐高温特性，大量用于制作齿轮和轴承，以及管道阀门、泵壳体等。

10.2.2.3　聚碳酸酯

聚碳酸酯（PC）是分子链中含有碳酸酯基的高分子聚合物，根据酯基的结构单元，可分为脂肪族、芳香族、脂肪族-芳香族等多种类型。目前仅有芳香族聚碳酸酯获得工业化生产。聚碳酸酯现已成为五大工程塑料中增长速度最快的通用工程塑料。

聚碳酸酯分子链具有规整对称结构，但空间位阻较大；可结晶，但结晶条件很严格，一般成型条件下不容易结晶，为无定形结构。较大的结构单元限制了分子的柔顺性，因此玻璃化转变温度和熔融温度高，熔体黏度大。聚碳酸酯强度刚度高，韧性大。分子链中还含有碳基和酯基，有极性，易吸湿和水解，不耐紫外光，不耐强酸和强碱。聚碳酸酯外观为无色或微黄透明固体，耐热性、抗冲击性好，且有良好的电绝缘性，无添加剂时即有良好的阻燃性能。聚碳酸酯加工性能好，一般可采用高温、高压、快速成型，但存在熔体黏度高，内应力大等问题。

对聚碳酸酯的改性主要采用物理改性法，与其他塑料共混，或纤维增强，可提高耐磨性、加工性能，减少加工形变，提高耐酸耐碱性等。聚碳酸酯大量应用于透明高强度建材，汽车零部件，飞机和航天器零部件，光盘、光学透镜和仪器，医疗器械，包装材料，以及各种加工机械，如电动工具外壳、机体、支架、电器零部件等。

10.2.2.4　聚酯

聚酯是分子主链上含有酯基的聚合物，一般由多元醇和多元酸缩聚而得。根据主链上是否含有不饱和键，可分为不饱和聚酯和饱和聚酯。不饱和聚酯为热固性树脂；饱和聚酯为线型聚酯，属热塑性树脂，主要品种为聚对苯二甲酸乙二酯和聚对苯二甲酸丁二酯。聚酯是一类性能优异、用途广泛的工程塑料，也可制成聚酯纤维和聚酯薄膜。

聚对苯二甲酸乙二酯（PET）采用对苯二甲酸二甲酯与乙二醇缩聚制得。软化温度和熔点高，具有良好的成纤性、力学性能、耐磨性、抗蠕变性、低吸水，以及良好的电绝缘性能。由于它有良好的成纤性能，也可制成聚酯纤维和聚酯薄膜。玻璃纤维增强的聚酯可用作工程塑料。PET 广泛用于汽车、机械设备零部件、电子电气零部件，如继电器、开关等。此外还大量用于音像磁带膜，复合包装膜，中空包装容器等。

聚对苯二甲酸丁二酯（PBT）采用对苯二甲酸二甲酯与丁二醇进行酯交换反应或酯化反应而得，具有优良的综合性能。与 PET 相比，PBT 低温结晶速度快、成型性能好。尤其玻璃纤维增强后，其力学性能和耐热性能显著提高。另外其吸水性在工程塑料中最小，制品尺寸稳定性好，且容易制成耐燃型品种，价格较低。缺点是制品易翘曲，成型收缩不均匀。可用于高精密工程部件、电器壳体、办公设备、汽车部件等。

10.2.3　热固性塑料

热固性塑料为具有反应性基团的体型结构分子经加热成型或交联后，转变成的具有三维网络结构的非晶态高分子。热固性塑料一般具有良好力学性能、电绝缘性、黏结性和化学稳定性等，用作工程塑料。常见的热固性树脂有酚醛树脂、环氧树脂、不饱和聚酯、聚酰亚胺等。

酚醛树脂是由苯酚和过量甲醛在催化剂条件下进行缩聚，经加热、加压固化而得。选用不同催化剂和苯酚、甲醛配比，可得到不同性能的酚醛树脂。常见酚醛树脂品种有：日用级、电器级、绝缘级、高频级、耐化学腐蚀级、耐热级、耐磨级等。

热固性酚醛树脂具有良好的耐化学腐蚀性能、力学性能、耐热性能、低变形和高绝缘性，广泛应用于防腐蚀工程、胶黏剂、阻燃材料、结构材料、隔热保护、砂轮片制造等行业。酚醛树脂具备优异的耐高温性，可在非常高的温度下保持结构的完整和尺寸稳定。如在 1000 ℃左右的惰性气体条件下，酚醛树脂会产生很高的残碳，维持了酚醛树脂的结构稳定性，因而酚醛树脂广泛应用于耐火材料，摩擦材料，黏结剂和铸造行业等高温领域。此外酚醛树脂在高温下低烟、低毒，也应用于航天器、矿山防护栏和建筑业等隔热防护。酚醛树脂作为黏结剂可与各种各样的有机和无机填料相容，润湿速度特别快。水溶性酚醛树脂或醇溶性酚醛树脂被用来与玻璃纤维、碳纤维及织品复合制备高性能复合材料，如玻璃钢等。

环氧树脂分子中含有两个或两个以上环氧基团，性质活泼，可与多种类型的固化剂发生交联反应而形成不溶、不熔、具有三向网状结构的高聚物。环氧树脂种类很多，大部分是双酚 A 与环氧氯丙烷的缩聚产物。环氧树脂常用的固化剂有多元酸，多元胺等。实际使用的环氧树脂还包含多种助剂，如稀释剂、填料、增强剂、阻燃剂、增韧剂等。

固化后的环氧树脂具有良好的物理、化学性能，对金属和非金属材料表面具有优异的粘接强度，介电性能良好，变形收缩率小，制品尺寸稳定性好，硬度高，柔韧性较好，对碱及大部分溶剂稳定，因而在航空、航天、军工、建筑、工业等领域广泛应用；用途包括用作电子电器绝缘材料、浇注料、浸渍层压料、粘接剂、涂料、树脂基复合材料等。

10.3　橡　　胶

橡胶是一种具有可逆形变的高弹性聚合物材料，室温下富有弹性，在外力作用下能产生较大形变，除去外力即恢复原状。橡胶属于完全无定形聚合物，玻璃化转变温度往往低于室温，相对分子质量大于几十万。橡胶的结构有线型结构、支链结构和交联结构。未硫化橡胶为线型结构，由于相对分子质量很大，无外力作用下，呈线团状。当外力作用时，线团的缠绕发生变化，分子链发生反弹并产生强烈的复原倾向，表现出高弹性。橡胶通过硫化过程可使线型分子通过官能团反应而彼此连接起来，形成三维网状交联结构，链段的自由活动能力下降，交联后的橡胶具有高弹性和良好的物理力学性能，可塑性和伸长率下降，强度、弹性和硬度上升，永久变形和溶胀度下降。

橡胶的加工包括塑炼、混炼、压延或挤出、成型和硫化等基本工艺过程。按照橡胶的来源，可分为天然橡胶和合成橡胶。按照橡胶的用途，可分为通用橡胶和特种橡胶。

10.3.1　天然橡胶

天然橡胶是一种以聚异戊二烯为主要成分的天然高分子化合物，分子式为

$(—C_5H_8—)_n$。天然橡胶主要来源于橡胶树。胶乳经凝聚、洗涤、成型、干燥即得天然橡胶，根据不同的制胶方法可制成烟片、风干胶片、绉片、技术分级橡胶和浓缩橡胶等。

天然橡胶无一定熔点，加热后软化，至130 ℃完全软化为熔融状态。具有一系列物理化学特性，尤其是优良的回弹性、绝缘性、隔水性及可塑性等特性。经过适当处理后天然橡胶还具有耐油、耐酸、耐碱、耐热、耐寒、耐压、耐磨等宝贵性质，具有广泛用途。目前世界上部分或完全用天然橡胶制成的物品已达 7 万种以上，如日常生活中使用的雨鞋、暖水袋、松紧带，医疗卫生行业所用的外科医生手套、输血管等，交通运输上使用的各种轮胎，工业上使用的传送带、运输带、耐酸和耐碱手套，各种密封、防震零件，航空航天飞行器、军工武器的零件等。

10.3.2　合成橡胶

合成橡胶是由化学合成方法而制得的；采用不同的单体原料可以合成出不同种类的橡胶。由丁二烯聚合成丁钠橡胶是最早合成的橡胶，后来又出现异戊橡胶、丁苯橡胶、顺丁橡胶等，主要用于制造轮胎和一般工业橡胶制品。合成橡胶品种多，需求量巨大，目前产量已大大超过天然橡胶，其中产量最大的是丁苯橡胶。

异戊橡胶是聚异戊二烯橡胶的简称，由异戊二烯溶液聚合而得。异戊橡胶生胶强度低于天然橡胶，质量均一性、加工性能等优于天然橡胶。异戊橡胶的结构和性能与天然橡胶近似，具有良好的弹性和耐磨性，优良的耐热性和较好的化学稳定性。异戊橡胶可以代替天然橡胶用于制造载重轮胎和越野轮胎，以及各种橡胶制品。

丁苯橡胶由丁二烯和苯乙烯共聚而得，简称 SBR，是产量最大的通用合成橡胶。按生产方法分为乳液聚合丁苯橡胶和溶液聚合丁苯橡胶。其综合性能和化学稳定性好，尤其耐候性、耐臭氧性、耐热性、耐老化性和耐油性均优于天然橡胶。

顺丁橡胶也称顺式聚丁二烯橡胶，简称 BR，由丁二烯聚合而得。与其他通用型橡胶比，硫化后顺丁橡胶的耐寒性、耐磨性和弹性特别优异，同时耐老化性能也大大提高。顺丁橡胶的缺点是抗撕裂性能、抗湿滑性能较差。顺丁橡胶常与天然橡胶、氯丁橡胶、丁腈橡胶等并用，顺丁橡胶绝大部分用于生产轮胎，少部分用于制造耐寒制品、缓冲材料以及胶带、胶鞋等。

乙丙橡胶以乙烯和丙烯为主要原料合成，耐老化、电绝缘性能和耐臭氧性能突出。其化学稳定性好，耐磨性、弹性、耐油性和丁苯橡胶接近。乙丙橡胶内可大量填充炭黑等，制品价格较低，用途十分广泛，一般作为轮胎、内胎和汽车零部件、电线电缆包皮、高压或超高压绝缘材料，以及胶鞋、卫生用品等浅色制品。

氯丁橡胶以氯丁二烯为主要原料，通过均聚或少量其他单体共聚而得。其力学性能、耐热、耐光、耐老化性能优良，尤其耐油性能优于天然橡胶、丁苯橡胶、顺丁橡胶。此外具有较强的耐燃性、化学稳定性和耐水性，氯丁橡胶的缺点是电绝缘性能、耐寒性能较差。氯丁橡胶用途广泛，常用来制作运输皮带和传动带、电线电缆的包皮、耐油胶管、垫圈以及耐化学腐蚀的设备衬里等。

10.3.3　特种橡胶

特种橡胶指除了具有普通橡胶的一般特点外，还具有某些特殊性能的橡胶。如丁腈橡胶、氟橡胶、硅橡胶、聚硫橡胶等。

丁腈橡胶由丁二烯与丙烯腈经乳液聚合法共聚而得，耐油性和耐老化性能突出，根据丙烯腈含量不同有多种牌号；丙烯腈含量越多，耐油性越好，但耐寒性则相应下降。丁腈橡胶可在 150 ℃的油中长期使用。此外丁腈橡胶还有良好的耐磨性、耐水性、气密性及黏结性能。广泛用于汽车、航空、石油、复印等行业中的各种耐油橡胶制品、多种耐油垫圈、垫片、套管、软包装、软胶管、印染胶辊、电缆胶材料等。

硅橡胶是大分子中含有硅氧烷基团的一类聚合物。按硅氧烷单体的结构不同，可分为二甲基硅橡胶、甲基乙烯基硅橡胶、甲基苯乙烯基硅橡胶、氟硅橡胶、腈硅橡胶等。按照其硫化特性不同，可分为热硫化型硅橡胶和室温硫化型硅橡胶两类。例如，二甲基硅橡胶为二甲基二氯硅烷在酸催化下进行水解缩合，并分离出双官能度的八甲基环四硅氧烷，进一步聚合后得到高分子线型二甲基聚硅氧烷，二甲基硅橡胶生胶为无色透明的弹性体，可用过氧化物进行硫化。按硅橡胶的性能和用途的不同可分为通用型、超耐低温型、超耐高温型、高强力型、耐油型、医用型等。硅橡胶具有优异的耐热性、耐寒性、介电性、耐臭氧和耐大气老化等性能；其突出的优点是使用温度宽广，能在 $-60 \sim +250$ ℃下长期使用。但硅橡胶的力学性能、耐油、耐溶剂性能较差。在普通工程领域的应用不及其他通用橡胶，但在许多特定环境有重要应用。例如硅橡胶在生物医学和医疗器械领域中有重要应用，医用级硅橡胶具有优异的生理惰性，无毒、无味、无腐蚀、抗凝血，与生物组织的相容性好，能经受苛刻的消毒条件，可用于医疗器械和用作替代的人工植入脏器等。

10.4　合成纤维

有机纤维是一类有高的相对分子质量和高的力学强度，形态细而长的材料。根据有机纤维的来源可分为天然纤维和化学纤维，天然纤维包括植物纤维（如麻纤维、棉纤维、竹纤维等）和动物纤维（蚕丝、羊毛等）；化学纤维是指用天然的或人工合成的高分子物质为原料，经过化学或物理方法加工而制得的一大类纤维，简称化纤。化学纤维又可根据高分子化合物来源不同，分为以天然高分子为原料的人造纤维和以合成高分子为原料的合成纤维。按照纤维的用途，可分为普通纤维，包括人造纤维与合成纤维；以及特种纤维，包括耐高温纤维、高强力纤维、高模量纤维、耐辐射纤维等。

人造纤维也称为再生纤维，主要有粘胶纤维、硝酸酯纤维、醋酯纤维和人造蛋白纤维等。合成纤维是以合成的高分子化合物为原料制成的化学纤维，如聚酯纤维、聚酰胺纤维、聚丙烯腈纤维、聚乙烯醇纤维、聚丙烯纤维等。合成纤维具有强度高、耐磨、密度小、弹性好、不发霉、不怕虫蛀、易洗快干等优点，但其缺点是染色性较差、静电大、耐光和耐候性差、吸水性差。

聚酯纤维的化学名为聚对苯二甲酸乙二酯，商品名为涤纶。涤纶由于原料易得、性能优异、用途广泛、发展非常迅速，现在的产量已居化学纤维的首位。涤纶最大的特点是弹性高于所有纤维，耐磨性较好，此外耐热性和化学稳定性也是较强的；能抗微生物腐蚀，耐虫蛀。由涤纶纺织的面料不但牢度比其他纤维高出 3~4 倍，而且挺括、不易变形，有"免烫"的美称；涤纶的缺点是吸湿性极差、不透气；经常摩擦之处易起毛、结球。

聚酰胺纤维商品名为锦纶。锦纶是世界上最早的合成纤维品种，由于性能优良，原料资源丰富，因此在合成纤维的产量中一直居第二位。由己二酸和己二胺缩水成盐，再经缩聚、熔纺而成纤维，为锦纶66。由氨基己酸缩水生成己内酰胺，进一步开环聚合获得的纤维为锦纶6。这两种纤维都具有优异的强度、耐磨性、回弹性等，广泛用于制作袜子、内衣、运动衣、轮胎帘子线、工业带材、渔网、军用织物等。锦纶的缺点是吸湿性和通透性较差。在干燥环境下，锦纶易产生静电，短纤维织物也易起毛、起球。锦纶的耐热、耐光性、保形性较差，熨烫承受温度应控制在140 ℃以下。

聚丙烯腈纤维商品名为腈纶。腈纶的外观呈白色，卷曲、蓬松，手感柔软，酷似羊毛，多用来和羊毛混纺或作为羊毛的代用品，故又被称为"合成羊毛"。腈纶的吸湿性不够好，但润湿性却比羊毛、丝纤维好。它的耐磨性是合成纤维中较差的，腈纶纤维的熨烫承受温度在130 ℃以下。腈纶广泛用于制作绒线、针织物和毛毯。腈纶纺织物轻、松、柔软、美观，能长期经受较强紫外线集中照射和烟气污染，是目前最耐气候老化的一种合成纤维织物，适用于作船篷、帐篷、船舱和露天堆置物的盖布等。

聚乙烯醇纤维商品名为维纶。维纶性质接近于棉，吸湿性比其他合成纤维高。维纶常被用作天然棉花的代用品，称"合成棉花"。维纶的耐磨性、耐光性、耐腐蚀性都较好。主要产品为短纤维，用于制作渔网、滤布、帆布、轮胎帘子线、软管织物、传动带以及工作服等。

特种纤维指具有耐腐蚀、耐高温、难燃、高强度、高模量等一些特殊性能的新型合成纤维。特种纤维除作为纺织材料外，广泛用于国防工业、航空航天、交通运输、医疗卫生、海洋水产和通信等部门。常见的特种纤维有耐腐蚀纤维、耐高温纤维、高强度高模量纤维等。

耐腐蚀纤维是用四氟乙烯聚合制成的含氟纤维，商品名特氟纶，中国称氟纶。特氟纶几乎不溶于任何溶剂，化学稳定性极好。氟纶织物主要用于工业填料和滤布。

耐高温纤维包括聚间苯二甲酸间苯二胺纤维、聚酰亚胺纤维等种类，其熔点和软化点高，可长期在200 ℃以上使用且能保持良好性能。如酚醛纤维、PTO纤维等阻燃纤维在火焰中难燃，可用作防火耐热帘子布、绝热材料和滤材等。

聚对苯二甲酸对苯二胺液晶溶液通过干-湿法纺丝可制成高强度、高模量纤维，国外商品名凯夫拉（Kavlar），中国称芳纶1414；具有高强度和高模量，可用作飞机轮胎帘子线和航天、航空器材的增强材料。此外以粘胶纤维、腈纶纤维、沥青等为原料经高温碳化、石墨化可以得到的高强度、高模量碳纤维，广泛用于宇宙飞船、火箭、导弹、飞机、体育运动器材等的结构复合材料中。

改变纤维形状和结构使其具有某种特殊的功能，可获得功能纤维。例如将铜铵纤维或聚丙烯腈纤维制成中空形式，在医疗上可用作人工肾透析血液病毒的材料。聚酰胺66中空纤维可用作海水淡化透析器，聚酯中空纤维用作浓缩、纯化和分离各种气体的反渗透器材等。

本 章 小 结

高分子材料是以高分子（聚合物）为基本组分的材料。通常情况下，它还需要添加各种添加剂。在结构上，高分子材料具有层次性，主要包括近程结构、远程结构、聚集态结构等。性能上，高分子材料的力学性能与时间有关，表现为滞弹性。温度对高分子材料力学状态影响显著，存在高弹性状态。与其分子结构相关，高分子材料的基本物理、化学性质，以及降解特性等也有自身特点。高分子材料主要包括塑料、橡胶、合成纤维、涂料和胶黏剂几类，本章主要介绍了前三种，包括它们的主要品种、主要结构和性能特点、加工特性和应用领域等。高分子材料种类多，性能差异大，应用广泛。是工农业生产各行业、航空航天和国防等高新尖端技术领域不可或缺的重要材料。本章的介绍仍属有限，希望通过本章介绍，读者能够达到对高分子材料初步熟悉，为进一步学习和研究打下基础。

复习思考题

10-1　什么是高分子材料的近程结构和远程结构？

10-2　简述高分子材料滞弹性产生的原因。

10-3　简述高分子材料的降解原理。

10-4　简述高分子材料的主要特点和分类。

10-5　阐述热塑性塑料的特征，以及五大通用塑料的分子结构和性能特征。

10-6　比较几种主要的工程塑料的分子结构、性能和应用特点。

10-7　简述五种合成橡胶的分子结构及特性。

10-8　简述化学纤维的基本特点和分类。

11 复合材料

【本章学习要点】本章内容包括复合材料的定义、分类，增强体材料与基体材料，复合理论，聚合物基复合材料、金属基复合材料、陶瓷基复合材料的性能、工艺及应用。要求了解复合材料的定义及复合理论，熟悉聚合物基复合材料的性能、金属基复合材料的工艺及陶瓷基复合材料的增韧原理。了解不同复合材料的主要应用。

材料、能源、信息是现代科学技术的三大支柱。随着材料科学的发展，各种性能优良的新材料不断地出现，并广泛地应用到各个领域。然而，科学技术的进步对材料的性能也提出了更高的要求，如减轻重量、提高强度、降低成本等。这可以通过在原有传统材料上进行改进，如对金属材料可通过塑性变形、固溶强化、弥散强化等提高其强度，也可以通过加入比金属更强的材料设计制备一种完全新型的材料，即复合材料。

复合材料是应现代科学技术发展涌现出的具有极大生命力的材料，它由两种或两种以上性质不同的材料，通过各种工艺手段组合而成。复合材料的各个组成材料在性能上起协同作用，得到单一材料无法比拟的优越的综合性能，已成为当代一种新型的工程材料。

复合材料并不是人们发明的一种新材料，在自然界中有许多天然复合材料，如竹、木、椰壳、骨骼、甲壳、皮肤等。这些天然复合材料在与自然界长期抗争和演化的过程中形成了优化的复合组成与结构形式。以竹为例，它是由许多直径不同的管状纤维分散于基体中所形成的材料，竹壁外侧纤维管小而密，内侧纤维管大而稀，导致竹材密度及力学强度是竹壁外侧大于内侧，但内侧的纤维粗而疏的排列可以改善韧性，所以这种复合结构很合理，达到了最优的强韧组合。

人类在6000年前就知道用草与泥巴和在一起做墙，这是早期人工制备的复合材料，这种方法目前在有些贫穷的农村仍然沿用着，属于传统的复合材料。现在我国建筑行业已发展到用钢丝或钢筋强化混凝土复合材料盖高楼大厦，用玻璃纤维增强水泥制造外墙体。新开发的聚合物混凝土材料克服了水泥混凝土所存在的脆性大、易开裂及耐蚀性差的缺点。碳纤维增强水泥，不仅提高了强度，而且可改善水泥导电性，由此开发出具有压力敏感或温度敏感的本征智能材料，适用于混凝土人坝等工程的无损自诊断检测。建筑材料中通过加入一些特殊材料，还可使建筑材料具有导电传光的功能。20世纪80年代开始逐渐发展的陶瓷基复合材料，加入纤维或者用颗粒相变的方法大大改善了陶瓷基体的脆性。可见随着科学技术的发展，现代的复合材料已被赋予了新的内容和使命，成为当代极为重要的工程材料。

自20世纪40年代美国诞生了纤维增强塑料（俗称玻璃钢）以来，随着新型增强材料的不断出现和技术的不断进步，聚合物基、金属基、陶瓷基、混凝土基复合材料和碳基复合材料正以前所未有的速度向前发展。可以预料，21世纪我们面临的将是复合材料迅猛发展和更广泛应用的时代。

11.1　复合材料的定义和分类

11.1.1　复合材料的定义

什么是复合材料？概括前人的观点，有关复合材料的定义，或偏重考虑复合后材料的性能，或偏重考虑复合材料的结构，诸如：

（1）复合材料是由两种或更多的组分材料结合在一起，复合后的整体性能应超过组分材料，其保留了所期望的性能（强度高、刚度高、重量轻），抑制了所不期望特性（延性）。

（2）复合材料是不同于合金的一种材料，在这种材料里每一种组分都保留着它们独立的特性，构成复合材料时仅取它们的优点而避开其缺点，以获得一种改善了的材料。

在《材料科学技术百科全书》中关于复合材料的定义如下：复合材料（composite materials）是由有机高分子、无机非金属或金属等几类不同材料通过复合工艺组合而成的新型材料。它既保留原组成材料的重要特色，又通过复合效应获得原组分所不具备的性能。可以通过材料设计使各组分的性能互相补充并彼此关联，从而获得更优越的性能，与一般材料的简便混合有本质区别。

综上所述，复合材料应具有以下三个特点：

（1）复合材料是由两种或两种以上不同性能的材料组元通过宏观或微观复合形成的一种新型材料，组元之间存在着明显的界面。

（2）复合材料中各组元不但保持各自固有的特性而且可最大限度发挥各种材料组元的特性，并赋予单一材料组元所不具备的优良特殊性能。

（3）复合料具有可设计性。

复合材料的结构通常是一个相为连续相，称为基体；而另一相是以独立的形态分布在整个连续相中的分散相，与连续相相比，这种分散相的性能优越，会使材料的性能显著增强，故常称为增强材料（也称为增强体、增强剂、增强相等）。因此在大多数情况下，分散相较基体硬，强度和刚度较基体大。分散相可以是纤维及其编织物，也可以是颗粒状或弥散的填料。在基体与增强材料之间存在着界面。

11.1.2　复合材料的分类

复合材料可分为常用复合材料和先进复合材料。常用复合材料是指用普通玻璃纤维、合成或天然纤维等增强普通聚合物（树脂）的复合材料，多作为要求不高、量大面广的材料。先进复合材料是以碳纤维、芳纶纤维、晶须等高性能增强材料与耐高温聚合物、金属、陶瓷和碳（石墨）等构成的复合材料，用于各种高技术领域量少而性能要求高的场合。

复合材料还可分为结构复合材料、功能复合材料和智能复合材料。结构复合材料主要用作承力和次承力结构，因此主要要求它重量轻、强度和刚度高，且能耐受一定的温度，在某些情况下还要求膨胀系数小、绝热性能好或耐介质腐蚀等其他性能。结构复合材料基本上是由增强体和基体组成。前者是承受载荷的主要组元，后者则起到使增强体彼此黏结起来予以赋型并传递应力和增韧的作用，可按受力的状态进行复合结构的设计。

功能复合材料是指除力以外而提供其他物理性能的复合材料，即具有各种电学性能（如导电、超导、半导、压电等）、磁学性能（如永磁、软磁、磁致伸缩等）、光学性能（如透光、选择吸收、光致色等）、热学性能（如绝热、导热、低膨胀系数等）、声学性能（如吸声、消纳等）以及摩擦、阻尼等性能。功能复合材料主要由功能体和基体组成，或由两种（或两种以上）的功能体组成。智能复合材料也称为机敏复合材料的高级形式，有人把机敏复合材料统一包括在智能复合材料之内。能检知环境变化，并通过改变自身一个或多个性能参数对环境变化作出响应，使之与变化后的环境相适应的复合材料或材料-器件的复合结构，称为机敏材料或机敏结构。在机敏复合材料的自诊断、自适应和自愈合的基础上增加自决策的功能，体现具有智能的高级形式，称为智能复合材料和系统。

混杂复合材料广义上是包括用两种或两种以上的基体或增强材料进行混杂所构成的复合材料，也包括用两种或两种以上的复合材料或复合材料与其他材料进行混杂所构成的复合材料。但通常是指用两种或两种以上的增强材料组成的混杂复合材料，如两种连续纤维单向排列或混杂编织、两种短纤维的混杂铺设或两种颗粒的混杂。但目前主要是两种连续纤维定向排列或混杂编织，也有少量的纤维与颗粒的混杂。混杂复合材料由于各种增强材料不同性质的相互补充，特别是由于产生混杂效应将明显提高或改善原单一增强材料的某些性能，同时也大大降低复合材料的原料费用。

11.2 增 强 材 料

黏结在基体内以改进其力学性能的高强度材料，称为增强材料，也称为增强体、增强相、增强剂等。在不同基体材料中加入性能不同的增强材料，其目的在于获得性能更为优异的复合材料。复合材料所用的增强材料主要有三类，即纤维及其织物、晶须和颗粒。其中碳纤维、凯夫拉（Kevlar）纤维和玻璃纤维应用最为广泛。

11.2.1 纤维

大自然中有许多天然纤维，如植物纤维（棉花、麻）、动物纤维（丝、毛）和矿物纤维（石棉）。天然纤维一般强度都较低，现代复合材料的增强材料往往用的是合成纤维，合成纤维分有机纤维和无机纤维两大类。有机纤维有 Kevlar 纤维、尼龙纤维及聚乙烯纤维等；无机纤维包括玻璃纤维、碳纤维、硼纤维、碳化硅纤维等。

11.2.1.1 凯夫拉纤维（Kevlar 纤维）

凯夫拉最早是由美国杜邦（DuPont）公司研制的一种芳纶纤维材料，其化学名为聚对苯二甲酰对苯二胺，是由对苯二胺和对苯二甲酰氯聚合而成的高分子聚合物。分子式为 $(C_{14}H_{10}O_2N_2)_n$，也就是说它是由重复单位彼此连接形成链状结构，这些链状结构之间又通过氢键相连形成网，如图 11-1 所示。

凯夫拉的分子结构决定了其具有很强的耐热性和阻燃性，熔点高达 371 ℃，此外其分子重量很轻，并且氢键、酰胺键以及亚胺键的紧密结合，使其具有很好的抗张性。Kevlar

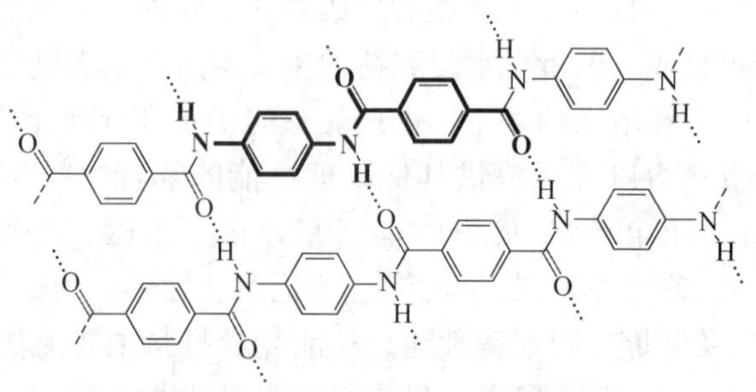

图 11-1　凯夫拉的分子结构

纤维属自熄性材料。需要注意的是 Kevlar 纤维纵向线膨胀系数为负值，在设计和制造复合材料时必须加以考虑。

Kevlar 纤维制品形式很多，有短、长纤维、粗纱纤维、织物等。主要用于增强橡胶、塑料、绳缆、降落伞、防护服等，或代替石棉用于摩擦材料。

11.2.1.2　聚乙烯纤维（polyethylene，PE）

1975 年荷兰 DSM（Dutch State Mines）公司采用冻胶纺丝-超拉伸技术制成的具有优异抗张性能的超高分子聚乙烯（简写为 UHMW-PE）。1985 年美国联合信号（Allied Signal）公司购买了 DSM 公司的专利权，并对制造技术加以改进，生产出商品名称为"Spectra"的高强度聚乙烯纤维，其纤维强度和模量都超过了杜邦公司的 Kevlar 纤维。其后日本东洋公司与 DSM 公司合作成立了 Dyneema VoF 公司，批量生产出商品名为"Dyneema"的高强度聚乙烯纤维。聚乙烯纤维是目前国际上最新的超轻、高比强度、高比模量纤维，成本也比较低。

11.2.1.3　玻璃纤维（glass fibre，GF）

玻璃纤维是由含有各种金属氧化物的硅酸盐类，经熔融后以极快的速度抽丝而成。由于它质地柔软，因此可以纺织成各种玻璃布、玻璃带等织物。玻璃纤维的伸长率和线膨胀系数小，除氢氟酸和热浓强碱外，能耐许多介质的腐蚀。玻璃纤维不燃烧，耐高温性能较好。玻璃纤维的缺点是不耐磨，易折断，易受机械损伤，长期放置强度稍有下降。玻璃纤维价格便宜，品种多，适于编织各种玻璃布。作为增强材料广泛用于航空航天、建筑领域及日常用品，玻璃纤维的成分、直径大小、织物的编织结构以及表面处理等均直接影响着复合材料的力学、物理、化学和电性能。

11.2.1.4　碳纤维（carbon fibre，CF 或 C）

碳纤维是指纤维中含碳量在 95% 左右的碳纤维和含碳在 99% 左右的石墨纤维。碳纤维的研究与应用已有 100 多年的历史。1962 年日本大阪工业材料研究所以聚丙烯腈为原料，制造出碳纤维。1963 年日本大谷杉郎教授以沥青为原料也成功地制出碳纤维。1964 年以后，碳纤维向高强度高模量方向发展，已生产出高模量碳纤维（HM）、超高模量碳纤维、高强度碳纤维（HS）、超高强度碳纤维和高强度高模量碳纤维。

生产碳纤维的原料主要有人造丝、聚丙烯腈和沥青三种，而聚丙烯腈是制造碳纤维的主要原料。日本不仅是碳纤维的主要产量国，而且是世界各国高质量聚丙烯腈的供应国。美国、英国、法国和荷兰是世界上主要生产碳纤维的国家。

石墨纤维在强度和弹性模量上有很大差别，这主要是由于其结构不同。碳纤维是由小的乱层石墨晶体所组成的多晶体，含碳量为 75%~95%；石墨纤维的结构与石墨相似，含碳量可达 98.99%，杂质相当少。碳纤维的含碳量与制造纤维过程中碳化和石墨化过程有关。有机化合物在惰性气体中加热到 1000~1500 ℃ 时，所有非碳原子（氮、氢、氧等）将逐步被驱除，含碳量逐步增加，随着非碳原子的排除，固相间发生一系列脱氢环化交链和缩聚等化学反应，此阶段称为碳化过程，形成碳纤维。此后，温度升高到 2000~3000℃ 时，残留的非碳原子继续排除，进一步反应形成的芳环平面逐步增加，排列也较规整，取向性显著提高，并由二维乱层石墨结构向三维有序结构转化，此阶段称石墨化过程，形成的石墨纤维，其弹性模量大大提高。

碳纤维的不足之处是价格太高，如玻璃纤维的价格约每千克 2 美元，1995 年美国 T-300 碳纤维报价每千克 50.8~75.4 美元，比玻璃纤维贵 25 倍以上；而高性能碳纤维 P120 售价高达每千克 1931.6~2273.7 美元。碳纤维的昂贵价格大大限制了它的推广应用。目前碳纤维的制造正向大集束的方向发展，每束碳纤维数可达 320000 根，以降低成本。

11.2.1.5 硼纤维（boron fibre，BP 或 B）

1958 年 C. P. Talley 首先发表用化学气相沉积（CVD）方法研制成功高模量的硼纤维。现在最通用的方法是将直径大约 10 μm 的钨加热，钨丝长度可达 3000 m，然后将三氯化硼与氢气混合，通过化学反应在钨丝表面沉积 50~100 μm 厚的硼层。硼纤维具有很高的弹性模量和强度，但其性能受沉积条件和纤维直径的影响。

通常，硼纤维的密度为 2.4~2.65 g/cm³，抗拉强度为 3.2~52 GPa，弹性模量为 350~400 GPa。硼纤维具有耐高温和耐中子辐射性能。由于钨丝的密度大（9.3 g/cm³），因此纤维的密度也大。

11.2.1.6 氧化铝纤维

氧化铝纤维是多晶连续纤维，除 Al_2O_3 外，常含有约 15% 的 SiO_2，SiO_2 作用是抑制高温下 Al_2O_3 的相变——由 γ-Al_2O_3 转化为 α-Al_2O_3。相变生成晶粒较大的 α-Al_2O_3 纤维强度下降而变脆。Al_2O_3 纤维的种类有 α-Al_2O_3、γ-Al_2O_3、δ-Al_2O_3 连续纤维和 δ-Al_2O_3 短纤维。

制造氧化铝纤维的方法比较多，杜邦公司采用浆体成型法生产 Al_2O_3-FP 纤维，美国 3M 公司用胶-凝胶法，英国 ICI 公司用 ICI 法，此外还有预结体法、拉晶法（Tyco 法）等。

11.2.1.7 碳化硅纤维（silicon carbide fibre，SF）

1975 年日本矢岛圣使教授首次用有机硅烷加热转化制成 β-SiC 纤维。目前碳化硅纤维的生产用有机合成法。SiC 纤维是高强度高模量纤维，有良好的化学腐蚀性、耐高温和耐辐射性能。最高使用温度为 1250 ℃，在 1200 ℃ 温度下，其抗拉强度和弹性模量均无明显下降，因此它在高温下比碳纤维和硼纤维具有更好的稳定性。此外碳化硅纤维还具有半导体性能，与金属相容性好，常用于金属基和陶瓷基复合材料。

11.2.2 晶须及颗粒

11.2.2.1 晶须

晶须是指具有一定长径比（一般大于 10）和截面积小于 52×10^{-5} cm² 的单晶纤维材

料。晶须的直径可为 0.1 至几微米，长度一般为数十至数千微米，但具有实用价值的晶须直径为 $1\sim10\ \mu m$，长度与直径比为 $5\sim1000$。晶须是含缺陷很少的单晶短纤维，其抗拉强度接近其纯晶体的理论强度。

自 1948 年美国贝尔电话公司首次发现晶须以来，迄今已开发出了 100 多种晶须，但已经进入工业化生产的商品晶须仅有 SiC、SiN、TiN、Al_2O_3、钛酸钾和莫来石等少数几种晶须。晶须可分为金属晶须（如 Ni、Fe、Cu、Si、Ag、Ti、Cd 等）、氧化物晶须（如 MgO、ZnO、BeO、Al_2O_3、TiO_2、Y_2O_3、Cr_2O_3 等）、陶瓷晶须（如碳化物晶须 SiC、TiC、WC、B_4C）、氮化物晶须（如 Si_3N_4、TiN、BN 等）、硼化物晶须（如 TiB_2、NbB_2 等）和无机盐类晶须（如 $K_2Ti_5O_{13}$ 和 $Al_{18}B_4O_{33}$）。

晶须的制备方法有化学气相沉积（CVD）、溶胶-凝胶法、气液固（VLS）法、液相生长法、固相生长法和原位生长法等。制备陶瓷晶须常用 CVD 法。CVD 法是通过气态原料在高温下反应并沉积在衬底上而长成晶须。

晶须不仅具有优异的力学性能，而且许多晶须还具有各种特殊性能，这些具有特殊性能的晶须已被用来制备各种性能优异的功能复合材料。晶须的价格较高，因此加强产业化研究，降低成本是扩大晶须应用的首要前提，晶须的分散工艺及表面处理也是研究的一个方面。

11.2.2.2　颗粒

用以改善基体材料性能的颗粒状材料，称为颗粒增强体。它与填料不同，尽管填料加入基体中可对其力学性能有一定的影响，但填料主要是在复合材料中起填充体积的作用。颗粒增强体主要是指具有高强度、高模量、耐热、耐磨、耐高温的陶瓷和石墨等非金属颗粒，如碳化硅、氧化铝、氮化硅、碳化铁、碳化硼、石墨等。这些颗粒增强体也称为刚性颗粒增强体或陶瓷颗粒增强体。

颗粒增强体以很细的粉状（一般在 $1\ \mu m$ 以下）加入金属基和陶瓷基中起提高耐磨、耐热、强度、模量和韧性的作用。如在 Al 合金中加入体积分数为 30%，粒径为 $0.3\ \mu m$ 的 Al_2O_3 颗粒，材料在 300 ℃时的抗拉强度仍可达 220 MPa，并且所加入的颗粒越细，复合材料的硬度和强度越高。在 Si_3N_4 陶瓷中加入体积分数为 20% 的 TiC 颗粒，可使其韧性提高 5%。

还有一种颗粒增强体称为延性颗粒增强体，主要为金属颗粒，一般是加入陶瓷基体和玻璃陶瓷基体中增强材料的韧性，如 Al_2O_3 中加入 Al，WC 中加入 Co 等。金属颗粒的加入使材料的韧性显著提高，但高温力学性能会有所下降。

11.2.3　增强材料的表面处理

为了改善增强材料与基体的浸渍性和与界面的结合强度，往往通过化学或物理的方法对增强材料表面进行处理，以改善增强材料本身的性能以及与基体材料的结合性能。目前研究和应用较成熟的是玻璃纤维和碳纤维的表面处理。

11.2.3.1　玻璃纤维的表面处理

玻璃纤维是直径为 $10\ \mu m$ 左右的圆柱状玻璃，其比表面积（单位质量物质的总表面积，单位 cm^2/g）较大，如直径 $8\ \mu m$ 的玻璃纤维，其比表面积大约是 $5000\ cm^2/g$。同时在玻璃纤维的表面还存在细微裂纹。玻璃中的碱金属氧化物有很强的吸水性，若暴露在大气中，玻璃纤维表面会吸附一层水分子，从而降低了与树脂基体的黏合，降低了复合材料的性能。

玻璃纤维的表面处理中，应用最成功的方法是采用偶联剂涂层，此外，也可采用等离子处理等方法。偶联剂是一种化合物，其分子两端通常含有不同的基团。一端的基团与增强材料（如玻璃纤维及其织物）发生化学作用或物理作用，另一端的基团则能和基体材料发生化学作用或物理作用，从而使增强材料与基体之间靠偶联剂的偶联紧密黏合在一起，玻璃纤维表面处理可选用的偶联剂品种繁多，应用最早的是有机配合物偶联剂，其中最有代表性的品牌为沃兰（Volan）。常用的偶联剂为有机硅烷和钛酸酯。

11.2.3.2　碳纤维的表面处理

由于碳纤维的结构是沿纤维轴向择优取向的同质多晶，使其与树脂的界面黏结强度较低。有研究表明：碳纤维的表面积和表面粗糙度的增加可提高复合材料的层间剪切强度。碳纤维表面的晶粒越小，取向越不规则，晶棱或晶体边缘越多，则与树脂的黏结力越强。碳纤维表面活性基团将会改善与树脂的浸润性。对碳纤维表面进行处理，目的在于克服碳纤维表面的惰性，改变碳纤维表面的物理化学状态，使其与树脂制成复合材料后，层间剪切强度得到提高。碳纤维表面处理的方法有氧化法、涂层法和等离子体法等。

11.2.3.3　其他纤维的表面处理

Kevlar 纤维和聚乙烯纤维是用等离子体处理法在纤维表面引进或产生活性基团，从而改善纤维与基体之间的界面黏结性能。此方法相比其他方法如氧化还原法、接枝法的优点是：处理效果好，纤维表面伤害小，操作简便，不造成环境的污染，可连续处理，有工业应用前景。

Kevlar 纤维表面缺少化学活性基团，用等离子体空气或氮气处理纤维表面，可使 Kevlar 纤维表面形成一些含氧或含氮的官能团，提高表面活性及表面能，显著地改善对树脂的浸润性和反应性，增加界面黏结强度。

11.3　复 合 理 论

复合材料是由两种或两种以上不同材料组元复合而成的材料。因此，不但基体材料和增强材料本身的性能强烈地影响着复合材料的性能，而且增强材料的形状、数量、分布以及与基体材料的界面结构也影响着复合材料的性能。作为复合材料结构件，增强材料（如纤维、晶须等）的方向、分布以及制备过程影响着复合材料结构件的性能。

11.3.1　复合原则

复合之前，挑选最合适的材料组元尤为重要。在选择材料组元时，首先应明确各组元在使用中所应承担的功能。对材料组元进行复合，不外乎是要求复合后材料达到如下性能，如高强度、高刚度、高耐蚀、耐磨、耐热或导电、传热等性能，或者某些综合性能如既高强又耐蚀、耐热。因此，必须根据复合材料所需的性能来选择组成复合材料的基体材料和增强材料。

若所设计的复合材料是用作结构件，复合的目的就是要使复合后材料具有最佳的强度、刚度和韧性等。因此，首先必须明确其中一种组元主要起承受载荷的作用，它必须具有高强度和高模量。这种组元就是所要选择的增强材料，而其他组元应起传递载荷及协同的作用，而且要把增强材料黏结在一起，这类组元就是要选的基体材料。其次，除考虑性能要求外，还应考虑组成复合材料的各组元之间的相容性，这包括物理、化学、力学等性能的相容，使材料各组元彼此和谐地共同发挥作用。在任何使用环境中，它们的伸长、弯曲、应变等都应相互或彼此协调一致。最后，要考虑复合材料各组元之间的浸润性，使增强材料与基体之间达到比较理想的具有一定结合强度的界面。

适当的界面结合强度不仅有利于提高材料的整体强度，更重要的是便于将基体所承受的载荷通过界面传递给增强材料，以充分发挥其增强作用。若结合强度太低界面很难传递载荷，不能起潜在材料的作用，影响复合材料的整体强度；但结合强度太高也不利，它遏制复合材料断裂对能量的吸收，使之易发生脆性断裂。除此之外，还应联系到整个复合材料的结构来考虑。

具体到颗粒和纤维增强复合材料来说，增强效果与颗粒或纤维的体积含量、直径、分布间距及分布状态有关。下面介绍颗粒和纤维增强复合材料的原则。

11.3.1.1 颗粒增强复合材料的原则

（1）颗粒应高度弥散均匀地分散在基体中，使其阻碍导致塑性变形的位错运动（金属、陶体基体）或分子链的运动（聚合物基体）。

（2）颗粒直径的大小要合适，因为颗粒直径过大会引起应力集中或本身破碎导致材料强度降低；颗粒直径太小，则起不到大的强化作用。因此，一般粒径为几微米到几十微米。

（3）颗粒的数量一般大于20%，数量太少，达不到最佳的强化效果。

（4）颗粒与基体之间应有一定的黏结作用。

11.3.1.2 纤维增强复合材料的原则

（1）纤维的强度和模量都要高于基体，即纤维应具有高模量和高强度，因为除个别情况外，在多数情况下承载主要是靠纤维。

（2）纤维与基体之间要有一定的黏结作用，两者之间结合要保证所受的力通过界面传递给纤维。

（3）纤维与基体的线膨胀系数不能相差过大，否则在热胀冷缩过程中会自动削弱它们之间的结合强度。

（4）纤维与基体之间不能发生有害的化学反应，特别是不发生强烈的反应，否则将引起纤维性能降低而失去强化作用。

（5）纤维所占的体积、纤维的尺寸和分布必须适宜。一般而言，基体中纤维的体积含量越高，其增强效果越显著；纤维直径越细，则缺陷越小，纤维强度也越高；连续纤维的增强作用大大高于短纤维，不连续短纤维的长度必须大于一定的长度（一般是长径比大于5）才能显示出明显的增强效果。

11.3.2 复合材料的界面设计原则

界面黏结强度是衡量复合材料中增强体与基体间界面结合状态的一个指标。界面黏结强度对复合材料整体力学性能的影响很大，界面黏结过高或过弱都是不利的。因此，人们很重视开展复合材料界面微区的研究和优化设计，以期望制得具有最佳综合性能的复合材料。

界面相是一种结构随增强材料而异，并与基体有明显差别的新相。结构复合材料中界面层的作用首先是把施加在整体上的力，由基体通过界面层传递到增强材料组元，这就需要有足够的界面黏结强度，黏结过程中两相表面能相互润湿是首要的条件。界面层的另一作用是在一定的应力条件下能够脱黏，以及使增强纤维从基体拔出并发生摩擦。这样就可以借助脱黏增大表面能、拔出功和摩擦功等形式来吸收外加载荷的能量以达到提高其抗破坏能力。从以上两方面综合考虑则要求界面具有最佳黏结状态。

仅仅考虑到复合材料具有黏结适度的界面层还不够，还要考虑究竟什么性质的界面层最为合适。对界面层的见解有两种观点：一种是界面层的模量应介于增强材料与基体材料之间，最好形成梯度过渡；另一种是界面层的模量低于增强材料与基体材料，最好是一种类似橡胶的弹性体，在受力时有较大的形变。前一种观点从力学的角度来看将会产生好的效果；后一种观点按照可形变层理论，则可以将集中于界面的应力点迅速分散，从而提高整体的力学性能。这两种观点都有一定的实验支持，但是尚未得到定论。然而无论如何，若界面层的模量高于增强材料和基体的模量将会产生不良的效果，这是被大家公认的。

11.4 聚合物基复合材料

聚合物基复合材料（PMC）是目前结构复合材料中发展最早、研究最多、应用最广、规模最大的一类。现代复合材料以1942年玻璃钢的出现为标志，1946年出现玻璃纤维增强尼龙，以后相继出现其他玻璃钢品种。20世纪40年代初到60年代中，是PMC发展的第一阶段，这一阶段主要是玻璃纤维增强塑料（GFRP）的发展和应用，我国是50年代末开始GFRP的研制。20世纪80年代后，聚合物基复合材料的工艺、理论逐渐完善，除了玻璃钢的普遍使用外，ACM在航空航天、船舶、汽车、建筑、文体用品等各个领域都得到全面应用。同时，先进热塑性复合材料（ACTP）以1982年英国ICI公司推出的APC-2为标志，向传统的热固性树脂基复合材料提出了强烈的挑战，ACTP的工艺理论不断完善，新产品的开发和应用不断扩大。同时，金属基、陶瓷基复合材料的研究和应用也有较大发展，因而形成了复合材料发展的第三阶段。

11.4.1 PMC 的分类

实用PMC通常按两种方式分类。一种以基体性质不同分为热固性树脂基复合材料和热塑性树脂基复合材料；另一种按增强剂类型及其在复合材料中分布状态分类。如图11-2所示。

塑料中加入无机填料构成的粒子复合材料可以有效地改善塑料的各种性质，如增加表面硬度、减少成型收缩率、消除成型裂纹、改善阻燃性、改善外观、改进热性能和导电性等，最重要的是在不明显降低其他性能的基础上大规模降低成本。在热固性树脂中加入金属粉则构成硬而强的低温焊料（或称导电复合材料），在塑料中加入高含量的铅粉可起隔音作用，屏蔽 γ 射线。不连续纤维增强塑料的性能除了依赖于纤维含量外，还强烈依赖于纤维长径比、纤维取向。通常的二维或三维无规则取向短纤维复合材料的强度或模量与基体相比都有高达几倍的提高，但仍低于传统的金属材料。

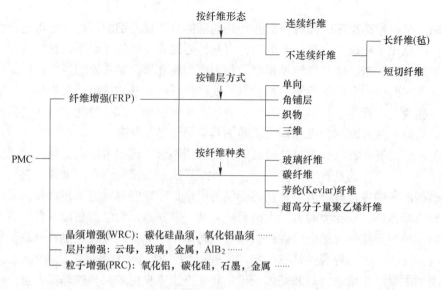

图 11-2 PMC 的分类

连续纤维增强塑料可以最大限度地发挥纤维作用，因而通常具有很高的强度和模量。按照纤维在基体中的分布不同，连续纤维复合材料又可分为单向复合材料、双向或角铺层复合材料、三向复合材料及双向的织物增强复合材料。

11.4.2 PMC 性能特点

与传统的金属材料相比，PMC 具有以下优点：

（1）比较高的比强度和比模量。如标准碳纤维增强复合材料（CFRP）的比强度是钛合金、钢、铝合金的 5 倍多，比模量是它们的 3 倍；高强度碳纤维 T800H／环氧复合材料的强度达 3.0 GPa，模量为 160 GPa，其比强度和比模量分别为钢的 10 倍和 3.7 倍，铝合金的 11 倍和 4 倍。超高模量碳纤维 P-100S 增强的环氧复合材料，强度为 1.2 GPa 而模量达 420 GPa 以上，其比强度和比模量分别为铝合金的 4 倍和 9 倍。因而用 FRP 来代替金属材料可达到明显的减重效果。

（2）可设计性。由于控制 PMC 性能的因素很多，增强剂类型、基体类型、铺层方式等都可以根据使用目的和要求不同而进行选择，因而易于对 PMC 结构进行最优化设计。如玄武岩纤维增强复合材料（BFRP）具有优异的压缩性能（其抗压强度高于其抗拉强度），可用于制造受压杆体，芳纶纤维增强复合材料（KFRP）的抗拉强度高而压缩性能很差，应避免其承受压缩载荷而应使其承受拉伸载荷。根据使用温度、断裂韧性、耐腐蚀性等性能的要求不同，可以选择不同基体。根据结构实际受力情况，可对铺层进行最优化设计，使纤维发挥最大的效能。

（3）线膨胀系数低，尺寸稳定。大多数 FRP 具有比金属材料低得多的线膨胀系数，其中 CFRP 的线膨胀系数接近零。而且，通过合适的铺层设计，可使线膨胀系数进一步降低。利用这一特点及高比模量特征，可以用 FRP 制造一些尺寸精密、稳定的构件，如作为量具、卫星及空间仪器结构材料，不但质轻，而且可保持尺寸的高精度和高稳定性。

（4）耐腐蚀。大多数 PMC 的耐腐蚀性（如耐酸碱、耐盐水等）比金属材料如钢、铝要好得多。比如，常用 FRP 来制造化工设备的防腐管道，玻璃纤维增强塑料在很多场合下的应用主要不是利用其结构特性而是考虑其防腐性能。

（5）耐疲劳。大多数金属材料疲劳极限仅为其抗拉强度的 30%~50%，而 CFRP 复合材料可达 70%~80%。复合材料的破坏有明显预兆，可以在事先检测出来，而金属的疲劳破坏则是突发性的。此外 FRP 还具有减震性好，过载安全性好等优点，同时具有多种功能性，如耐烧蚀性（用于烧蚀材料），良好的摩擦性能，包括摩阻特性及减摩特性（常用于摩阻材料），优良的电性能（GFRP 用于高压输电线的绝缘杆、印刷电路板），特殊的光学、电磁学等特性（GFRP 的透雷达波特性及 CFRP 的吸收雷达波特性）。

除了上述性能特点外，PMC 还有成型工艺多样化的优点，良好的工艺性能是 PMC 获得广泛应用的一个重要原因。然而，与传统的金属材料比，PMC 也存在一些明显的缺点：（1）材料昂贵。由于原料价格及生产费用高，导致 FRP 制品成本较高，尤其是 ACM 极其昂贵，因而应用受到限制。（2）在湿热环境下性能变化。由基体聚合物或增强纤维带来的吸湿及老化现象是 PMC 的一个明显缺点。（3）冲击性能差。各种能量的冲击会导致 PMC 出现不可见的内部损伤，因而，加工和使用时必须格外小心。

与金属材料几千年的历史相比，PMC 诞生时间并不长，人们积累的数据和经验较少，无论是理论还是实践都有待于进一步发展和完善。

11.4.3　PMC 制备工艺

预浸料或预混料是一类 PMC 的半成品形式，按基体类型分有热塑性和热固性，按增强剂形态分有连续纤维和不连续（短切）纤维，按产品形态分有带状、片状、团状、粒状等。它们是其他一些制品制造工艺（如压力成型）的原材料。

手糊成型是手工操作、无压下室温（少数加热）固化的一种 PMC 制造工艺，是一种最简单、只适用于热固性 PMC 制造的工艺。

缠绕成型是一种将浸渍了树脂的纱或丝束缠绕在回转芯模上、常压下在室温或较高温度下固化成型的一种复合材料制造工艺，是一种生产各种尺寸（直径 6 mm~6 m）回转体的简单有效的方法。

拉挤成型是高效率生产 PMC 型材的一种工艺，它一般使用连续纤维（预浸）纱束或带。夹层结构主要指两层高强度薄板夹着一层厚而轻的芯材而形成的三层复合结构，主要用于承受弯曲载荷，具有质轻而强的特点。编织是一种制造多向、三维复合材料的工艺技术，它使用连续纤维，用于制造特殊复合材料结构件。如火箭发动机喉管、喷嘴等。

袋压成型是最早及最广泛用于预浸料成型的工艺之一。将铺层铺放在模具中，盖上柔软的隔离膜，在热压下固化。经过所需的固化周期后，材料形成具有一定结构的构件。

袋压成型可分成三种：真空袋成型、力袋成型及热压罐成型。铺放与装袋是生产高质量构件的关键步骤。

热压罐成型的基本工艺是：铺层被装袋并抽真空以排除包埋的空气或其他挥发物；在真空条件下，在热压罐中加热、加压固化。固化压力通常在 0.35~0.7 MPa。热压罐成型具有构件尺寸稳定、准确、性能优异，适应性强可制造非等厚层压板、各种形状及尺寸构件等优点；但也存在生产周期长、效率低、袋材料昂贵、制件尺寸受热压罐体积限制等缺点。因而该法主要用于制造航空、航天领域的高性能 FRP 结构件。

模压成型是最普通的模压成型技术。它一般分为三类：坯料模压、片状模塑料模压及块状模塑料模压。

坯料模压工艺是将预浸料或预混料先做成制品的形状，然后放入模具中压制（通常为热压）成制品。这一工艺适合尺寸精度要求高、需要量大的制品生产。SMC 模压工艺一般包括在模具上涂脱模剂、SMC 剪裁、装料、热压固化成型、脱模、修整等几个主要步骤。关键步骤是热压成型，要控制好模压温度、模压压力和模压时间三个工艺参数。

SMC 及 BMC 模压制品性能受纤维类型、含量、分布、长度及树脂类型等因素影响，一般使用碳纤维或环树脂的制品性能好，长纤维比短纤维的制品性能好。

11.4.4　PMC 的应用

从 1942 年现代复合材料的诞生到现在，聚合物基复合材料（PMC）得到了迅速的发展，已经广泛用于石油化工、交通运输、建筑、环境保护及国防军工等各个领域。

11.4.4.1　在航天和火箭上的应用

减重对宇宙飞行器至关重要。宇宙飞船、人造卫星若能减重 1 kg，则发送它的火箭就可减重数百千克。

从 20 世纪 50 年代开始，就以 GFRP 作为火箭发动机壳体，结构重量可减轻 50%～60%，射程大大增加，此后，逐渐由 CFRP 和 KFRP 代替，如美国"三叉戟 I"型导弹、"MX"导弹、法国 M-4 潜地导弹等都采用 K-49/EP 作发动机壳体，"三叉戟 II"及"侏儒"型导弹则更多地采用 CF/EP。美欧卫星广泛采用 ACM，使其结构重量不到总重的 10%，卫星上的天线、支承结构、太阳能电池翼及壳体、卫星发射时的保护罩等，基本都由复合材料制造。

宇宙空间的气候条件变化很大，温度可从 -200 ℃到 100 ℃，因而要求宇宙飞行器具有高度的环境适应性能——在剧烈的环境变化中保持结构的高度稳定。碳纤维复合材料的线膨胀系数比金属低得多，经过合理设计甚至可接近零，加之其高比模量，尺寸高度稳定。哈勃望远镜镜筒由高模量碳纤维复合材料制造，不但重量减轻，而且尺寸稳定性提高，使望远镜具有更高的精度。

11.4.4.2　在航空领域的应用

航空领域是 FRP 使用最早、用量最多的部门之一，聚合物基 ACM 可使飞机显著轻量化并提高飞机的一些性能，如隐身性能，降低噪声，可靠性提高。

从 20 世纪 70 年代中期开始服役的战斗机，就开始使用 ACM 并逐渐增加。美国潜隐战斗机（如 F-117A）、战略轰炸机则更多地采用 ACM，V-22 鱼鹰式倾转旋翼飞机机体结构几乎全部用复合材料制造，其全部结构重 6120 kg，其中 CF/EP 复合材料为 3100 kg，占 50%，GF/EP 占 13%，金属占 25%，其他材料占 12%。具有良好隐身功能和独特结构设计的 B-2 轰炸机，结构材料绝大部分都为复合材料，估计每架 B-2 轰炸机上使用的 CFRP 高达 18～22.5 t。美国先进军用飞机发展的最显著特点就是全复合材料化并赋予隐身性能。

现代商用飞机也以巨大的增长速度使用 ACM，并逐渐由次承力构件向主承力构件过渡。如波音飞机、空中客车飞机等的方向舵、垂尾副翼、升降舵等大都采用 ACM 制造。

11.4.4.3　在交通运输领域的应用

由于玻璃钢具有质轻、高强、耐腐蚀、抗微生物附着等优点，因而它被普遍用来制造汽艇、游艇、救生艇等小型船舶，国外大部分小型船舶如渔船都为玻璃钢结构。

近些年，由于对能源消耗的限制和环保的要求，迫使各国都在寻求减少汽车能耗的途径，其中一项重要措施是采用复合材料结构以减少汽车重量。目前，通过片状模塑料（SMC）模压、增强反应注射模塑和树脂传递模塑等各种技术制造的 FRP 结构件已在汽车制造业中得到大量应用，如轻型车辆外壳、保险杠、板簧等。铁路车辆上已制成的车身、窗门、水箱等。同时，碳纤维强塑料被大量用于运动和竞技用车，如用 CFRP 制造赛车底盘。

由于玻璃钢具有耐酸、碱、油、有机溶剂等腐蚀的性能，因而其用作各种化工管道、阀门、泵、贮槽、塔器等。

文体用品也是 FRP 的最大应用市场之一。其中，CFRP 则主要用于高尔夫球棒、网球拍、钓鱼竿、羽毛球拍、滑雪板、赛车、弓箭、赛艇、划桨、冰球拍及垒球棒等。

11.4.4.4　在电气领域的应用

玻璃纤维增强塑料具有优异的电绝缘性能，可以制成各种开关装置、电缆输送管道、高频绝缘子、印刷电路板、雷达等。

11.4.4.5　在建筑领域的应用

玻璃纤维复合材料已大量用于建筑材料。如国内外已有多座 GFRP 桥，透明的玻璃钢波形瓦用于农业透明暖房等。一般的门窗框架、落水斗管等都可用 GFRP 制造，人造大理石、人造玛瑙卫生间浴缸等皆为 GFRP 制品。

此外，FRP 还用于医疗卫生领域，如制造医疗卫生器械、人造骨骼、人造关节等。

11.5　金属基复合材料

金属基复合材料（MMC）是以金属及其合金为基体，与一种或几种金属或非金属增强相人工结合成的复合材料。其增强材料大多为无机非金属，如陶瓷、碳、石墨及硼等，也可以用金属丝。它与聚合物基复合材料、陶瓷基复合材料以及碳/碳复合材料一起构成现代复合材料体系。

现代科学技术对现代新型材料的强韧性、导电、导热性、耐高温性、耐磨性等性能都提出了越来越高的要求。纤维增强聚合物基复合材料具有比强度、比模量高等优良性能，但由于聚合物本身的性质，它们不能在 300 ℃以上温度下工作，且耐磨性差，不导电，不导热，在使用期间逐渐老化，变质，尺寸不够稳定。金属基复合材料则不存在这些缺点，作为结构材料不但具有一系列与其基体金属或合金相似的特点，而且在比强度、比模量及高温性能方面甚至超过其基体金属及合金。

金属基复合材料制备过程是在高温下进行的，而且有的还要在高温下工作较长时间。在这种情况下，具有活性的金属基体与增强相之间的界面会不稳定。金属基复合材料的增强相/基体界面起着联系增强材料与基体和传递应力的作用，对金属基复合材料的性能和性能的稳定性起着极其重要的作用。因此从 20 世纪 80 年代开始，人们逐渐重视对金属基复合材料界面及界面稳定性的研究。

11.5.1 MMC 的分类

金属基复合材料的增强材料的种类和形态是多种多样的，既可以是连续纤维和短纤维，亦可以是颗粒、晶须等。因此，金属基复合材料首先按增强材料的形态来分类。

11.5.1.1 按增强材料形态分类

A 纤维增强金属基复合材料

这类复合材料的增强材料包括有长的连续纤维（如硼纤维、碳化硅纤维、氧化铝纤维和碳与石墨纤维等）和短纤维（如氧化铝纤维等）。这类典型的复合材料有硼纤维或碳化硅纤维增强铝基或钛基复合材料等。其中增强材料绝大多数是承载组分，金属基体主要起粘接纤维、传递应力的作用，大都选用工艺性能（塑性加工、铸造）较好的合金，因而，常作为结构材料使用。长纤维增强金属基复合材料亦称为连续增强型金属基复合材料。

B 颗粒和晶须增强金属基复合材料

这类复合材料的增强材料包括陶瓷颗粒（如碳化硅颗粒、氧化铝颗粒和碳化硼颗粒）和晶须（如碳化硅晶须、氮化硅晶须和碳化硼晶须等）。这类典型的复合材料有碳化硅颗粒增强铝基、镁基和钛基复合材料（SiC/Al、SiC/Mg 等），碳化钛颗粒增强钛基复合材料（TiC/Ti）和碳化硅晶须增强铝基、镁基和钛基复合材料（SiC/Al、SiC/Mg 和 SiCw/Ti）等。这类复合材料中增强材料的承载能力尽管不如连续纤维，但复合材料的强度、刚度和高温性能往往超过基体金属，尤其是在晶须增强情况下。

由于金属基体在不少性能上仍起着较大作用，通常选用强度较高的合金，一般均进行相应的热处理。这类复合材料既可以作为结构材料，也可以作为结构件中的耐磨件使用。这类复合材料可以通过二次加工，即采用传统金属加工方式，如挤压、热轧甚至锻造加工，以进一步提高其性能。由于颗粒或晶须增强金属基复合材料可以采取压铸，半固态复合铸造以及喷射沉积等工艺技术来制备，因而成本较低，是应用范围最广，开发和应用前景最大的一类金属基复合材料，并已应用于汽车工业。

11.5.1.2 按金属基体分类

金属基复合材料除上述分类方式外，还可以按基体种类来划分。一般分为：

（1）铝基复合材料。这种复合材料是当前品种和规格最多，应用最广泛的一种复合材料。它包括有硼纤维、碳化硅纤维、碳纤维和氧化铝纤维增强铝；碳化硅颗粒与晶须增强铝等。铝基复合材料是金属基复合材料中最早开发，发展最迅速，品种齐全，应用最广泛的复合材料。纤维增强铝基复合材料，因其具有高比强度和比刚度，在航空航天工业中不仅可以大大改善原来采用的铝合金部件的性能，而且可以代替中等温度下使用的钛合金零件。在汽车工业中，用铝及铝基复合材料替代钢铁的前景也看好，它可起到节约能源的作用。

（2）钛基复合材料。钛基复合材料的基体主要是 Ti-6Al-4V 或塑性更好的 B 型合金（如 Ti-15V-3Cr-3Sn-3Al）。以钛及其合金为基体的复合材料具有高的比强度和比刚度，而且具有很好的抗氧化性能和高温力学性能，在航空工业中可以替代镍基耐热合金。颗粒增强钛基复合材料主要采用粉末冶金制备方法，如用冷等静压和热等静压相结合的方法制备，并与未增强的基体钛合金实现扩散联结制成所谓共基质微-宏观复合材料。

（3）镁基复合材料。镁及其合金具有比铝更低的密度，在航空航天和汽车工业应用中具有较大潜力。大多数镁基复合材料为颗粒与晶须增强，如 SiC 或 SiCw/Mg 和 B_4C、Al_2O_3/Mg。但石墨纤维增强镁基复合材料与碳纤维、石墨纤维增强铝相比，密度和线膨胀系数更低，强度和模量也较低，但具有很高的导热/热膨胀比值，在温度变化环境中，是一种尺寸稳定性极好的宇宙空间材料。

11.5.2　MMC 制备工艺

金属基复合材料的制备工艺方式、工艺过程以及工艺参数的控制对金属基复合材料的性能有很大的影响，因此制备工艺一直是金属基复合材料的重要研究内容之一。

金属基复合材料的工艺研究主要有以下五方面：（1）金属基体与增强材料的结合方式和结合性；（2）金属基体/增强材料界面和界面产物在工艺过程中的形成及控制；（3）增强材料（相）在金属基体中的均匀分布；（4）防止连续纤维在制备工艺过程中的损伤；（5）优化工艺参数，提高复合材料的性能和稳定性，降低成本。

金属基复合材料的迅速发展与得到广泛应用是与其制备工艺的方法和设备的研究开发密切相关的，因为金属基复合材料的制备工艺简化和易控制后，可以降低成本，提高材料的性能和稳定性。

为了便于介绍金属基复合材料的制备工艺，根据各种制备方法的基本特点，主要把金属基复合材料的制备工艺分为四大类，即（1）固态法；（2）液态法；（3）喷涂与喷射沉积法；（4）原位复合法。

11.5.2.1　固态法

金属基复合材料的固态制备工艺主要有扩散结合和粉末冶金两种方法。

A　扩散结合

扩散结合是一种制造连续纤维增强金属基复合材料的传统工艺方法。早期研究与开发的硼纤维增强铝或钛基复合材料和钨丝增强镍基高温合金等都是采用扩散结合方式制备的。

扩散结合工艺是一种传统金属材料固态焊接技术，在一定温度的压力下，把新鲜清洁表面的相同或不相同的金属，通过表面原子的互相扩散而连接在一起。扩散结合工艺中，增强纤维与基体的结合主要分为三个关键步骤：纤维的排布；复合材料的叠合和真空封装；热压。

扩散结合工艺中的最关键步骤是热压。一般封装好的叠层在真空或保护气氛下直接放入热压模或平板进行热压合。为了保证性能符合要求，热压过程中要控制好热压工艺参数，热压工艺参数主要为：热压温度、压力和时间。在真空热压炉中制备硼纤维增强铝的热压板材时，温度控制在铝的熔点温度以下，一般为 500~600 ℃，压力为 50~70 MPa，热压时间控制在 0.5~2 h。

扩散结合热压工艺中，压力应有一定下限。在热压时，基体金属箔或薄板在压力的作用下，发生塑性变形，经一定温度和时间的作用扩散而焊合在一起，并且将增强纤维固结在其中，形成金属基复合材料。如果扩散结合的压力不足，金属塑性变形无法达到纤维的界面时，就会形成"眼角"空洞。采用扩散结合方式制备金属基复合材料，工艺相对复杂，纤维排布、叠合以及封装手工操作多，成本高。热压扩散结合工艺参数控制要求严格。但扩散结合是连续纤维增强，并能按照复合材料的铺层要求排布的唯一可行的工艺。在扩散结合工艺中增强纤维与基体的湿润问题容易解决，而且在热压时可通过控制工艺参数的办法来控制界面反应。因此，在金属基复合材料的早期生产中大量采用扩散结合工艺。

采用扩散结合方式制备的金属基复合材料还可以采用热轧和热挤压、接拔的二次加工方式进行再加工，也可以采用超塑性加工方式进行成型加工。

B　粉末冶金

粉末冶金（powder metallurgy）既可适用于连续、长纤维增强，又可用于短纤维、颗粒或晶须增强的金属基复合材料。和其他金属基复合材料制备工艺相比较，粉末冶金法制备金属基复合材料具有以下优点：首先，热等静压或烧结温度低于金属熔点，因而由高温引起的增强材料与金属基体界面反应少，以减小对复合材料性能的不利影响。同时可以通过热等静压或烧结时的温度、压力和时间等工艺参数来控制界面反应。其次，可以根据所设计的金属基复合材料的性能要求，使增强材料（纤维、颗粒或晶须）与基体金属粉末以任何比例混合，纤维含量最高可达75%，颗粒含量可达50%以上，这在液态法中是无法达到的。再次，可以降低增强材料与基体互相湿润的要求，也降低了增强材料与基体粉末的密度差要求，使颗粒或晶须均匀分布在金属基复合材料的基体中。最后，采用热等静压工艺时，其组织细化、致密、均匀，一般不会产生偏析、偏聚等缺陷，可使孔隙和其他内部缺陷得到明显改善，从而提高复合材料的性能。

11.5.2.2　液态法

液态法亦可称为熔铸法，其中包括压铸、半固态复合铸造、液态渗透以及搅拌法和无压渗透法等。这些方法的共同特点是金属基体在制备复合材料时均处于液态。

液态法是目前制备颗粒、晶须和短纤维增强金属基复合材料的主要工艺方法。与固态法相比，液态法的工艺及设备相对简便易行，和传统金属材料的成型工艺，如铸造、压铸等方法非常相似，制备成本较低，因此液态法得到较快的发展。

11.5.2.3　喷涂与喷射沉积

喷涂与喷射沉积制备金属基复合材料的工艺方法大多是由金属材料表面强化处理方法衍生而来。喷涂沉积主要应用于纤维增强金属基复合材料的预制层的制备，也可以获得复合层状复合材料的坯料。喷射沉积则主要用于制备颗粒增强金属基复合材料。喷涂与喷射沉积工艺的最大特点是增强材料与金属基体的润湿性要求低；增强材料与熔融金属基体的接触时间短，界面反应量少。喷涂沉积制备纤维增强金属基复合材料时，纤维的分布均匀，获得的薄的单层纤维增强预制层可以很容易地通过扩散结合工艺，形成复合材料结构形状和板材。通过喷涂与喷射沉积工艺，许多金属基体，如铝、镁、钢、高温合金可以与各种陶瓷纤维或颗粒复合，即基体金属的选择范围广。

11.5.2.4　原位复合法

在金属基复合材料制备过程中，往往会遇到增强材料与金属基体之间的相容性问题，即增强材料与金属基体的润湿性要求。同时无论是固态法还是液态法，增强材料与金属基体之间在界面都存在界面反应。增强材料与金属基体之间的相容性控制往往影响到金属基复合材料在高温制备和高温应用中的性能和性能稳定性。如果增强材料（纤维、颗粒或晶须）能从金属基体中直接（即原位）生成，则上述相容性问题可以得到较好的解决。因为原位生成的增强相与金属基体界面结合良好，生成相的热力学稳定性好，也不存在基体与增强相之间的润湿和界面反应等问题。这就是原位复合方法。这种方法也已经在陶瓷基、金属间化合物基复合材料制备中得到应用。

11.5.3 MMC 的性能

金属基复合材料作为结构材料具有一系列和金属性能相类似的特点，金属基复合材料之所以能成为工程动力结构材料正是借助这些金属的性能。随着现代科学技术的发展，单一的金属或其合金已难以满足对材料性能提出的要求，而金属基复合材料通过和高强度、高模量、耐热性好的纤维或颗粒、晶须等复合后，可以获得比其基体金属或合金在比强度、比模量、高温性能等性能更好的新型工程材料。

11.5.3.1 高比强度、比模量

与结构陶瓷和聚合物材料相比，金属材料的高强度在复合材料中能得到更好的利用。一般，纤维增强金属基复合材料的比强度和比模量明显优于金属材料；而颗粒增强复合材料虽比强度无明显增加，但比模量有显著提高。在纤维增强复合材料中，金属基体强度在非纤维增强方向，如横向强度、抗扭强度以及层间剪切强度等性能方面起到关键性作用。

金属基复合材料在强度与模量上大致可分为三种水平：（1）高性能水平。如硼纤维与 CVD 碳化硅纤维增强的铝和钛，单向增强的抗拉强度在 1200 MPa 以上，模量在 200 GPa 以上。（2）中等性能水平。如纺丝碳化硅纤维与碳纤维增强铝等，抗拉强度在 600~1000 MPa，模量在 100~150 GPa。（3）较低性能水平。如晶须、颗粒或短纤维增强铝等，抗拉强度在 400~600 MPa，模量在 95~130 GPa。

11.5.3.2 高韧性和高冲击性能

一般金属基复合材料中所采用的增强材料，无论是纤维或是颗粒，都比较脆，其本身的耐冲击性能差。但像铝、钛等金属及合金属韧性基体，受到冲击时能通过塑性变形来接收能量，或使裂纹钝化，减少应力集中而改善韧性。因此金属基复合材料相对聚合物基、陶瓷基复合材料而言具有高韧性和耐冲击性能。

11.5.3.3 对温度变化和热冲击的敏感性低

和聚合物基复合材料相比，金属基复合材料的物理与力学性能具有高温稳定性，即对温度变化不敏感，这是作为高温结构材料很重要的性质。例如，硼纤维增强铝在近 400 ℃温度下仍有较令人满意的高温比强度，而硼纤维增强环氧树脂复合材料虽然在空温时具有比金属基复合材料更高的比强度，但在约 150 ℃时的比强度已显著下降。

11.5.3.4 表面耐久性好，表面缺陷敏感性低

金属基复合材料中金属基体对表面裂纹的敏感性比聚合物或陶瓷要小得多，表面坚实耐久，尤其是颗粒、晶须增强金属基复合材料常可以作为工程构件中的耐磨件使用。在陶瓷基复合材料中，由于腐蚀或擦伤等引起的小裂纹可使其强度剧烈降低。这是由于陶瓷的弹性模量高，但塑性和韧性低，不能像金属基复合材料中的基体那样可以借助塑性变形来

使缺口或裂纹钝化，而造成应力集中，引起破坏。

11.5.3.5 导热、导电性能好

金属基复合材料的导热、导电性能是聚合物基、陶瓷基结构复合材料无法相比的，它可以使局部的高温热源和集中电荷很好扩散消除。如碳纤维加入铝合金基体后，基体的导电、导热优异性能不会受到大的损失，在有的方面反而有所加强。因此，碳纤维增强铝基复合材料除可作航空航天技术领域中的结构材料外，还可以作为空间装置的热传导和散热器面板应用。

11.5.3.6 良好的热匹配性

尽管多数金属及其合金的线膨胀系数与各种增强材料相差较大，但有些纤维，如硼纤维与钛合金的线膨胀系数接近，在硼纤维增强钛基复合材料中热应力可以降至很低。碳纤维增强铝基复合材料经过设计后，可使复合材料的线膨胀系数接近零。这样，复合材料在重量上比铝轻，但强度和刚度却有很大的提高，而且不会因温度差造成变形。因此，C_f/Al 可以作为空间站吊臂和太阳能板的结构材料。我们知道，在太空结构的向阳面与避阳面之间的温差可达数百摄氏度。若采用普通铝及其合金，由于其线膨胀系数为 $24 \times 10^{-6}/°C$，就可能产生极大的变形。

11.5.3.7 性能再现性好及制备工艺可借鉴金属材料

金属基体的特性之一就是其性能再现性好。金属基体在物理机械性能方面可以得到精确控制。这种特性对高强度、高模量复合材料尤为重要，可以根据复合原理来设计和预测材料的性能。许多金属材料的制备方法都在金属基复合材料制备中得到了应用，并且为开发新的制备方法开拓新的前景。如何提高金属材料的强度等性能方面的许多宝贵经验也在金属基复合材料的加工和热处理等方面得到了应用，这对提高复合材料的性能起到非常重要的作用。

11.6 陶瓷基复合材料

人们对陶瓷并不陌生，日常使用的瓷茶具、瓷碗以及瓷砖、瓷盥洗池等均为陶瓷所制，但这些陶瓷是用黏土等天然材料经成坯烧结而成，称为普通陶瓷或传统陶瓷。另外是具有特殊性能的特种陶瓷（也称为近代陶瓷、高级陶瓷和技术陶瓷），是用传统陶瓷工艺方法制造的新型陶瓷，具有更高的强度、熔点（大多在 2000 ℃以上）以及其他物理性能。

特种陶瓷由于具有优良的综合力学性能，耐磨性好、硬度高以及耐腐蚀性好等特点，已广泛用于制作剪刀、网球拍及工业上的切削刀具、耐磨件、发动机部件、热交换器、轴承等。陶瓷最大的缺点是脆性大、抗热震性能差。而且陶瓷材料对裂纹、气孔和夹杂物等细微的缺陷很敏感。近 20 年来，材料科学家通过往陶瓷中加入颗粒、晶须等，使陶瓷纤维的韧性大大地改善，而且强度及弹性模量有了提高。

对颗粒、纤维及晶须增强陶瓷复合材料的断裂韧性和临界裂纹尺寸大小进行比较。很明显连续纤维的增韧效果最佳，其次为晶须增韧、相变增韧和颗粒增韧。无论是纤维、晶须还是颗粒增韧均使断裂韧性较整体陶瓷有较大提高，也使临界裂纹尺寸增大。陶瓷基复

合材料（CMC）制备的主要目的之一是提高陶瓷的韧性。

11.6.1 陶瓷基体

用于复合材料的陶瓷基体主要有玻璃陶瓷、氧化铝、氮化硅、碳化硅等。

氧化铝陶瓷也称为高铝陶瓷，主要成分是 Al_2O_3 和 SiO_2。Al_2O_3 含量越高，性能越好。按氧化铝的含量可将氧化铝瓷分为 75 瓷、95 瓷和 99 瓷。氧化铝瓷的原料是工业氧化铝加入少量外加剂之后，经制坯、烧结而成。

氧化铝瓷的硬度为 80~90HRA，仅次于金刚石。它的耐高温性很好，含 Al_2O_3 高的刚玉瓷能在 1600 ℃高温下长期工作，而且蠕变很小。由于铝氧之间键合力很大，氧化铝又具有酸碱两重性，因此氧化铝瓷耐腐蚀性很强。此外，它还具有很好的电绝缘性能。氧化铝瓷的缺点是脆性大，抗热震性能差，不能承受环境温度的突然变化。

氮化硅瓷和碳化硅瓷有很好的耐磨性。氮化硅的分子式为 Si_3N_4，是键合能很高的共价化合物，单纯高温难以烧结，它的制造方法有反应烧结法和热压烧结法两种。在 Si_3N_4 中加入 Al_2O_3 可制成一种新型陶瓷材料，称为赛龙陶瓷（sialon）。这种陶瓷在常压下烧结就能达到热压烧结氮化硅的性能，是目前强度较高的陶瓷材料，并且具有良好的耐腐蚀性、耐磨性和热稳定性。

碳化硅的分子式是 SiC，主要有两种晶体结构，一种是 α-SiC，属六方晶系；一种是 β-SiC，属等轴晶系，多数碳化硅是以 α-SiC 为主晶相。碳化硅的最大特点是高温强度高，其他陶瓷材料到 1200~1400 ℃时强度显著降低，而碳化硅在 1400 ℃时抗弯强度仍保持 500~600 MPa 的较高水平。碳化硅具有很高的热传导能力，在陶瓷中仅次于氧化铍陶瓷，碳化硅陶瓷还具有较好的热稳定性、耐磨性、耐腐蚀性和抗蠕变性。

含有大量微晶体的玻璃称为微晶玻璃或玻璃陶瓷。玻璃陶瓷中的微晶体一般取向杂乱，微晶尺寸在 0.01~0.1 μm，体积结晶率达 50%~98%，其余部分为残余玻璃相。常用的玻璃陶瓷有锂铝硅（$Li_2O-Al_2O_3-SiO_2$，简写为 LAS）玻璃陶瓷、镁铝硅（$MgO-Al_2O_3-SiO_2$，简写为 MAS）玻璃陶瓷等。玻璃陶瓷的密度为 2.0~2.8 g/cm^3，弯曲强度为 70~350 MPa，弹性模量为 80~140 GPa，远远高于玻璃的弯曲强度和弹性模量。

11.6.2 CMC 的制备

陶瓷基复合材料的制备方法如下：

（1）粉末冶金法。粉末冶金法也称压制烧结法或混合压制法，是广泛用于制备特种陶瓷及某些玻璃陶瓷的简便方法。将陶瓷粉末、增强材料（颗粒或纤维）和加入的黏结剂混合均匀后，冷压制成所需形状，然后进行烧结或直接热压烧结或等静压烧结制成陶瓷基复合材料。前者称冷压烧结法，后者称热压烧结法。热压烧结法中，压力和高温同时作用可以加速致密化速率，获得无气孔和细晶粒的构件。压制烧结法所遇到的困难是基体与增强材料的混合不均匀以及晶须和纤维在混合过程中或压制过程中，尤其是在冷压情况下易发生折断。在烧结过程中，由于基体发生体积收缩，会导致复合材料产生裂纹。

（2）浆体法。为了克服粉末冶金法中各材料组元，尤其是增强材料为晶须时混合不均匀的问题，人们往往采用浆体法（也称湿态法）制造复合材料。此种方法与粉末冶金法稍有不同，混合体采用浆体形式。在混合浆体中各材料组元应保持散凝状，即在浆体中呈弥散分布，这可通过调整水溶液的 pH 值来实现，对浆体进行超声波震动搅拌则可进一步改善弥散性。弥散的浆体可直接浇铸成型或通过热压或冷压后烧结成型。用直接浇铸成型所制备的陶瓷材料力学性能较差，因为孔隙太多，因此不用于生产性能要求较高的复合材料构件。

（3）液态浸渍法。此法非常类似于前文介绍的液态聚合物浸渍法和液态金属渗透法。所不同的是，陶瓷熔体的温度要比聚合物和金属高得多，而且陶瓷熔体的黏度通常很高，这使得浸渍预制件相当困难。高温下陶瓷基体与增强材料之间会发生化学反应，陶瓷基体与增强材料的热膨胀失配，室温与加工温度相当大的温度区间以及陶瓷的低应变失效都会增加陶瓷复合材料产生裂纹。因此，用液态浸渍法制备陶瓷基复合材料，化学反应性、熔体黏度、熔体对增强材料的浸润性是首要考虑的问题。

（4）溶胶-凝胶法。溶胶-凝胶（sol-gel）技术是指金属有机或无机化合物经溶液、溶胶、凝胶而固化，再经热处理生成氧化物或其他化合物固体的方法。目前溶胶-凝胶技术已用于制造块状材料、玻璃纤维和陶瓷纤维、薄膜和涂层及复合材料。

溶胶-凝胶法制备复合材料是一种较新的方法，它是把各种添加剂、功能有机物或分子、晶种均匀分散在凝胶基质中，经热处理后，此均匀分布状态仍能保存下来，使得材料更好地显示出复合材料的特性。由于掺入物可以多种多样，因而用溶胶-凝胶法可制备种类繁多的复合材料。

11.6.3 CMC 的界面

由于 CMC 往往是在高温条件下制备，而且往往在高温环境中工作，因此增强体与陶瓷之间容易发生化学反应形成化学黏结的界面层或反应层。若基体与增强体之间不发生反应或控制它们之间发生反应，那么当从高温冷却下来时，陶瓷的收缩大于增强体，由于收缩而产生径向压应力。此外，基体在高温时呈现为液体（或黏性体），它也可渗入或浸入纤维表面的缝隙等缺陷处，冷却后形成机械结合。实际上，高温下原子的活性增大，原子的扩散速度较室温大得多，由于增强体与陶瓷基体的原子扩散，在界面上更易形成固溶体和化合物，此时，增强体与基体之间的界面是具有一定厚度的界面反应区，它与基体和增强体都能较好地结合，但通常是脆性的。

对于 CMC 来讲，界面黏结性能影响着陶瓷基体和复合材料的断裂行为。CMC 的界面一方面应强到足以传递轴向载荷并具有高的横向强度，另一方面要弱到足以沿界面发生横向裂纹及裂纹偏转直到纤维的拔出。因此 CMC 界面要有一个最佳的界面强度。

另外，由于纤维的弹性模量不是大大高于基体，在断裂过程中，强的界面结合不产生额外的能量消耗。若界面结合较弱，当基体中的裂纹扩展至纤维时，将导致界面脱黏，其后裂纹发生偏转、裂纹搭桥、纤维断裂以致最后纤维拔出。所有这些过程都要吸收能量，从而提高复合材料的断裂韧性，避免了突然的脆性失效。

为获得最佳的界面结合强度，人们常常希望完全避免界面间的化学反应或尽量降低界面间的化学反应程度和范围。事实是，除了选择纤维和基体在加工与服役期间能形成热动力学稳定的界面外，在与基体复合之前大多数增强材料表面都会先沉积一层薄的涂层。纤维上的涂层对纤维还可起到保护作用，避免在加工和处理过程中造成纤维的机械损坏。涂层的厚度通常在 $0.1 \sim 1 \ \mu m$。

11.6.4 CMC 的增韧

颗粒、纤维及晶须加入陶瓷基体中，使其强度尤其韧性得到了大大提高。因此，研究者对这些增强相怎样阻止裂纹的扩展、如何降低裂纹尖端应力集中效应进行了不断地研究，相继提出了不同的增强机理，如裂纹偏转、裂纹桥联、脱黏、纤维拔出等机制。

颗粒增韧是最简单的一种方法，它具有同时提高强度和韧性等许多优点。比如，在脆性陶瓷基体中加入第二相延性颗粒能明显提高材料的断裂韧性，其增韧机理包括由于裂纹尖端形成的塑性变形区导致裂纹尖端屏蔽，以及由延性颗粒形成的延性裂纹桥。随着纳米颗粒及材料的出现，使得纳米颗粒增韧成为可能。当把直径为纳米级的颗粒加入陶瓷基体中时，其强度和韧性大大提高。目前的研究提出增强颗粒与基体颗粒的尺寸匹配与残余应力是纳米复合材料中的重要增强增韧机理。

相变增韧的典型例子是氧化锆颗粒加入其他陶瓷基体（如氧化铝、莫来石、玻璃陶瓷等）中，由于氧化锆的相变使陶瓷的韧性增加。纤维、晶须的增韧机理有裂纹弯曲、裂纹偏转、裂纹桥联、纤维脱黏及纤维拔出等。裂纹偏转主要是由于增强体与裂纹之间的相互作用而产生，如在颗粒强化中由于增强体与基体之间的弹性模量或线膨胀系数不同产生残余应力场会引起裂纹偏转。对于特定位向和分布的纤维，裂纹很难偏转，只能沿着原来的扩展方向继续扩展，这时紧靠裂纹尖端处的纤维并未断裂，而是在裂纹两岸搭起小桥，使两岸连在一起（因此也称为纤维搭桥等），如此会在裂纹表面产生一个压应力，以抵消外加拉应力的作用，从而使裂纹难以进一步扩展，起到增韧作用。

11.6.5 CMC 的应用

陶瓷复合材料以其具有的高强度、高模量、低密度、耐高温和良好的韧性等，已在高速切削工具和内燃机部件上得到应用，而它潜在的很有前景的应用领域则是作为高温结构材料和耐磨耐蚀材料，如航空燃气涡轮发动机的热端部件、大功率内燃机的增压涡轮、固体发动机燃烧室与喷管部件以及完全代替金属制成车辆用发动机、石油化工领域的加工设备和废物焚烧处理设备等。

11.6.5.1 在切削工具方面的应用

SiCw 增韧的细颗粒 Al_2O_3，陶瓷复合材料已成功用于工业生产制造切削刀具。由美国格林利夫公司研制、一家生产切削工具和陶瓷材料的厂家和美国大西洋富田化工公司合作生产的 WG-300 复合材料刀具具有耐高温、稳定性好、强度高和优异的抗热震性能，熔点为 2040 ℃，切削速度比常用的 WC-Co 硬质合金刀具的切削速度提高了一倍。WC-Co 硬质合金刀具的切削速度之所以受限制，是因为钴在 1350 ℃ 时会发生熔化，甚至在切削表面温度达到 1000 ℃ 左右就开始软化。

某燃气轮机厂采用这种新型复合材料刀具后，机加工时间从原来的 5 h 缩短到 20 min，仅此一项，每年就可节约 25 万美元。山东工业大学研制生产的 $SiCw/Al_2O_3$ 复合材料刀具切削镍基合金时，不但刀具使用寿命增加，而且进刀量和切削速度也大大提高。氧化物基复合材料还可用于制造耐磨件，如拔丝模具、密封阀、耐蚀轴承、化工泵的活塞等。

11.6.5.2　在航空航天领域的应用

法国的 SEP 已经用柔性好的细直径纤维（如高强度 C 和 SiC）编织成二维、三维预制件，用 CVI 法制备了 C/SiC 复合材料（商品名为 Sepcarbinox）、SiC_f/SiC 复合材料（商品名为 Cerasep）。这些材料具有高断裂韧性和高温强度，可用于制造火箭或喷气发动机的零部件，如液体推进火箭马达、涡轮发动机部件、航天飞机的热结构件等。Sepcarbinox 复合材料已用于制造欧洲航天飞机 Hermes 的外表面，Hermes 航天飞机将经历 1300 ℃ 的表面温度和高的机械载荷。Allied-signal 公司生产的商品名为 BlackglasTM 材料是非晶结构，用聚合物先驱法制成，经 SiC_f 纤维束或编织物增强后制成的各种结构样机，如气体偏转管、雷达天线罩、喷管和叶片等，在 1350 ℃ 滞止气流中 51 h 后，该材料仅有少量的晶化 SiC 和 SiO_2。

总之，随着宇航、航空及其他高技术领域的发展对材料的要求，必将促进更耐高温、更韧、更强的陶瓷复合材料的研究和发展，推动陶瓷复合材料的广泛应用。

11.7　复合材料的用途

陶瓷基复合材料、聚合物基复合材料、金属基复合材料、碳基复合材料和混凝土基复合材料已广泛应用于各个领域。

（1）在机械工业的应用。复合材料在机械工业主要用于阀、泵、齿轮、风机、叶片、轴承及密封件等。用酚醛玻璃钢和纤维增强聚丙烯制成的阀门使用寿命比不锈钢阀门的长，且价格便宜。瑞钢不仅量轻而且耐腐蚀，常用于泵壳、叶轮、风机机壳及叶片。铸铁泵一般重几十千克，玻璃钢泵仅几千克，并且耐腐蚀性好。SiC 纤维/SiN 陶瓷制造的涡轮叶片使用温度可高于 1500 ℃。纤维增强塑料耐性好，摩擦系数低，质轻噪声低，可用于照相机齿轮。碳基复合材料耐高温，摩擦系数低，常用于机械密封件。

（2）在汽车工业及交通运输的应用。要使汽车提高速度，必须减轻汽车的重量。汽车重量减轻还可节省燃料，降低污染。用高强钢代替普通钢，重量可降低 20%～30%，用铝合金代替普通钢，重量可降低 50%，但价格高出 80%。复合材料应用最活跃的领域是汽车工业，聚合物基复合材料可用作车身、驱动轴、操纵杆、方向盘、客舱隔板、底盘、结构梁发动机罩、散热器等部件。在国外聚合物基复合材料已广泛用于制作各种汽车外壳，摩托车外壳以及高速列车车厢厢体。尽管玻璃纤维复合材料的比刚度比金属低，但石墨纤维增强复合材料的比刚度比金属要高；聚合物基复合材料的优点是质量小，比强度大（比钢和铝高），比刚度大，比疲劳强度高，耐腐蚀，并可整体成型。

（3）在化学工业的应用。化学工业存在的主要问题是腐蚀严重，因此往往用非金属取代金属制作零部件。玻璃钢的出现给化学工业带来光明的前景，目前玻璃钢主要用于各种槽、罐、塔、管道、泵、阀、风机等化工设备及其配件。玻璃钢的特点是耐腐蚀、强度高、使用寿命长、价格远比不锈钢低廉。但玻璃钢仅能用于低压或常压情况下，并且温度不宜超过 120 ℃。

（4）在航空宇航领域的应用。碳基复合材料、碳纤维或硼纤维增强聚合物复合材料及硼纤维增强铝合金复合材料常用于飞机、火箭和宇宙飞船的零部件。碳基复合材料由于重量轻、耐烧蚀、耐高温和耐摩擦等性能，已被用于军用飞机和大型民用客机的减速板和刹车装置、X-20 飞行器的喷嘴材料、机翼和尾翼等。飞机采用碳基复合材料刹车片，通常可节约质量 600 kg，寿命提高近 5 倍，刹车性能也获得了提高。

20 世纪 80 年代后期，金属基复合材料就开始用于内燃机活塞、连杆、发动机汽缸套等。金属基复合材料如氧化铝纤维增强铝合金具有良好的高温强度和热稳定性，抗咬合，疲劳强度高。人造卫星上也用了大量的新型复合材料。1997 年 7 月 1 日香港回归祖国的伟大历史时刻，中国人民解放军驻港空军驾驶着由哈尔滨飞机制造公司生产的直-9 型直升飞机进驻香港，这种飞机上使用的复合材料超过了 60%。

（5）在建筑领域的应用。在建筑业，玻璃钢已广泛用于冷却塔、储水塔卫生间的浴盆浴缸、桌椅门窗、安全帽、通风设备等。玻璃纤维、硬纤维增强混凝土复合材料具有优异的力学性能、尺寸稳定性、在盐水介质中耐腐蚀等特点，作为高层建筑板等的应用日趋广泛。近年来国外在建筑物领域中还采用碳纤维增强聚合物复合材料来修补加固钢筋混凝土桥板、桥墩等，如日本用碳纤维增强聚合物复合材料片修补加固了由大地震造成损坏的钢筋混凝土桥墩、桥板，修复工作取得了突破性进展。英国也曾用碳纤维复合材料来增强伦敦地下隧道的铸铁梁和增加石油平台壁的耐冲击波性能等。

（6）在其他领域的应用。

1）在船舶业，用玻璃钢制成的船体具有抗海洋生物吸附和耐海水腐蚀的特性。

2）在生物医学方面，由于碳基复合材料具有良好的生物相容性，已作为牢固的材料用作高应力使用的外科植入物、牙根植入体以及人工关节等。

3）碳纤维增强聚合物复合材料由于比强度高、比模量大也广泛用于制造网球拍、高尔夫球棒、钓鱼竿、赛车赛艇、滑雪板、乐器等。采用团状模塑料工艺（BMC）将 3～12 m 短切纤维与树脂混合后还可用于制作家用电器、开关及绝缘闸合、缝纫机外壳、卫浴用品、搅拌器等日常用品。

从以上可知，复合材料不仅用于航空航天等高科技领域，而且在日常生活中也广泛使用复合材料。因此了解和掌握复合材料的基本知识极为必要。尽管复合材料已被广泛应用于各个领域，但仍存在一些问题，如价格太贵，特别是碳纤维和硼纤维增强的高级复合材料。复合材料组元间的结合以及复合材料的连接技术仍是人们一直在致力解决的问题。

本 章 小 结

复合材料是现代科学技术发展过程中出现的极富生命力的材料。复合材料的各个组成材料在性能上起协同作用，得到单一材料无法比拟的优越的综合性能，已成为当代一种新型的工程材料。我们了解到复合材料的种类繁多，包括金属、陶瓷、橡胶、玻璃、树脂等。它们在不同的应用领域中发挥着重要的作用，如航空航天、汽车、建筑、体育用品等。此外，复合材料的制造工艺十分多样化，性能也可以通过调整材料的组成和结构来改变。复合材料的导电性、热导率、耐腐蚀性等性能也可以通过选择适当的材料和工艺进行调整。这些都涉及复合理论，要重点掌握，另外还需熟悉聚合物基复合材料的性能、金属基复合材料的工艺及陶瓷基复合材料的增韧原理。

复习思考题

11-1 简述复合材料的定义和分类。

11-2 碳纤维和石墨纤维的区别是什么?

11-3 增强材料的表面处理方法有哪些?

11-4 复合材料的复合原则是什么?

11-5 简述聚合物基复合材料的性能特点。

11-6 金属基复合材料的工艺研究主要有几个方面?

11-7 简述陶瓷基复合材料的增韧原理。

参 考 文 献

［1］ 徐婷，刘斌. 机械工程材料［M］. 北京：国防工业出版社，2017.

［2］ 封金祥，闫夏. 机械工程材料［M］. 北京：北京理工大学出版社，2016.

［3］ 张文灼. 机械工程材料［M］. 北京：北京理工大学出版社，2011.

［4］ 张而耕. 机械工程材料［M］. 上海：上海科学技术出版社，2017.

［5］ 练勇，姜自莲. 机械工程材料与成型工艺［M］. 重庆：重庆大学出版社，2015.

［6］ 刘朝福. 工程材料［M］. 北京：北京理工大学出版社，2015.

［7］ 侯旭明. 热处理原理与工艺［M］. 2版. 北京：机械工业出版社，2015.

［8］ 夏立芳. 热处理工艺学［M］. 哈尔滨：哈尔滨工业大学出版社，2008.

［9］ 陆兴. 热处理工程基础［M］. 北京：机械工业出版社，2007.

［10］ 倪红军，黄明宇. 工程材料［M］. 南京：东南大学出版社，2016.

［11］ 朱敏. 工程材料［M］. 北京：冶金工业出版社，2018.

［12］ 马行驰. 工程材料［M］. 西安：西安电子科技大学出版社，2015.

［13］ 朱张校. 工程材料［M］. 北京：清华大学出版社，2009.

［14］ 徐自立. 工程材料［M］. 武汉：华中科技大学出版社，2012.

［15］ 莫淑华. 工程材料［M］. 哈尔滨：哈尔滨工业大学出版社，2011.

［16］ 徐萃萍，赵树国. 工程材料与成型工艺［M］. 北京：冶金工业出版社，2010.

［17］ 刘国权. 材料科学与工程基础（上、下册）［M］. 北京：高等教育出版社，2015.

［18］ 余永宁. 材料科学基础［M］. 北京：高等教育出版社，2006.

［19］ 余永宁. 金属学原理［M］. 2版. 北京：冶金工业出版社，2013.

［20］ 陈惠芬. 金属学与热处理［M］. 北京：冶金工业出版社，2009.

［21］ 张彦华. 工程材料学［M］. 北京：科学出版社，2010.

［22］ 陈长江，熊承刚. 工程材料及成型工艺［M］. 北京：中国人民大学出版社，2000.

［23］ 崔忠圻，覃耀春. 金属学与热处理［M］. 北京：机械工业出版社，2010.

［24］ 赵品. 材料科学基础［M］. 哈尔滨：哈尔滨工业大学出版社，1999.

［25］ 张伟强. 固态金属及合金中的相变［M］. 北京：国防工业出版社，2016.

［26］ 田民波. 材料学概论［M］. 北京：清华大学出版社，2015.

［27］ 王春艳. 复合材料导论［M］. 北京：北京大学出版社，2018.

［28］ 徐竹. 复合材料成型工艺及应用［M］. 北京：国防工业出版社，2023.

［29］ 张以河. 复合材料学［M］. 北京：化学工业出版社，2022.

［30］ 黄家康. 复合材料成型技术及应用［M］. 北京：化学工业出版社，2011.

［31］ 成来飞. 复合材料原理及工艺［M］. 西安：西北工业大学出版社，2018.